微言
WILLSENSE

大脚革命与新桃源

俞孔坚——著

上海三联书店

目　录

第二篇　桃源乡愁

第三篇 新桃源憧憬

第四篇 设计科学与艺术

第五篇 在途中

迈克尔·索金（Michael Sorkin，1948—2020）为美国建筑师、国际知名城市学者，纽约城市大学城市学院资深建筑学教授、城市设计系主任，美国艺术与科学学院院士，美国国家设计奖获得者，哈佛大学客座教授，创办Terreform出版机构并任总裁。被纽约时报评价为最睿智、最尖锐的建筑与城市批评家和最具影响力的公众人物之一，他通过大量演讲和论著，传达设计改变世界、创造公平社会的理念，引领了当代设计伦理和价值观，影响了一代设计师和学者（Joseph Giovannini，*New York Times*，2020）。索金参与了美国乃至全球范围内的大量城市规划设计项目，如布鲁克林海滨区总体规划、曼哈顿下城计划、韩国忠清新城总体规划等；也为中国的雄安新区、武汉、太原、西安及广西北海等地的城市设计做出卓越贡献。2020年3月26日，迈克尔·索金因感染新型冠状病毒不治，在纽约病逝，享年71岁。图为2019年10月31日索金在广西北海考察并参与廉州湾新城国际竞赛：面对苍茫大地，绵延千里的狂热发烧状态的中国城市，索金以敏锐的国际视野，拷问中国城市的可持续问题。（庞莉娟摄）

索金之问：中国城市能否存续？

迈克尔·索金*

1996年，美国联邦储备银行主席艾伦·格林斯潘表达了他对快速增长的互联网股票市场的担忧，怀疑这一切都是“非理性繁荣”——一种使基础资产价值膨胀的疯狂抢购——的结果。同样的焦虑也笼罩着中国经济其摇摇欲坠的迅猛增长。笼罩在不透明、不可靠数据、“非正式”交易和充斥现金的床垫、基建带来的副产品以及巨无霸的基础设施，中国当代现状及其全球想象几乎由闪闪发光的人造的城市天际线、城中村、迪士尼式郊区、经济特区中居住着大量装配苹果手机的合同工营房地平线上无限生长的公寓大楼，以及那些让人难以忘怀的怪兽幻影般的幽灵城市而构成。

中国的城市，包括它的十五个特大城市是先兆也是警告。它

---

* 2018年，索金主持编辑了《给中国领导人的信：俞孔坚与中国城市的未来》(Letters to the Leaders of China：Kongjian Yu and the Future of the Chinese City，Terreform，New York.)。该书收集了 Peter Rowe，Thomas J.Campanella 等国际著名学者对俞孔坚的评论文章以及中国城市问题的研究，本文摘录自索金教授为该书所写的序言。

们的加速增长和巨大的经济分配活动令人震惊，这可能是历史上最集中的纯粹现代化行为。这种现象当然可以与它的美国前身——战后时期的疯狂郊区化相提并论：不仅仅是因为它们相似的规模，还因为它们对生活方式的愿景都具有全面性、统一性和明确性，以及量身定制的法律和经济基础。郊区不仅仅意味着所有权和修剪整齐的草坪所带来的田园诗歌般的恬静；它们也体现了原子化平等主义的幻想、高度减弱的功能分区、对汽车及其影响的绝对屈服，以及激进的阶级和种族隔离方案。而且，它们受到中央政府政策的推动，这些政策的形式包括向归国（白人）退伍军人提供低息贷款、对高速公路和其他基础设施的巨额投资、加速的商业折旧以及其他税收优惠和金融激励措施。

在这几十年里，中产阶级形态和关系被重塑，美国世俗和文化面貌焕然一新，这种改变看似坚不可摧，却逐渐孕育了愤懑。郊区是核心家庭的栖息地和“欧米伽点”[①]，随之而来的角色分配很快被证明具有压迫性，导致了失衡。尤其是郊区生活的生产关系要求女性（其中许多人在第二次世界大战期间都参加过工作）被锁定为全职“家庭主妇”，主要负责抚养孩子和打理家务。郊区空间部署的原子化特征让负责赚钱养家的人（主要是男性）每天上下班往返于

① 《欧米伽点》是美国作家唐·德里罗所著的长篇小说，该小说以主人公埃尔斯特矛盾与困惑的心态为主线，展现了“9·11”事件及伊拉克战争后美国社会这个政治空间内的社会秩序及权力关系。《欧米伽点》小说和主人公形象的创作，既是再现创伤性负重的方式，也是努力释放这种重负的出口。——编者注

城市和郊区，也导致几代孩子，尤其是婴儿潮这一代，强烈感受到了郊区生活的一成不变以及对这种生活的怨恨，于是他们在长大后引领了回归美国城市的变革性浪潮。

郊区带来的伤害远远不只是物理上的。几乎所有离家活动都需要驾驶汽车，汽车作为流动方式的霸权地位就带来了：上百万平方公里的不透水地面，有毒污染，汽车事故导致的死亡，通勤和小差事所浪费的大量时间，对以阶级为基础的流动性和基于距离的地产定价模式的巨大经济扭曲，这也让社会关系进一步分层。郊外模式对城市化含蓄的妖魔化造成了刻板的“空间—时间”程序，效率极低的土地利用，以及用于服务该低密度人口模式的收效甚微且过于昂贵的基础设施。

美国郊区为高度发达的消费者市场创造了虚假个人主义，实际上市场中各品牌的产品都大同小异。美国人常有的居住建筑系列有乔治王时代艺术、都铎、探险者、现代主义、小木屋、路易十四、普韦布洛、加州等风格，以这些系列建筑形式的变形，不一而足，都停在他们四分之一英亩大小的宅基地上，并且他们车库、车棚里或者草坪上一般都停着两辆车。当然，郊区房子里还有另一个战后时代的社会技术怪兽：电视（或称“电子壁炉”）——24小时不间断传播消费信息的媒介，我们梦寐以求的生活方式指导手册。如今，我们才刚刚开始理解耗费在电视上的无数时间，以及它向社交媒体的延展所带来的文化或政治影响。这一转变在中国被体现得淋漓尽致，各类掌上智能设备充斥室内空间，自动化的影响不言自明。

在郊外蓬勃发展的同时，那些白人中产阶级所逃离的城区内也在经历很多大型建设：为那些被留在城区的穷人尤其是有色人种开展的住房建设。因为有联邦政府的巨额补贴，这些建设项目才得以实现。但这些建筑形式单一，与郊外单家独栋住宅所展示的象征性的个人主义相去甚远。它们无一不是设计粗鄙的大高层，可以说是对欧洲现代主义建筑的报复式模仿——规模巨大、功能单一、外形统一。原本旨在解放工人阶级的卫生且平等的建筑反而成了饱受社会鄙视和控制的巨大红砖牢房。

战后美国由此创造了两极化的现代化：一边是坐落了许多传统独栋住宅的郊区，这符合了杰弗逊对一个拥有许多自给自足农民国度的畅想，但是在以汽车、电视和信用卡为代表的现代消费主义的帮助下，这些郊外家庭不用从事农业生产；另一边则是城内的建设项目，虽然在其建筑形式和规划层面上属于正统的现代主义，但实际上却是原来的都市居住者所逃离的污染严重的都市贫民区。

在探讨中国对该模式非凡的重组和彻底的改变之前，需要记住的是美国的现代化模式与很多其他现代化模式同时进行，其中有些是阳光的，另一些是黑暗的，这些现代化模式都对中国产生了聚合影响。一方面是自花园城市新加坡、北欧新城镇向巴西利亚和昌迪加尔流淌的传统；另一方面则是以苏联斯大林时期大规模集体化或“大跃进”为代表的现代化。尽管这样的并存颇显荒谬，但它们表明跟过去二十年的现代化进程相比，现代性更具“即刻性”和“规模性”的倾向。无论哪种模式，都是大规模迁移，都不可避免地引发巨大的破坏。

中国无限蔓延的城市区域是美国郊区和城区内建设项目的更为夸张的混合体。这些城市很快就成了人们梦寐以求的居住方式，而实际落户于此的则主要局限在少量的社会机构（特殊的金融体系的产物）。它们规模巨大，发展态势迅猛，现在已成为中国城镇化的常态。里弄和胡同[①]等传统历史居住模式也因此让位于单位和经济特区[②]。这一现象带来的变化是区域性的，并以不可阻挡之势萌芽于城市、广阔的城郊区域，甚至农村地区。在那里，挤压经济使环境的“价值”倍增，而这种“价值”越来越多地被视为纯粹的开采潜力，这给地球命运制造了盲点，让地球沦为仅供开发利用的土地。这些城市化的贪婪习惯严重威胁农村生活。

这就是俞孔坚开展革命性设计实践时所面临的时代背景。作为中国新城市主义的领导者和批判性探索者，俞孔坚在风度、主张和影响上，都代表了一种绝对理性的繁荣形式。在邓小平释放“中国特色社会主义”的力量后，城镇化呈现指数化发展态势。俞孔坚敢为人先，试图分析并控制城镇化这只“猛兽”，其影响是中国其

---

① 里弄和胡同是中国快速消失的两种本土城市定居模式。“胡同”是小规模、大密度的四合院临街面面向的复杂且无规律的狭窄小巷的组合。“里弄”是一种更正式的结构，兴起、繁荣于19至20世纪，以更加规律的小巷结构为基础，两旁是中欧混合风格的排房。两者都是宜人的、行人为中心的街区。

② “单位”是20世纪50年代至70年代更加正式的社会、经济结构，其中“完整”社区以一个大规模的生产设施（一般是工厂）为中心。“经济特区”是法律上划定的用以吸引外国投资的区域，是邓小平改革开放以来经济飙升的重要推动力。

他设计师无法匹敌的。但观察家们的注意力被忙于为中国快速城镇化打上烙印并将其融入全球资本空间实践中的“明星建筑师”吸引，而对俞孔坚的非凡的、智慧的职业生涯关注得太少。本书既是对他的战术和艺术技艺的概述和评论，也是对其实践所处社会经济环境的评论。

军事化的暗喻在此恰如其分：俞孔坚投身于一场战役，且他的将才不断提升（更不用说他逐渐壮大的合作者队伍和企业）。与许多成功的非凡军事将领一样，他密切关注战场情况，巧妙地开展战斗。他挥舞着新型武器——看似平平无奇的“景观设计”这一概念下的环境话语。“景观设计”这一概念由他开创性地在中国展开，他敏锐又精明地用科学性的方法将西方关注城市、区域、环境问题的学科适当扩大，以获得令人信服的中国特色。

意识到中国人对“景观”的意识植根于农业生活和神圣感，俞孔坚开创了对地方的新式解读。这种解读超越了对于城市景观间隙性、残余性的认识，不仅极大影响了中国严重不发达的职业文化中常有的传统装饰性风景园林实践，还超越了将景观设计简单视为基础设施的认识：高速公路旁一万公里的平头灌木。他过人的才智使他能够发挥景观设计在文化和艺术表达领域的重要作用（景观设计一词完全不足以描述他的项目），也扩大了景观设计在一个原本追求统一性的环境中创造独特性的自由。

他成功的部分原因在于，他对中国政府所具有的开展宏大规模工程的巨大能量的深刻认识。这种中央集权的巨大能量体现在以

“生态”的名义进行的三峡大坝和南水北调这样的项目中。在这种大背景中，俞孔坚和他的“土人设计”机构，通过在工作中创造环境效能和参与中国大型公共工程相关基础设施项目，找到了蓬勃发展的诀窍。在这些项目背后是中国政府对国家安全的关切。这种关切体现在中国政府对洪涝和饥荒等灾害的把控能力，体现在中国政府关于人类生命共同体的思维方式的增强：包括对全球资源和能源快速消耗的担忧，在非洲和拉丁美洲拓展共同发展空间的努力，在南海争端中对海域主权的维护，和巨大的全球出口贸易份额（我此刻打字的电脑就是其出口商品之一）。

本书起名为《致中国领导的信》，是为了向俞孔坚的敏锐致敬：他清楚地认识到，他的设计实践和影响中国政府决策的雄心必须有坚实的政治基础。的确，他工作的基础就是不断写信给中国政府尤其是省市级的领导，雄辩地提出改善中国城市危险境况的生态解决方案。随着人们意识到中国潜在的环境问题——一项研究表明2013年空气污染导致的夭折人数接近百万，其中由于燃煤污染导致的死亡人口占三分之一（Edward Wong，*New York Times*，2016）——广大民众和政府当局逐渐都有了紧迫感（有关柴静《穹顶之下》巨大影响的论述，详见本书180—189页）。

俞孔坚不仅仅是敏锐的分析师，还是非凡的设计师和领导者。他将景观设计注入有理有据、行之有效的环境改造项目中，以扩大该专业对各尺度城镇化和区域规划的影响。通过观念的转变所带来的能量极其巨大，又得益于中国有着成千上万员工的规划设计机构的主导作用（土人设计就是这样的机构），以及中国项目的大规模特点，俞孔坚的影响在数量上是巨大的（我们在此附上他惊人的项目分布图）——库哈斯先生，真叫你伤心透了；同时，他对都市发展的话语权也产生了变革性的影响（“海绵城市”这个概念现在似乎会出现在每个规划征求建议书中）。他的时机也是出奇地偶然，此时的中国正处在“牛仔资本主义时期”，巨大能量和活力得到释放，强有力的中央集权和自乡村涌入的廉价劳动力使得政府能够有序、快速地完成宏大项目。在美国需要耗时数十年的项目在中国似乎只需要几个月就能完成。

俞孔坚的巨大成功也源于他所完成项目的冲击力和优雅，以及他为了让中国各界能够正确评价这些项目所做的对可持续实践不知疲倦的倡导，超凡的政治技巧和素养，和毫不愤世嫉俗——非常积极进取——的性格。这很大程度又源于他作为大地之子的可信度和他令人敬畏的组织、演讲技巧。多年以来，俞孔坚通过书信、著作、讲座和演讲直接与中国几乎所有规模较大的城市市长（人口规模过百万的城市至少有近百个）和数百个规模较小城市的市长对话。其中两百多个城市都已委托他的土人设计机构做规划设计项目。当然，我们很难区分他对可持续运动的推进和商业计划的推广，但俞孔坚所倡导的规划概念已对中国城市景观产生了不可估量的正面影响，让中国景观设计行业焕然一新，并且扩大了公众的环境话语。在一个半数国民都需要佩戴口罩出门的国度，这些问题已经备受关注。

俞孔坚的演讲——本书转载了其中典型的篇章——之所以能够如他的设计一样获得极大成功，是因为他艺术化地使用了通俗的语言，结合本土文化，清晰地判别和解决显性问题，融入公众易理解的技术信息，巧妙地吸取西方国家的经验和教训，将中国未来定位为具有超越性，因而具有极大魅力。他的项目虽然不断探索宏大美丽的表现形式和管理方式，但中心关注点还是集中在水生态系统。由于水资源极度且日益缺乏，对洪水的管控存在历史遗留问题，再加上当下由于城市扩张新铺了数万公里的水泥路面，水的问题在中国极其突出。与其他国家一样，习惯于依靠工程学的人定胜天意识和出于展示强劲肌肉力量的渴望，中国也选择了“硬汉”式的解决方法：河道的裁弯取直、恢宏的拦河大坝、三面光的混凝土河床，这注定是一场零和游戏。俞孔坚有效地推广了大尺度但却不具破坏力的解决方案。这一按照常理解决问题的方法被普遍接受和宣传，但在一个崇尚“工程技术”的国度几乎没有人能够像他一样将该思想有效推广。

俞孔坚项目的一大特点是在不同尺度的最少干预操作。景观和环境能与政治产生有趣对话的一大原因就是“自然”对政治所划定的各种界限完全无动于衷。当然，政治经济政策所带来的环境后果通常是各种可清晰描述的——但常常是扭曲的、有害的——生物群系。不毛之地海地、雾霾环绕的北京、充斥有毒物质的福岛和切尔诺贝利周边，以及西弗吉尼亚露天开采的群山，都说明了作为政治产物的有界生态系统的广泛存在。俞孔坚所设计项目的有趣之处在于它们能够中和自然和国家二者相冲突的需求。尽管他在地方、市级、区域级和国家级等各尺度都做过规划，但他一直铭记这些规划构想不过是自然体系下的一点奇思妙想（地球各地的空气是相通的，河流跨国界流淌着，鸟类的迁徙则完全无视地图上的国界，上升的海平面淹没所有海岸线）。

但是作为一名真正的生态主义者和一个实事求是的人，俞孔坚知道先于所有人类合作行为的责任（和利益）问题是政治性的，因此必须调动当政者的意愿以应对各尺度的环境危机。于是，俞孔坚递交给中国政府的见解深刻、至关重要的国家生态安全格局规划类文件不可或缺。它反映出权力的本质特性，且成为内部说服的有效手段；它也审视了中国对解决全球问题的必要贡献；并且一经公布，中国越来越多的环保人士和境外参与者用其作为佐证时，它就设定了一个能够产生建设性的强制效应的官方标准。

俞孔坚及其土人设计的开创性市政项目也如此，在一个当政者习惯于寻求支持者佐证的文化中，这些项目提供了极具说服力的最佳实践模型，帮助基于自然的城市规划工作流程的建立，创造了政府期望的“中国特色的环保主义”。（思想上保持民族化，行动上遵循地方化和全球化……）在其清晰、有效的项目中，因为他乐于接收与国家政治体制相符的全面性，且有能力在“海绵城市”“大脚革命”等口号中体现关键信息，俞孔坚成为中国可持续未来的引领者，并借助自上而下的中国特色的体制，发挥巨大的生态效力。

图为小约翰·柯布发表关于建设性后现代主义以及“生态文明的希望在中国”的述评（张锦摄，2021）

2021年5月29日，北京大学建筑与景观设计学院教授俞孔坚获柯布共同福祉奖。该奖项是世界范围内生态哲学和生态文明领域的最高荣誉。在颁奖仪式上，美国柯布共同体与实践研究院（Cobb Institute for Community and Practice）院长杰伊·麦克丹尼尔（Jay McDaniel）博士致辞，总结了俞孔坚的景观设计思想和实践；小约翰·柯布本人以及其他多位学者也对俞孔坚的作品给予了分析和评价。演讲者们表示，俞孔坚的工作体现的是一条“建设性后现代”之道，它们将现代的最佳生活方式与过去的智慧相结合，指向一种绿色、人道的未来。他们认为，在当前生态危机背景下，俞孔坚的景观设计思想和实践却是“一门生存艺术”。从建设性后现代的视角来看，俞孔坚将传统知识融进其前瞻性思想，帮助人类和地球设计了一种更具光明前景的未来，有助于中国在世界生态文明转型中确立其引领地位。

柯布的答案：建设性后现代主义途径

杰伊·麦克丹尼尔*

小约翰·柯布**

引　言

什么是共同福祉？共同福祉造福谁？概而言之，共同福祉是一种善：是令人向往的、健康的、美的、令人满意的。但问题实际上在于：共同福祉造福谁？谁会感到满意？现代的观点认为，共同福祉造福人，或更具体地说，造福作为个体、寻求自身满足的城市精英。这是对这个问题的一种回答。但以过程哲学为基础的建设

---

* 杰伊·麦克丹尼尔是美国柯布共同体与实践研究院院长，汉德里克斯学院世界宗教研究荣誉教授。

** 小约翰·柯布是中美后现代发展研究院创始院长、美国艺术与科学院（American Academy of Arts and Sciences）院士，世界著名后现代思想家、生态经济学家、过程哲学家、建设性后现代主义和有机马克思主义的领军人物。柯布博士多年来一直从事过程哲学、后现代文化和生态文明研究，发表著作40余部，是一位具有世界影响的后现代思想家，他既是世界第一部生态哲学专著《是否太晚？》的作者，也是西方世界最早提出“绿色GDP”的思想家之一。“柯布共同福祉奖”以小约翰·柯布博士的名字命名，旨在奖励世界范围内为推动生态文明、增进人类和自然共同福祉做出杰出贡献的生态环保人士，每年在“克莱蒙生态文明国际论坛”举办期间颁奖。

性后现代观点则与此不同。不同于解构性后现代主义，建设性后现代主义[①]肯定现代文明的积极成果，旨在通过借鉴和吸收现代文明来构建一种更美好的后现代社会。其理论基础，即过程哲学[②]，坚持不同事物之间的联系和万物的动态过程，强调鲜明的生态维度和整体系统观，追求人与自然的共同福祉。在这种观点看来，共同福祉造福人类、动物和地球，无论在它们独立生存之时，还是彼此共存于共同体中之时。因此共同福祉不仅仅造福城市精英，而且造福所有人；事实上，它不仅仅造福人类，也造福地球。过程思想共同体感兴趣的问题是，伟大的思想如何才能落地？我们给这种共同福祉起了一个名字叫生态文明，源自中国。它认为，在当下历史时期，要想生存下去，人们在生活中可以且应该尊重、关心生命共同体。用中国人的话来说，生态文明就是人与彼此、与地球创造性地和谐共存。约翰·柯布强调要付诸实践。因此这样的伟大思想可以落地于地方共同体，落地于乡村、城镇，使这些地方富有创造性、共情心、参与性，善待动物、善待地球，不落下任何个体。耶稣曾有这样的伟大思想，甘地曾有这样的伟大思想，马丁·路德·金也曾有

① 区别于对现代主义持批判、悲观态度的解构性后现代主义，建设性后现代主义认为应该充分肯定现代文明的积极成果，在对现代文明进行批判性借鉴和吸收基础上构建一种更为美好的后现代社会；坚持整体论观点，同时具有鲜明的生态维度，寻求人与自然相和谐的共同福祉。

② 过程哲学由英国著名哲学家 Whitehead 创立，认为现代思维模式不再适用于理解当今的自然和人类，需要用一种“后现代”的观点批判、否定和超越现代的思维方式和价值取向。主要特征有三个：一是强调事物之间的相互联系，包括外部联系和事物之间的内部联系；二是强调任何事物均处于变化之中，强调过程的实在性；三是强调整体论思想，人与自然、整个生态系统是一个相互联系的有机体。

这样的伟大思想。约翰·柯布有这样的伟大思想，这个奖项的获奖者俞孔坚教授也有这样的伟大思想。借助于他的景观设计思想和工程项目，通过建造益于（身体、智力、社会、精神）健康的基础设施，俞孔坚和他的团队得以帮助建构了一些共情的、繁荣的、人道的、生态的共同体。这样的构建是践行过程哲学思想的一种方式。俞孔坚是一位生态基础设施设计专家，也是一位有着独特人生经历的生态环境建设者。他出生于中国东南部浙江省东俞村的一个农民家庭，东俞村坐落在白沙溪和婺江的交汇处。他在那里一直生活到17岁左右。他放过水牛，干过其他农活。后来他努力学习，勤奋工作，赚到了钱，改变了生存状态。他先后就读于北京林业大学和哈佛大学，成为北京大学景观设计学研究院和建筑与景观设计学院的创始人和院长、拥有600余名员工的北京土人城市规划设计股份有限公司创始人、国内外200多个城市规划设计项目的总设计师、美国艺术与科学院院士、当今世界上最具影响力的生态设计师之一。

与过程哲学思想相符的景观设计思想

俞孔坚的景观设计思想与过程哲学思想有异曲同工之处，两者都承认事物之间存在着普遍联系，承认人类生态系统整体观。为了建设一个更美好的世界，过程思想家们关心伟大的思想如何落地。通过追问伟大的思想如何能落实在基础设施建设中、如何能落实在我们开车要经过的道路上、如何能落实在我们居所附近的公园中，俞孔坚深入、具体地回应了这个问题。

1. 对人类生态采取整体理解观

俞孔坚景观设计思想的一大特点是对人类生态采取整体理解观。把生态看作是万物的相互关联，并认识到：生态既包括有形的存在，也包括无形的存在；既包括物质的存在，也包括精神的存在。所有这一切编织成一个不断演化的整体：既包括我们所感受到的、记忆的、希望的东西，也包括我们周围的山、水、风、土。认识到：生态包括我们彼此间的社会关系——如朋友、家人——以及能够促进这些关系的景观。虑及此，俞孔坚和他的团队提出了城市生态基础设施建设与设计的十大景观策略，包括保持和强化整体自然景观、保护和恢复多样的原生生境，将城郊绿地融进城市绿地体系等。

这种观念可能来源于俞孔坚的童年经历，如他在最近的一次演讲中所述：“夏天，我在小溪里游泳，春汛季节，我在小溪里抓鱼。年幼的我曾经负责照料过一头水牛，放它在水边和田埂上吃草。村子里有七口水塘，村前有一片神圣的风水林和两棵大樟树，我在树下听了许多关于祖先的传奇故事……这里的每一寸土地和每一滴水都很珍贵。但是面对不可捉摸的天气，我们必须合理地设计和管理田地，遵循自然的循行规律，避免浪费并懂得适应才能生存下去。我们敬拜土地爷、水神和‘治洪水、理九州’的大禹，也敬仰那些能适应自然、开荒辟地、充满智慧的祖先。”

2. 美丽的大脚：选择深层生态而非浅表美

2009年，俞孔坚在《哈佛设计杂志》上发表了一篇题为《美丽的大脚：一种新景观美学》的文章。这个标题源自中国古代的一种病态美学观：女人以小脚为美，因此贵族妇女皆为裹足、小脚，而农家妇女则都是天生的大脚。他在用美丽的大脚作为一种新的"建设性后现代"美学的象征：一种新的思考美的方式，思考美的城市可能是什么样子的。

在俞孔坚看来，小脚之美只能供观赏，毫无实用价值。在不经意的观赏者眼中，观赏性花园可能很漂亮，但它在人们的实际生活中毫无用处。他想要且确实在倡导他所谓的大脚之美。这不是一种供精英主义者们玩赏的美，它与实际生活密不可分，任何人都可以享有它。因此有人问他："你为什么反对艺术啊？"他回答他们道："请不要误解我的意思。从某种意义上说，所有的艺术、音乐、舞蹈都是'无用的'——就维持生物生命而言它们是无用的。我并非在主张废止这一切，也不是在主张贬低我们生活中美与快乐的价值。我想说的是，在我们这个资源贫乏、生态受到损害和威胁的时代，环境建设必须也必将适应一种以欣赏具有生产性和生态支持性事物之美为基础的新美学。我们对脱离于实用的美的渴望在减弱。理应如此！在我们这个新世界，由于生存岌岌可危，因此浪费即使不被视为不道德，也从本质上失去了吸引力。好在有用的东西中也有许多令人快乐的机会。"

这实际上是一个关于深层生态与浅表美的问题。小脚之美是一种浅表的美，将美与实用分割开来，与自然中原生的杂芜分割开来，仅具观赏性。它所强调之“美”仿佛存在于一个孤立的花园之中，而非存在于农田景观之中。俞孔坚鼓励我们采用一种生态美学观，重视平常事物之美，与自然中原生的“杂芜”和谐共处。要认识到实际之美，要在平常的事物中发现美：城乡平常的景观、平常的习俗。在平常的人际交往中发现美：朋友、家人、邻里、需要帮助的陌生人。在善中发现美。不要把实用与美截然分割：创造一些美且实用的东西。他谈到了自然界中的浅表形态和深层形态之间的区别，深层形态产生于自然本身，产生于风、水、景观、水道之中。

这种新方式并不寻求用一种由钢筋水泥、摩天大楼和大坝支配的现代城市工业化理想取代过去的农业。旧的、“现代的”美学将人为装饰视为美，如一个与世隔绝的花园。新的后现代美学可以在日常生活和自然界中发现美，如农民在土地上劳作，在土地的有限性中生存，将它转化为不同的、造福人类和地球的生产形式，在收获时节共同庆祝。事实上，俞孔坚视“庆祝”本身为农业生活的一个主要特征，在城市里也能够且应该享有庆祝之美。庆祝活动可以转入城市，可以是集体的、充满活力的，也可以是一家人静静地坐在湿地附近的长椅上野餐。

3. 即使你住在大城市里，也要像农民一样思考

工业文明与自然界相疏离，充斥着钢筋水泥、高堤低坝、摩天大楼和掌控意志，我们把这种方式称为“现代性”。人们涌入城市，

快速且不可持续地消耗着自然资源，忘记了他们与乡村土地和自然界之间的联系。

俞孔坚呼吁人们用一种新的方式生活。这种方式不会像工业文明那样把农场和自然界抛诸身后。相反，即使我们住在城市里，也需要像农民一样思考。这样，我们可以常怀相互关爱之心，与自然界协作，就像生活在一个小村子里一样。因此，俞孔坚将他所谓的“农民智慧和实践”应用到城市建筑设计中，展示古老的乡村智慧如何能够丰富城市人文。他指出，现代的基础设施往往使人相疏离。它们看似要把我们联系在一起，但往往是在将我们分割开来。要想形成真正的绿色城市，我们需要向农业社会学习：像农民一样思考。这包括遵循自然循环规律，不浪费任何东西，使自己适应我们居住的环境，建立美且简单、经济的共同体。

建设性后现代之道

1. 逆向途径与生态基础设施

逆向途径与常规规划相向而行。常规的城市规划模式以人口增长为基础，以经济发展为导向。经济发展是关注的焦点，往往会分配一定面积的土地来建造新的、利于经济发展的基础设施。然而，其生态进程和对环境的影响即使不是完全被忽视，也在很大程度上被忽视了。考虑到这种情况，俞孔坚提出其逆向途径思想，以逆转常规规划的方向。逆向途径指的是：生态规划要先行，要在其他规划之前首先规划和设计生态基础设施，保护生态进程和文化遗产，这应该是城市发展的基础。

这种生态基础设施会整合雨水管理体系、洪涝区、生物多样性保护区、文化遗址、绿色走廊，等等。在美国，它被称为绿色基础设施，但也会用生态基础设施一词来专指确保生态服务安全的生态进程，这些服务包括洁净的水、清新的空气、生物多样性、休闲、娱乐、文化遗产等。

2. 海绵城市与海绵国土创建

除了方法上的创新之外，俞孔坚还提出了一种全新的城市建设设计理念——建造海绵城市。海绵城市是指取代传统防洪和排水系统的生态友好型城市设计，其基本理念是通过将水留在它落下来的地方来再造自然的水循环体系。借助于一系列的海绵设施，还可以在更大的尺度上创建海绵流域和海绵国土。

海绵城市不同于现代城市。现代城市是由钢筋、水泥、玻璃等建成的。它们的外表和行为方式都不自然——它们吸收热量，排斥水。不过，海绵城市并不是一个会阻止水通过地面过滤的不透水的系统，相反，海绵城市设计的理念是尽可能地模仿自然环境。就像中国的乡村一样，海绵城市更像一块海绵，会吸收雨水，然后雨水会通过土壤自然过滤，进入城市含水层。

吸收雨水的方法包括屋顶绿化、增加湿地、铺设可吸收雨水的透水道路。“海绵城市”于2015年推出第一批试点城市，目前正在包括上海、武汉、厦门等在内的30个中国城市进行探索实施。该计划的当下目标是：使中国80%的城市地区可以重复利用其70%的雨水。诸如此类的设计旨在将生态可持续性与美相结合，为地方生命带来福祉。

3. 新乡土：深邃之形与生存艺术

俞孔坚认识到，人类正处在一个十字路口，有两条道路可以选择。他强调生态文明之道，主张与地球和谐共存，与邻里和睦共处，在共同体和爱中寻求满足。生态文明之道事关生存，因此俞孔坚将如今的景观设计定义为“生存的艺术”，这可以显示景观设计和相应的生态基础设施建设对生态文明的重要作用。基于这些信念，俞孔坚提出要找到一种新的解决方案，他称之为新乡土，即从地方经验中提取一种新技术以服务普通大众。

首先，这种新乡土在材料和植物使用上都应该是本土的，应该直面生存问题，而不是找乐子或纯装饰。特别是在中国，水资源严重短缺，地下水量正在下降，70%的地表水已遭到污染。中国只有7%的自然资源，如水和能源，却要供世界上20%的人口生存。这实在是一个关乎生存的问题。

其次，新乡土必须适用于普通人、平常人。在过去的5000年里，中国形成了一种以农业为基础的、人与土地相适应的古老乡土文化。这种旧乡土保证了农业中国的存续，反映着长期的适应经验，可在某种程度上却被认为是低俗文化，也很少为西方的教科书提及。与此同时，中国的园林、饰品、画作、诗词等则被视为高雅文化。这种高雅文化仅供帝王们和上流社会的精英们享用，无助于保障生存。因此，俞孔坚说，我们不能用高雅文化、传统的景观园艺来解决现代中国的问题，而应该用一种新乡土的方式，不仅像传统景观园艺那样仅适用于精英们，不仅像古老的乡土那样仅适用于农民，而且要适用于普通人、所有人。通过这种新乡土，我们可以在城市自然环境中、在整个大地上创造深邃之形。

通过学习普通中国人的生存技能，我们可以开发出一套新的生存技能来应对今天的问题。俞孔坚和他的团队在过去的20年里用这种新途径进行了广泛的实践。下面两例可以说明这种新乡土途径如何为生态文明做贡献。

中山岐江公园[①]。中山岐江公园反映了关于如何在城市中回收、利用、恢复棕地——恢复其生态系统的思想。这个公园同样留下了城市的历史记忆，尽管其历史和粤中造船厂一样只有30年。造船厂建于20世纪50年代，20世纪90年代破产。通常我们会把这种旧工厂清除掉，因为相较于中国的其他历史遗址，它们没有什么特别之处。它也一点都不美，不符合中国的传统美学思想。然而这里要顾及的历史是普通人的，而不是帝王们的。普通百姓也有那么一段十分重要的历史。

---

① 岐江公园于广东中山市粤中造船厂旧址上改建而成。——编者注。

这个公园允许野草或本地的原生植物生长，它们曾被认为是丑陋的，多被铲除。俞孔坚和他的团队在这个公园里实际上展示了两件事：一是留旧，保留普通的、日常的事物，乡土语言，普通的人，旧的、破产的工厂，等等；二是创新，创造新的美学，新的环保伦理。

红飘带：汤河公园。汤河公园是俞孔坚众多项目中的一个典型样例，获得了2007年美国景观设计师协会（ASLA）的设计荣誉奖和全国性竞赛第一名。汤河公园位于不断发展的秦皇岛市郊，在汤河的廊道上。这里原先到处都是堆放的垃圾和废弃的灌溉设施。俞孔坚带领的土人设计在整合生态原则的同时保留了环境的瑰宝。他们设计建造了一条与汤河平行的红飘带，用红色的玻璃钢做成，贯穿整个公园。红飘带兼具功能性和时尚性，结合了照明、座椅、环境展示和定位功能。明亮诱人的红色代表了一种中国式的喜悦和繁荣，同时环境也得到了保护。

此外，红飘带还显示了另一个重要的理念——最少干预的生态极简主义。不是艺术风格上的极简主义，而是生态的极简主义：通过一个极简的、最少干预的设计方案达成对景观的显著改善。我们不需要建造庞大的、巴洛克式的景观。事实上，我们只需要建造一条细小的、具有实用功能的红飘带。我们将城市居民想要的所有功能整合在这条红飘带上：座椅、走道、照明。我们不应该拿取超出我们所需的东西。我们应该用最少的干预，用现代的艺术和技术建造我们所需要的东西。它被称为现代的，但它仍然是中国的。

人们走在红飘带上，同时也沉浸在自然的世界之中。这里的自然世界比人类世界拥有更丰富的内涵，是一个可以储水的集水区。保存好它，才能使它发挥好作用。当谈论生态文明的时候，这个公园是人们脑海中浮现的画面之一。关系性也是生态文明的一部分，不仅包括人与自然界的关系，也包括人与人彼此间的关系。

引领生态文明之道

俞孔坚的景观设计思想和实践构成的形象可以提供一种整体生态文明观。生态文明不只是环境本身或人类生活本身，而是容纳两者异同的整体。人类文化与自然文化在其中得以结合，并各自得到尊重。从某种意义上说，俞孔坚将生态文明观转化到城市景观设计之中，使城市和景观能够融可持续性与美为一体，体现与自然之间的和谐并增进彼此的友谊。他还致信中国的市长们，批评“城市化妆”运动，强调生态基础设施建设的策略和重要性。

正如柯布所评价的那样，俞孔坚是一位深刻的思想者，他将其洞察力和智慧用在了关键的问题上，他的工作将乡土的、古老的文化与现代科学最优秀的部分整合在了一起，展现了其治愈现代性所造成的创伤的激情。柯布说：“我了解到，这个世界上有这么一个人，他带来了巨大的、实际的改变，他的人民期待他带来更多的改变。”俞孔坚的工作表明，中国在全球舞台上的领导力不限于经济层面。在思想层面，中国正在展现一种真正的后现代文明的愿景。

世界上越来越多的人希望建立一个友善的、合作的新世界，期待中国在生态文明转型中发挥引领作用。这些合作可能会推动世界走向生态文明，拯救无数人的生命，最终拯救我们的星球。

约翰·柯布共同福祉奖的奖励证书上写着：表彰他为人类对生态文明的希望做出的卓越贡献。他将中国传统智慧与现代科学技术相结合，创建了兼具地球友好性和实用性的生态基础设施。它们可以帮助我们重新融入自然，恢复我们与他者间的关系，引领我们朝着更人道、更可持续的未来发展。从建设性后现代生活方式的角度来看，它富有创造性、共情心、实用性、美。

俞孔坚的景观设计思想和实践呼唤我们觉醒：觉醒于设计！在我们设计城市和城市的某些部分时，要使用基于自然的方法，使土地、空气、水的深层形式协同作用。觉醒于生态基础设施建设！觉醒于创造性！觉醒于深层、有用之美！觉醒于农民及“农民智慧”！觉醒于学习农民如何庆祝丰收！他们会举行公开的庆祝活动，尽情享受收获的喜悦。觉醒于希望！我们，建设性后现代过程哲学共同体，在思考：我们应该从俞孔坚那里学习什么？这只是开始。

本文首次发表于《景观设计学》，2021（51）：48–57. 英文标题为 *On YU Kongjian: A Construction of Postmodernism Approach Toward Ecological Civilization*（《解读俞孔坚：建设性后现代主义途径》），由北京大学彭晓翻译整理。

广西廉州湾新城设计俞孔坚手稿和国际中标规划方案（2020）

生态优先，建立生态基础设施，保护滨海红树林湿地，城区建立多级海绵绿道，基于自然解决内涝，免除集中雨水管网系统，减少土方工程；同时，基于自然建立一套步行优先的绿色基础设施，实现低碳出行和低碳城市。

中山岐江公园保留了原有的工业遗产元素，人们十分青睐这些改造后的空间。

哈尔滨群力雨洪公园是城市中的绿色海绵。

公园内的湿地接纳四周的雨水，塑造的良好环境促进周边发展。

汤河公园鸟瞰。

汤河公园“红飘带”。

桃花源与生存的艺术：我的治愈地球之旅

——在2020年杰弗里·杰里科爵士奖颁奖典礼上的演讲

2020年10月8日，国际景观学与风景园林师联合会（IFLA）2020年杰弗里·杰里科爵士奖揭晓，北京大学建筑与景观设计学院教授俞孔坚荣获该奖项。这是国际景观学与风景园林界授予具有杰出贡献的景观设计师和学者的最高终身成就奖。颁奖典礼上，俞孔坚发表主题演讲，回顾了自己的学术与实践生涯。俞孔坚认为，他的乡村景观体验融合了现代的景观和城市主义概念、可持续性和美学观，使他有能力应对当今行业所面临的一些常见挑战。在新冠肺炎疫情在全球肆虐之时，正是我们清醒反思人类与赖以生存的自然世界之间关系的时刻。但他也相信，在疾病的流行及气候变化等危机下，景观设计的重要性也愈发凸显：景观不仅可以治愈身心，还可以治愈地球本身。本文首次发表于《景观设计学》，2020，8（5）：12-31.

20世纪80年代的东俞村。

安徽省黄山市西溪南，是我梦中的白沙溪。

故乡是我的根

首先，我想谈谈我的童年，年少时的种种经历对我的学术思想和作品都产生了极大的影响。

我出生于浙江省金华市东俞村的一个农民家庭，小小的村庄坐落在白沙溪和婺江的交汇处。夏天，我在小溪里游泳；春汛季节，我在小溪里抓鱼。年幼的我曾经负责照料过一头水牛，放它在水边和田埂上吃草。村子里有七口水塘，村前是一片神圣的风水林和两棵大樟树，我在树下听说了许多关于祖先的传奇故事，风水林中栖息着祖先的灵魂，神秘而又令人敬畏。这片土地非常肥沃，可以轮种三季，可种植诸如水稻、油菜、小麦、甘蔗、花生、红薯、玉米、大豆、荞麦、莲藕等作物。这里的每一寸土地和每一滴水都非常珍贵。但是面对不可捉摸的天气，我们必须合理地设计和管理田地，遵循自然的循环节律，避免浪费并懂得适应，才能生存下去。我们敬拜土地爷、水神和“治洪水、理九州”的大禹，也敬仰那些能适应自然、开荒辟地、充满智慧的祖先。

在当时的情况下，我很可能会子承父业，成为一个好农人。父亲曾经教导我如何耕种土地、如何管理水源、如何制作和循环肥料、如何让土地丰产。但是一切都在1978年的那一天发生了改变。记得那天我正骑着水牛回家，来村里教书的一位退伍军人周章朝叫住了我，告诉我说我有机会上学了。听到这个消息，我激动万分。

我立即入学，努力补上了已经荒废的初中学业，并勉强考上了

位于白沙溪边的禹皇庙。

高中。1980年，在农村生活了17年之后，我通过了全国高考，成为我们农村中学300多名应届生中唯一的幸运儿。

站在巨人的肩膀上

我意外地被北京林业大学录取，成为全国统一招收学习园林专业的30名学生之一。我有幸师从全国顶尖的园林学教授们：北京林业大学园林专业创始人汪菊渊教授，我的硕士论文导师陈有民，以及孙筱祥教授和陈俊愉教授。

能够离开遍地泥土的东俞村，来到繁华的城市为城里人建造美丽的花园，对我和我的父母来说，都是令人憧憬的。但当我从大学毕业并留校任教，开始雄心勃勃地要为城市建造美丽花园时，却发现家乡的村庄已经遭到破坏，神圣的风水林消失了，香樟树只剩下树桩，原来清澈无比的小溪成了采砂场，那些鲜活的鱼儿也不见了……

于是，我开始反问自己：这是否意味着除了在城市中营造园林外，上苍还在期待我做更多的事？我的村子和我的父老乡亲，以及在这美丽的花园和高耸的城墙之外的那些容纳了全国约四分之三人口的广大国土是否都在期待着我的呵护？

在深刻思考这些问题的同时，我萌生了出国深造的想法。终于，1992年我如愿被哈佛大学设计研究生院录取。在接下来的三年里，我跟随景观和区域规划教授卡尔·斯坦尼兹、景观生态学家理查德·福尔曼、地理信息系统和计算机专家斯蒂芬·欧文等颇有造诣的学者们一起学习和研究。我还经常在学校走廊里遇到生态规划之父伊恩·麦克哈格、当代景观设计大师迈克尔·范·瓦尔肯堡、城市学研究权威彼得·罗等知名学者。对我而言，遇见他们，与他们探讨学术、碰撞火花，是无比激动人心的时刻，更是将我童年时代的土地爷、水神、大禹等民间传说与中国当代造园大师的思想和西方一些最优秀的思想理念相互碰撞与融合的好机会。

在哈佛大学的图书馆里，景观与城市生态学、以人为本的都市主义、景观感知与进化人类学、景观与建筑现象学等学术和思想启发了我的左脑。而彼得·沃克、劳瑞·欧林、迈克尔·范·瓦尔肯堡、理查德·海格、林璎、玛莎·施瓦茨、彼得·拉茨、伯纳德·屈米等当代大师的设计作品则激活了我的右脑。

这是一个学术界百家争鸣的时期，我发觉自己痴迷于对立观点形成的张力，诸如规划是一个可辩护的政治过程还是一个遵从自然生态的理性过程？如何将艺术与生态统一？其中两个问题的探讨令我兴奋不已，并成为此后我对学术和专业持续探索的动力：其一，保护与发展，如何基于空间规划的协调思想，在土地和空间如此有限的情况下，实现生态保护与城市发展的平衡？其二，可持续性与美，即深邃之形，环境的可持续性与艺术之间存在何种联系？如何实现生态与艺术的统一？

毕业后，我被位于加利福尼亚州拉古纳海滩市的 SWA 城市设

1 汪菊渊教授　2 孙筱祥教授

3 作者与周章朝老师

4 陈有民教授　5 陈俊愉教授

6 作者与卡尔·斯坦尼兹教授

7 作者与景观生态学家理查德·福尔曼（右）

左：作者与地理信息系统和计算机专家斯蒂芬·欧文

右：作者与生态规划之父伊恩·麦克哈格

计与景观设计公司录用。在那里，我有幸与理查德·劳合作，为来自亚洲国家的雄心勃勃的开发商规划豪华房产和新城发展项目。海滩边的生活非常不错——无论是为开发商规划设计豪华地产，还是构思新城宏图。但正当我沾沾自喜时，却发现故乡的大地正面临着一场巨大的危机：城镇的老旧建筑被推倒，山丘被夷为平地，湖泊和湿地被填塞、被污染，河流改渠建坝，公共广场和景观大道被建设为超人尺度。所有这些景象都与我所习得的关于如何创造宜居城市和美好景观的知识截然相反。

而这些问题也正席卷整片国土：广大城市普遍遭受着空气污染，甚至每年都有许多人因此死亡。洪灾造成巨额损失的同时，众多城市也面临水资源短缺，大面积地表水与地下水受到污染。1978—2008年，全国的湿地面积减少了约33%，严重威胁着野生动植物的生存环境。

彼时的我知道自己或许可以为改变这些现状贡献一份力量，但我不知道的是，今后的道路上将会遇到怎样的挑战！

迎接挑战

1. 投身教育，开启新身份

1997年，我回国并在北京大学担任教授，我的挚友李迪华随后加入。我们一起在地理系开设景观设计课程，希望这个新学科能以更宏大的学科群为背景孕育、发展壮大……尽管我们起点卑微——当年仅有三名学生入学；但如今，我们已有200名在校生和600多名毕业生。然而，人们仍然习惯于把我简单地看作“造园师”，认为我与城市发展、土地和水资源管理、防洪和生态恢复等关于国土，城市化发展与生态的问题毫不相干。

在中国，有一个关于“桃花源”的传说，那是一片神奇的土地，也是梦中的香格里拉，丰产、美丽而富于诗意。在一定程度上，我一直把我儿时的东俞村视作“桃花源”。那里溪水环绕，有两棵浓荫蔽日且讲述着祖先故事的巨大樟树，有一片安息着我祖先灵魂的风水林，还有丰产的田野。在我看来，景观设计学是一门可以修复我心中失落的桃花源的学科。于是，我感到身担重任，想要呼吁更多人看到景观设计学的重要性。我因此称之为“生存的艺术”。彼时，我深受麦克哈格那句充满战斗意味的口号的影响：

李迪华、作者和学生们。

“别问我们你的花园。别问我们你那该死的花…… 我们要和你谈谈生存问题”。

我们创办了《景观设计学》期刊，以促进我们新理念的推广。我们还邀请世界上最优秀的学者来中国做讲座，并举办了15届与景观设计学相关的国际会议，以此教育年轻一代并积极推动达成共识。

2. 生态优先的逆向规划，推动政策变化

我们认为当务之急是采取行动以遏制破坏行为，因此提出了“反规划”的理念，强调保护现存的关键自然生态系统和文化遗产及具有战略意义的游憩资产，尽快划定建设底线。同时，我也意识到，扭转传统规划造成的损害的唯一方法是说服决策者改变相关政策。所以，从高层决策者到乡镇领导，我一直在给他们写信、与他们探讨并进行巡讲。到目前为止，我已为市政决策者和部长们做了300多场讲座。

2006年，我向国务院提出了一项提议。让我吃惊和欣慰的是，这项提议推进了国家生态安全格局规划和生态红线划定的进程——这两个观念可以帮助识别和保护重要景观，维护它们的自然、生物、文化和游憩价值与功能，最终保护对人类社会可持续性极为重要的生态系统服务。到目前为止，国务院先后出台了四项维护国家生态安全的国家级条例，我能为此做出一些积极贡献，倍感荣幸。

云南元阳梯田。

云南普洱陂塘。

3. 倡导“大脚革命”

与此同时，我也意识到，错误的决策往往源于对文明的误解与畸形的审美观。几千年来，全世界“文明”的城市精英们一直把持着定义“美丽”和“品位”的特权。在历史上，将近一千多年的时间里，年轻的中国姑娘们为了让人觉得足够漂亮，为了嫁给城市权贵而被迫缠足。小脚表面上看似“美丽”，却带来了难以忍受的痛苦。那时候人们认为自然的“大脚”代表着粗野和乡下，城市贵族则痴迷于“小脚”。因此，仅仅是为了满足少数贵族的畸形审美，女子们放弃了自然大脚的功能和尊严。

如今的城市建设在许多方面表现出了对于文明的误解及审美的扭曲。我认为，这些都是“小脚”都市主义和“小脚”美学。一方面，过度依赖工业技术和钢筋混凝土的灰色基础设施缺乏韧性，造成能源和材料浪费，也丧失了生态韧性与活力；另一方面，试图将城市人的品位凌驾于“乡巴佬”的审美之上，拥有畸形的“小脚”审美观的城市贵族，拒绝了大自然内在的健康和生产力。

这些“小脚”式的灰色基础设施和畸形的审美观所导致的生产和生活方式，昂贵且不可持续。2018年，中国的碳排放量占世界总排放量的25%以上；同年，混凝土消耗占世界总量的59%，钢铁消耗量和煤炭消耗分别占世界总量的50%。这些都是实现生态文明和美丽中国建设需要努力应对的挑战。

为此，我开始倡导“大脚革命”。这场革命始于上述我对一些“小脚”城市主义和“小脚”美学的基本价值观的质疑，我希望它能够唤起人们对城市与自然审美观的变革，走向生态文明的审美观和价值观。正如20世纪初北京大学的师生发起了“新文化运动”，促进并推动了缠足陋习的废除，让女性得以重新拥抱最自然的身体状态。

我认为，“大脚革命”需要从以下三个层面开展：一是规划和保护“大脚”（跨尺度构建生态基础设施）；二是让“大脚”做功（吸取传统生态智慧，发展基于自然的生态工程技术）；三是使“大脚”美丽（发展新美学并构建“深邃之形”）。

规划和保护“大脚”，或跨尺度构建生态基础设施，对于确保生态系统服务及将绿色基础设施与灰色基础设施的结合（即“灰绿结合”）至关重要。受古代神圣景观概念与现代博弈论的启发，我提出了“景观安全格局”的概念，旨在保护那些可以确保自然过程安全与健康的关键的空间格局。

让“大脚”做功：汲取古代生态智慧，特别是农业智慧，创造基于自然的生态工程技术。我们已经通过借鉴梯田台地、水池坑塘、桑基鱼塘、垛田浮岛等传统农业技术，形成一套可复制的生态工程技术模块，以经济有效的方式进行大规模生态修复，以应对气候变化及相关问题。

在中国，几乎所有的河流都被渠化和硬化，美丽生态的自然河流已然稀缺。中国拥有世界上超过一半的高坝，但每年因洪水造成的损失金额仍然十分巨大且有千余万人受到洪水威胁。因此，我们需要转变观念，在生态文明理念的引导下，视洪水为一种自然现象

（而非人类之敌），并将钢筋水泥的灰色基础设施转变成富有生态韧性的绿色基础设施，以缓解不可避免的洪水危害。我们的大量实践都在向世界证明，人水可以和谐共生。

受季风气候影响，中国大部分城市都易发生内涝。如在全国范围内实施基于自然的海绵城市解决方案，将会有效缓解涝灾，大大提升水环境韧性。在污水处理方面，景观可成为有机的水体净化系统：通过加强型人工湿地系统，借助生物过程去除水中的营养物质。

实践应用

我们已经在中国各地的大量城市中运用了上述这些基于自然的生态设计理念，并取得了显著的效益。

在浙江省台州市永宁江，我们把水泥驳岸重新设计为生态堤岸，城市河道成为“雨洪公园”，这可以削减至少一半的洪峰流量，并通过创建季节性的自然湿地来维持自然过程。永宁公园展示了一种雨洪管理的生态学途径，同时还向人们宣传那些或创新的、或被遗忘的非工程化洪水管理方法。

在浙江金华江的燕尾洲，我们通过塑造具有水韧性的地形设计和种植设计，来适应季节性洪水：我们设计的桥梁和路径系统不仅可以弹性地适应洪水，还可以灵活地为人所用。

在中国北部城市哈尔滨，我们将群力湿地公园变成了一块“绿色海绵”：它可以过滤并储存城市雨水，同时提供保护原生栖息地、补给含水层、休闲娱乐、审美体验等其他生态系统服务，促进整座城市的可持续发展。

在中国海南三亚的东岸湿地公园设计中，我们提出在城市环境中建设“绿色海绵”，以提高城市应对气候变化的韧性。由于深受热带风暴影响，“绿色海绵”对于缓解当地传统排水系统的压力尤显重要。公园场地面积为68公顷，受珠江三角洲地区古老的基塘系统和造岛技术启发，我们采用简单的挖填方法，沿公园外围创建了一条基塘链，用以截留和过滤来自周边社区的城市径流；在公园的中心区域则用泥土和土壤建造人工岛，并种植榕树，以营造水上森林。新建的塘－岛系统大大提高了公园的保水能力，并修复了水、陆生态系统之间的过渡带，使径流的水质净化更为高效。这一人工湿地系统可容纳83万立方米的雨水，有效降低了城市洪涝的风险。

在上海黄浦江沿岸的后滩公园设计中，我们通过营造可再生的景观系统，使工业棕地获得新生。整体修复策略包括建造人工湿地和生态防洪系统，再利用原工业构筑物和材料，以及发展都市农业等。这些策略不仅修复了受污染的河道及退化的滨水区，亦兼顾了美学价值。这个占地10公顷、长1700米的公园每天可以吸收2400立方米水中的磷和其他营养物质，生产的干净水足够供5000人使用。

在海南省海口市，季风气候带来的洪涝灾害、来自城市与郊区的废水及面源污染长期困扰着美舍河，再加上为了单一的防洪目的，人们用混凝土渠化河道，又使其丧失了生态韧性。为了修复美舍河，我们采用基于自然的解决方案，创建富有韧性的绿色基础设施：拆除混凝土防洪墙，将河流重新连接到海洋，并使潮汐重新进入城市；重建湿地和沿河低地，以重新孕育红树林；沿河两岸的镶嵌状梯田湿地则作为生态的水处理设施，用于截留和净化富含营养物质的径流。不到两年时间，在人口稠密的市中心，美舍河就已经成为大量野生动植物栖息的乐土。

位于海南省三亚市的红树林公园则是另一个基于自然进行生态修复来实现气候韧性的案例。恢复当地沿河道及海岸线生长的红树林，对于降低气候变化引发的城市洪涝风险至关重要。其中的一项关键性挑战在于找到一种有效且经济的方法来重建因城市快速发展而遭到破坏的红树林栖息地。基于这一考量，项目回收了由城市建设废料和拆除防洪堤后产生的混凝土组成的填充物，用于地形塑造，为不同的动植物群（特别是不同的红树类物种）创建了不同梯度的河岸过渡带。项目通过设计手指状的地形，将海洋潮汐引至河道，同时也削弱了来自海洋的热带风暴潮，和源自上游城市和高地的山洪以减少可能对红树林的生长造成的负面影响。这也使栖息地多样性和边缘效应实现了最大化，从而增大了植物与水体的交互界面。这一境况的改善反过来也促进了水体中营养物质的去除等生态过程。随潮汐的升降而不断变化的动态水环境为多种水生生物提供了生存所需的日常水位波动。城市街道和河流之间的阶地增加的生物植草沟，可拦截和过滤城市雨水径流。短短三年内，位于城市中心混凝土防洪堤内本已了无生机的废弃地，如今已被改造为一座郁郁葱葱的红树林公园。项目证明，此种方式的生态设计可以应用于大规模的红树林修复。

在中国，有大量的城市土壤受到污染，而传统的修复方法通常造价高昂。天津桥园公园项目展现了如何通过基于自然的土壤修复，开启自然自我修复的过程。通过再生设计、塑造地貌和收集雨水，项目引入了植物自适应和植物群落演化的自然过程，将一处垃圾场（原本为打靶场）改造为一座低维护的城市公园。公园建成后为城市提供了各种基于自然的服务，包括滞留和净化雨水以调节水体 pH 值，提供环境教育机会，并创造珍贵的审美体验等。

使“大脚”美丽意味着发展新美学并构建“深邃之形”，这一思想受到了安妮·惠斯顿·斯本教授“新美学”思想的启发：“新美学彰显了自然和文化的融合，功能性、感官知觉和象征意义的融合，以及对事物及场所的营造、感知、使用和思考的融合。”

在农民与农田的关系中，文化与自然之间永恒的相互依存关系体现得最为明显，而挖方与填方、灌溉与施肥、搭架与开垄、播种与收获、循环与节约等行为包含了“新美学”的一些基本特征，这些传统智慧都是我设计灵感的不竭源泉。

在秦皇岛的河流整治过程中，我引入了一条“红飘带”，将杂乱的自然环境改造成了有序的城市公园。这条500米长的飘带蜿蜒穿梭于自然地形与植被之间，集照明、座椅、解说和标识系统的功能于一体。项目展示了如何通过最小的干预，创造高品质的城市堤岸景观，并使河漫滩的自然生态在城市化进程中获得最大限度的保留。

中国人口占世界总数的近20%，但耕地却仅占8%左右——在过去30年的城市扩张过程中，又有部分耕地被侵占。为此，在沈阳建筑大学的校园景观设计中，我们不仅借助稻田元素定义了校园形态，还将生产性景观引入了城市环境。我认为，这是解决当今发展中国家的城市发展与粮食生产之间紧张关系的一种示范性策略。

而在衢州鹿鸣公园中，我们以“都市农业”为设计概念，在高密度的新城建设之中，结合作物轮作的种植方式和低维护花田，创建了一个充满活力的城市公园。步行道、栈桥和亭台组成的高架游憩网络“漂浮”于人工农田与自然山水之上，创造出一个视觉体验框架。借助这些策略，这片荒芜的、失于管理的城市废弃地由此转变为一处丰产而美丽的景观，同时保留了场地的生态和文化的格局与过程。

我还试图展示重复使用和循环利用的可能性。在过去几十年中，中国经历了空前的城市发展，但随之而来的却是对已有城市构筑物的大量拆除。

2002年开放的广东省中山岐江公园，证明了将原有建筑与其他构筑物融入新景观的可能性。公园映射了中国社会主义建设70年来的辉煌历史。场地仅增加了部分乡土植物，原有的植被与自然栖息地均被保留；同时，原有的工业遗迹如（粤中造船厂的）机器设备、码头和其他结构也被保留下来，并被赋予了新的功能，延续了美育价值。岐江公园还展示出景观设计师如何在那些未曾被关注与保护的场所，创造兼具文化和历史意义的环境友好型景观。建成后的公园不仅为公众提供了一片休闲场所，也传达出了“野草之美”

的环境伦理。

在过去的20多年中，基于上述理念和方法，我们已经在中国200余座城市和世界十多个国家试验并建设了超过500个项目，呈现了众多可复制的模型，可以在不同的尺度上应对诸如全球气候变化等问题，治理我们的人居环境，改善和修复我们的地球。

回首过往，我对于我在故乡村庄的经历有了更加深刻的理解，恩师、导师们教导我的景观和都市主义、可持续性和美学等现代理念与我的儿时经历嫁接、融合、繁衍，帮助我去积极应对当前人居环境所面临的各种挑战。我经常想起故土东俞村留给我的经历：我想到了大禹，他有着改变世界、与自然和谐共生的大智慧和宏伟愿景；我想到了那些用自己的双手和简单的工具改造其生产和生活环境的农民；我因而希望像大禹一样思考，同时还能像农夫一样行动。

当下是一个难得的发人深省的时刻，我们有必要思考人类与赖以生存的自然界之间的关系。新冠肺炎疫情的全球肆虐就是一个强劲警示——任何自以为可以征服自然的想法都是愚蠢的。坦率地说，我们都生活在一个相当悲惨且注定谦卑的时代。然而，我也相信，与气候变化危机一同席卷而来的全球疫情，将让我们更加清晰地认识到，创造能够治愈人类身心的景观和修复地球本身的健康是何等重要。

能够在IFLA旗帜下与诸位杰出景观设计师共同探寻答案，是我莫大的荣幸。正如IFLA前任主席玛莎·法加多所言，“景观设计是属于未来的职业”！

三亚红树林公园建成前后。

永宁江改造前后。

群力湿地公园建成前后。

金华江燕尾洲公园

金华燕尾洲公园八咏桥

2014年5月20日建成开放至今，每天平均有四万人到访和使用公园。当地媒体惊叹："一个城市为一座桥而疯狂。"造价不足7000万元的公园和步行桥，连接了婺江两岸的城市功能和社区以及四个公园，成为居民们日常生活的纽带。八咏桥将功能与艺术设计相结合，被当地媒体称为"最具诗意的步行桥。"同时，该桥和公园与洪水为友，与自然为友，保护了燕尾洲头原有湿地，使公园可被淹没。这既是城市的生态基础设施，也是促进和谐社区建设的社会基础设施。

上海后滩公园建成前后。

海口美舍河建成前后。

作者常常从丰饶的土地上获得设计的灵感。（俞孔坚在婺源田埂上，张锦摄，2021）

位于江西婺源县巡检司的稻田。

沈阳建筑大学校园。

衢州鹿鸣公园。

秦皇岛汤河公园

第一篇

桃源之殇

在这些田埂上走了近百次的我，却已经看到了一种远远超出这方表面上仍然美丽的土地、这群人和社会，以及生命地球韧性范围的灾难正在孕育，并迅速积蓄，且有可能很快爆发。

我看到水沟已经没有了鱼，田里已经没有了泥鳅甚至蚯蚓，就连青蛙也寥寥无几；我看到水田已经板结，我看到即使是在最上游的小溪里，富营养在泛滥。每次在田埂上行走，我总能看到农民兄弟背着药箱在一遍一遍地喷洒农药和除草剂，看到他们大把大把地挥撒着化肥，看到田埂上名目繁多的杀虫剂的包装袋和药瓶……

大历史视野中的人类景观

长达一年有余的新冠肺炎疫情，除了给我留下许多不快甚至悲痛的记忆，包括失去了朋友，失去了与海外的同行和学者们面对面相聚的机会，失去了许多计划中的旅游，也给了我许多难忘的经历和难得的思考机会。身处远离大城市的乡村——江西婺源的一个叫作巡检司的村庄，常常在隔离和半隔离的状态中，有了“宁静以致远”的机会，却也有可以借助网络突破空间和时间限制，而有“宽大以兼覆”的时刻。

比如，本来要在瑞士召开的全球顶级科学家会议“前沿论坛”（Frontiers Forum）不得不因为全球疫情改到线上，变成每月举行的系列学者演讲和讨论。3月2日是第一场，由全球著名教育家和历史学家大卫·克里斯蒂安（David Christian）主讲“大历史：培养能管理星球的下一代”。这是一个何等豪气的论题！他设计了一个前所未有的高度和视角，让我在异常壮阔的视野中去审视人类及其存在的时空，完全颠覆了传统的狭隘的历史观。非常有意思的是，他用了一幅桂林山水和乡村田园风景来表达其广阔的视野。他把大历史概括为八个关键的阶段或门槛：宇宙大爆炸、第一个星球的诞生、化学物质的产生、恒星和地球的形成、生命的起源、人类的出现、农业的发展和今日的全球化。通过与之相应的宇宙学、天文学、化学、地质学、生物学、人类学、狭义的历史学等学科，把浩瀚繁杂的知识，系统地联系在一起，形成一种全新的认识世界和人类自我的知识体系，作为培养人类下一代的教育框架。在这样的视野下，人类短暂的历史，无论自以为有多么惊天动地，本来都微不足道，人类都在一个有规律的变化的栖居环境中适应、进化并繁衍。直到约100年前，特别是近50年来，在全球历史上由于人类的活动而产生了一个巨变——碳排放，它将在地球尺度上，在人类的时空中产生巨大的、超越自然规律和人类及地球韧性的突变。在宇宙的历史中，这仅仅是瞬间的变化，却可能是人类的灭顶之灾。

当我离开笔记本电脑的屏幕，穿上高筒雨靴，走上沾满露水的田埂，我却体验到了类似星空的神奇变幻、韧性而恒常，而这正是人与土地的归属与认同的基础。去年的7月，这里经历了一场几十年未遇的洪水，蜿蜒的严溪上那些被冲毁的水堨已经被修复；坍塌的千年古道已经用旧石板给补上了；溪边那棵有近百年树龄的乌桕树在这次洪水中被冲走了，让人感慨，不远处那几棵千年古樟能一直存活到今天是何其不易；还有溪边的那口南宋古井能保存至今，简直就是奇迹。距那场洪水仅仅半年之后，眼前的景观并没有让人觉得有任何灾害发生。

从2月初开始田埂上陆续有我熟悉却并不知道学名的乡土野草

陆续开花了，先有稻槎菜、碎米荠、阿拉伯婆婆纳、球序卷耳等等；到了2月中旬，则有鼠曲草、雀舌草、鹅肠草。时至2月下旬，田里的油菜花已经零零星星地开始吐黄，并随气温的升高迅速进入盛花期，而到了今日（3月11日），放眼望去，三千多亩的田野已经是满地金黄。本来高出田块和油菜地的田埂，此时已经被埋没在齐腰深的花海里。田埂已被夏天无的紫色花朵覆盖，虽然藏在灿然的油菜花中，却更显得异常美艳；而天葵的白色小花往往被路人忽视……可以想见，就像去年的疫情期间所见到的，在人们的无限留恋与惋惜中，田野将很快卸下金黄色的盛装，披上绿色的水稻外套，接着又披上沉甸甸的金色的稻穗秋装，然后就是在晨雾中泛着银光的冬袄……如此，周而复始。

当我再拨开山边那些高高的茅草，阅读一处处坟冢前的墓碑时，读到了铭文上的三十三代的李氏、二十九代的潘氏等等字样。从第一代在北亚热带茂密丛林中破荒开基的先辈算起，人们在这里繁衍至少也上千年了，即便如此，他们每一代人所看到的宇宙星空想必与我今天所见的并无太多的差异。他们所见到的应时令而发的野草和田里的作物，与今天我所见的几乎一样，就连这田埂和水塌，他们所经历的洪水可能比去年我所见到的还要大，他们所经历的瘟疫肯定会比今天我们所经历的新冠肺炎更加恐怖。尽管如此，这群人和他们各自的家族都生存并繁衍至今，因为宇宙有规律的演变，自然生命也随宇宙运行规律而生长、开花和结果，生死交替。对土地和生命的依赖和适应，使得浩瀚宇宙中的一方土地和土地上的人民及社区——景观（Landscape），在人类的短暂历史中以相对恒常的状态而存在，人类种群和社区以一定的韧性适应并利用自然，得以生存和繁衍，形成了对这方土地的认同和归属，体现为独特的乡土景观。然而，在这些田埂上走了近百次的我，却已经看到了一种远远超出这方表面上仍然美丽的土地、这群人和社会，以及生命地球韧性范围的灾难正在孕育，并迅速积蓄，且有可能很快爆发。我看到水沟已经没有了鱼，田里已经没有了泥鳅甚至蚯蚓，就连青蛙也寥寥无几；我看到水田已经板结，我看到了即使是在这最上游的小溪里，富营养在泛滥。每次在田埂上行走，我总能看到农民兄弟背着药箱在一遍一遍地喷洒农药和除草剂，看到他们在大把大把地挥洒着化肥，看到田埂上名目繁多的杀虫剂的包装袋和药瓶……这不是他们的错，因为生存的压力使他们不得不如此！田野上的生命和生命系统正在快速发生着巨变，这种巨变将超出自然生命系统的韧性而导致系统的崩溃，其灾难性后果远非去年的洪水和延续至今日的瘟疫可以相提并论。

这便是大历史告诉我们的：由于人类无度地开采亿万年地球生命所积聚的化石能源，来满足城市建筑、交通和各类欲望，释放超自然规律本身的碳；人类用化学方法合成并使用了超自然生命系统韧性的新物质，包括各类化肥、农药和塑料，使人类赖以存在和持续发展的自然系统面临崩溃。即使是在140亿年“大历史”的视野里，它也是一种足以改变历史的突变，对人类来说是致命的生存挑战。

本文首次发表于《景观设计学》，2021，9（2）：4-7.

大历史视野下的景观巨变在不经意间发生并将成为灾难：看似美丽的田野中，各类包装艳丽的除草剂和农药被广泛使用，与超强度的碳排放一起，它们将使人类及其持续繁衍了数千年的景观连同生命系统面临生存挑战。这是大历史视野中的一场巨变，超出了自然系统自然的韧性，当然也超出了人类生命与社会系统的适应能力。中国的最美乡村尚且如此，广大中国乡村的处境可想而知。（俞孔坚摄于婺源，2021.02.26）

欧拉绿洲与消失的文明

2019年7月，应沙特阿拉伯欧拉皇家委员会之邀，我和其他专家学者一同来到位于阿拉伯半岛西北部城市欧拉（Alula）的世界文化遗产地——石谷（玛甸－沙勒）考古遗址。对我来说，这是一个遥远的地方——不仅因为它在空间上和我的祖国距离遥远，还因为它的景观和文化对我而言也十分遥远。它的存在冲破了我所能想见的历史的地平，并将我的思绪拉伸至浩渺的宇宙和星空，以及憧憬已久的伊甸园。空间、时间和精神的距离，使欧拉之于我犹如史前人类眼中的星空明月般神秘而美丽。

欧拉在阿拉伯语中意为“布满村庄的干河谷”。这条“河谷”夹在东西两条岩石山脉之间，南北延伸，其核心区域为一片绵延20公里的欧拉绿洲以及散布在绿洲边缘的多处世界级遗址。广义的欧拉则是一个漏斗状的、面积约为2.9万平方千米的流域，而欧拉绿洲就位于“漏斗”狭长的尾部。尽管年降雨量只有50毫米左右，但由于两侧山地都是不透水的岩体，且降雨集中在冬季的几天之内，流域内的雨水最终都汇聚在欧拉的谷地之中，逐渐形成了这片沙漠中的绿洲以及绿洲文明。

在盛夏的烈日之下，我们走遍了绿洲及其周边的自然和历史遗址。据当地向导介绍，人类在这里的活动至少可以追溯到20万年前的旧石器时代。此后，这里被不同的文明相继占据，包括分别于公元前7世纪和公元前5世纪兴起的两个阿拉伯西北部王朝德丹王朝（Dadanite）和利恩王朝（Lihyanite），其曾在政治和经济上控制着整个阿拉伯西北地区，如今却只留下了戈壁荒滩上的一片废墟和刻在岩壁上的图文。之后，主宰这片绿洲的是公元前1世纪兴起的纳巴泰人，其遗址分布在绿洲北端沙漠中的一处高地之上，是这处世界文化遗产中最璀璨的明珠。纳巴泰人因善于经商而闻名，曾纵横驰骋于阿拉伯半岛，但最终从这里神秘消失，只留下凿在岩壁上的高大的贵族墓室和宽敞的议事大厅。

此地距离当代最近的古代文明遗迹是因伊斯兰政权的兴起而建造的欧拉古镇，这座阿拉伯古香道和朝圣线路上的重镇曾繁华一时，据说伊斯兰教创始人穆罕默德也曾踏上这片土地。这里曾是阿拉伯人的冬居场所，其夏季居所位于地势较低的绿洲之中。通过掘土堆墙形成的下沉式庭院里种满了枣椰树，房屋院落交替布局，形成村落，绵延在枣椰树冠之下。遗憾的是，这片曾被誉为“绿荫中的夏都”的农庄，而今只留下断墙残垣和枯死的树干。由于古镇的荒废，最后一户当地居民已于1983年离开。我钻入迷宫般的古镇街道，仿佛进入了《一千零一夜》遥远而凄凉的故事场景之中。

在欧拉的日子里，一个问题始终萦绕在我的脑海中：那些古老的文明是如何消失的？它们的主人到哪里去了？人们为什么相继离开这里？带着这些问题，我开始探究绿洲的奥秘。贯穿绿洲的干河在冬季会偶发洪水，并淹没河床。原本溢流可以很快渗入沙漠中，但在绿洲下游的平坦沙漠地带，宽阔的干河谷沙滩已被渠化，高高的水泥防洪堤绵延数公里，而机场和新城建设又进一步侵占了原本可渗水的广袤沙漠。据说当局正准备修建一条排水渠，将洪水直接排入红海。虽然通过迷宫般的土墙仍可清晰地辨认绿洲复杂的产权边界，但大部分农庄实际上已被撂荒，即便有人管理，也只是作为城里人周末的休闲场所，原来的农耕生活方式已经消失，而那些茂盛生长的枣椰林则大部分由商业公司种植并管理。

当我走进其中一户由当地人维护的传统农庄，感觉完全进入了另一个世界。与农庄外不堪忍受的43℃的干热环境相比，这里湿润而凉爽，满眼葱绿，空气中弥漫着青草的芬芳。农庄还保留着传统的三层种植方式：上层是枣椰树，中层是各类果树，下层是蔬菜绿草；绿洲两侧高峻的岩体倒映在一汪汪薄水面之中——这是对枣椰树进行漫灌而形成的水面；鸟儿们欢快的鸣唱从各个方向传来，一群山羊啃食着枣椰树下的大叶苔草，零散分布的夯土房掩映在枣椰树下……这不正是我所想象的伊甸园中的景象吗？！当我询问农场主人水的来源时，他把我带到一口井边，这水来自75米深的地下，抽取之后再通过管道引至各户农庄。当地向导告诉我，20多年前，这里的地下水埋深不到10米。更早的时候，这里还曾流淌着泉水。而近年来，地下水位却正以每年三米的速度下降。之后，我又来到一片枣椰树种植园，眼前的枣椰林郁郁葱葱，浓密而整齐的树冠几乎完全遮蔽了阳光，林下没有果木和地被，免费的地下水被毫无节制地抽取出来用于漫灌。

看到这一景象，我不禁担忧：再过20年，哪里还有水资源来滋养这片如伊甸园一般的绿洲？我似乎明白了为什么20万年来，一个接一个的绿洲文明相继消失，一拨又一拨的绿洲占有者最后都从这里神秘离去——对流域内有限水资源的滥用导致绿洲的承载力不断下降，并形成了恶性循环；最终，人和自然之间的微妙平衡被打破，人类不得不迁徙他方另谋生路。于是，强占绿洲、争夺有限的水资源便成为解读中东乃至世界历史的一个视角。经过与同行的国际考古学家交流，并参考有限的历史资料，这一猜想得到了高度验证。

基于此，我找到了保护和发展欧拉，并解决其所面临的众多问题的路径：绿洲及滋养绿洲的流域是一个完整的系统，其中的水循环一旦失去平衡，必将使整个系统发生不可逆的恶化，最终导致人与土地和谐关系的破裂。所以，修复水循环是重建人地关系的不二选择。而探讨以水文特征定义的流域的生态修复和可持续治理，恰是景观设计学科的核心内容之一。

本文首次发表于《景观设计学》，2019，7（4）：4-9.

欧拉绿洲与消失的文明

公元前600年前兴起的德丹和利恩两个西北阿拉伯王朝，他们的王城拥有整个绿洲，并控制整个西北阿拉伯区域的政治和经济，今天却只留下了戈壁荒滩上的一片废墟供人凭吊。它似乎在考问我们：如何修复和管理这个流域，使绿洲持续地充满生机，勿让历史的悲剧重演。

纳巴泰人遗址

消逝的阿尔卑斯山美景

此时早上6点整，我坐在瑞士阿尔卑斯山核心区内吉姆瓦尔德（Gimmelwald）的一家叫Mittaghorn的小客栈里，对面便是海拔4158米的处女峰（Jungfau）和以绮丽的高山冰川为保护对象的世界自然遗产地。阳光刚将雪峰顶部照亮，金灿灿的。从河谷底部算起，处女峰的垂直高度有近千米，三挂银色的瀑布从雪线处直泄而下，跌入山谷之中，回荡着轰鸣。至少有十多种不同的鸟声此起彼伏，和着来自山谷里轰鸣的低音，高唱着清丽而委婉的歌；开满各色鲜花的高山牧场，从断崖处绕过我的房子，沿山坡一直向上延伸到云杉林的边缘，薄雾在那里飘荡着……一切如童话般美丽。而我却担心无须多久，眼前的景色将不复存在。这种担心起于前天晚上与英国滑翔爱好者Tim的对话。Tim每年夏天都要到这家旅馆，帮助老房东Walter先生打理客栈，同时尽情于自己的滑翔爱好，对气候变化的感知如春江中的水鸭，最有发言权。他说，十年来他看到处女峰上的冰川在不断后退，至今已退却近300米之多，而且速度在加快，近年来每到初夏便河水暴涨，泥石流和洪灾频发，工程师们不得不忙于用工程措施排泄湖水，以防水灾。

冰川是全球气候变化最敏感的指示性景观，事实上气候变化带来的影响已无处不在。个中原因莫衷一是，但不可否认的是，人类燃烧化石能源排放过多的二氧化碳显然是罪魁。而最新的研究表明，近年来人类活动导致大气中碳浓度提高的速度是以往研究结果的三倍，极地冰川的消融速度是以往担心的速度的三倍，海平面上升的速度也在加倍，物种在以每小时四种的速度消失，科学家说我们正经历着一个自恐龙灭绝以来最大的物种灭绝期，潜在消失的物种中也可能包括人类。当许多沿海城市甚至包括整个国家将面临被淹没或遭受洪水频繁袭击的同时，地球上的许多河流将干枯，风沙将吞掉许多美丽的城市和乡村。对此，我们每个人虽无须杞人忧天，却绝不可置若罔闻。明白处境，积极应对，便是任何人都所应持有的态度，并应逐渐成为当代人类关于自然和社会的基本伦理的一部分。

事实上，人类从来就没有过安逸不变的生存环境，所谓生于忧患，死于安乐，人类自生便是全球气候变化的产物。遥想人类祖先，如不是全球气候变冷，冰川入侵，热带丛林消失，至今或为人猿树栖于丛林，类同于猩猩，何以至此，适应也，适应是这里的关键词，适应是生存之道。

当然，对未来气候变化和海平面上升等的适应方式不是让人回到水里成为鱼鳖，或与沙漠骆驼为伍。与其他物种不同的是，文明的遗产和文化的特质延伸了人的适应能力，而景观的设计和改造活动是这种适应文化最核心和最宏大的部分，也是人类留在大地上最可标识的部分（即文化景观）：从先民们游走于林缘和湿地边缘猎采食物的景观感知和地形设计，到有巢氏及鲁班后代们的搭屋建城，再到大禹和李冰父子引水排洪、修堤作堰，以及遍布世界各个角落的人们的修路造地，驯养家畜和配置作物、林果，人类对土地及土地上物体所构成的景观的监护、利用、改造和创造活动使人类得以与自然的格局和过程相适应，从而得以生存、繁衍，并昌盛至今。因此，景观设计首先是生存的艺术，过去是，今天是，未来更应该是。

千百年来，各种文明都在贵族阶层及其消遣文化的引导下发明和发展了各种风格的造园艺术，其共同的目的是设计和创造隔离于现实世界的天堂和乐园、远离尘世的世外桃源。当代景观设计则因面对和解决现实世界的问题而孕育、发展，其哲学是入世而非出世。2008年美国景观设计协会发表的“关于全球气候变化的宣言”（*Statement on Climate Change*）即申明了景观设计师的立场和责任：景观设计师可以通过各种尺度的土地的科学规划和利用、精明的社区规划和设计，通过诸如雨洪利用、屋顶花园，以及低维护景观的营建技术，使人类减少对矿物能源的依赖，倡导低碳和零碳生活方式，并使我们的城市和乡村避免异常气候带来的自然灾害的侵扰。

本人强调应对气候变化的两大战略，其一是空间战略，即我们必须改变现有的城市空间发展规划模式，这种基于“人口—城市规模—土地利用—基础设施建设”推动城市扩张的模式使土地生命系统的生态服务机能受到彻底破坏，同时使城市依赖耗费化石能源、机械地依赖人工系统来维持，导致碳排放无止境增长。新的空间发展模式必须建立在生态基础设施之上，利用自然系统提供生态系统服务，让自然做功，使得城市成为有自然生命机能的城市。我把这种空间的规划方法论称为“反规划”；其二是一种美学的战略和设计的战略，即我们必须改变世代流传的、源于贵族审美传统的高贵与“精致”的品位观，而倡导寻常与“粗野”的品位观。这种美学建立在环境与生态伦理之上，同时源于人类的内心深处，而非世俗教化。我将这种美学称为“大脚美学”或“低碳美学”。它使我们懂得如何以无须维护的野草为美，如何以丰产的庄稼为美，如何以真实的土地和平常而实用的景观为美，而非以娇贵的观赏花木为美，它告诉我们，珍贵而美丽的礼物无须光鲜的包装。

此时，刺眼的阳光已覆盖整座处女峰，薄雾已经消失，野花上的露水已蒸发并显得惨淡而陈旧，晨鸟的歌唱也已消停，我悲哀地感到，美景在消退，同时消退的是对人类未来的憧憬与光辉，怀疑人类是否已被上帝遗弃入消失的物种之列。《圣经》说：“上帝只救助那些自救的人们。”想办法节约地生活以减少碳排放，想办法适应由于气候变化带来的新的景观格局与自然过程，以减少自然灾害带来的破坏，这便是生存之道。而诚如麦克哈格高呼的：景观设计就是告诉人们如何生存的！

于瑞士处女峰下的 Mittaghorn 客栈

本文首次发表于《景观设计学》，2010，11（3）：20-23.

每年都在退却的少女峰的冰雪（俞孔坚摄，2010.06.05）

2010年，在 Walter 家的民宿里作者与素不相识的旅居客们交流，大家担心，不久之后，少女峰的夏日雪景将不复存在。

消失的伊甸园：困境中的全球城市

近两个月来，我频繁造访了世界上人居环境颇具挑战性的三个城市：墨西哥首都墨西哥城、孟加拉国首都达卡以及泰国首都曼谷。

在墨西哥城，我随当地的城市研究专家、国家水务局及市水务局的主管，沿着溪流谷地走街串巷、长途踏勘。在溪流的源头山林，我感受到了溪水的清澈与凉爽；而进入城市后，水流则变得浑浊并散发着恶臭；贪婪的城市建筑和道路将溪谷胁迫得只留下一条窄缝；为应对季节性洪水的威胁，城市不得不斥巨资渠化河道、高筑河堤，将本可优美流淌并给城市带来巨大福祉的溪流直接排入粗大的水泥管道中，囚禁于黑色中窒息而亡，随后与污水一起从城市的另一端排出。各方人士对目前恶化的人居环境几乎都束手无策，因而不得不跨流域调水以满足城市供水需求，同时投资建设更庞大的管道系统。于是，灰色的钢筋水泥工程不断覆盖绿色的自然生态基础设施，自然的自我调节功能逐渐丧失，热岛效应加剧。这个曾经漂浮在湖泊中的城市，几乎已经耗尽来自高原湖泊的水资源，接着又吸干了地下水，导致城市逐年下沉。由于地下水得不到补充，阿兹特克人富有特色的水上田园消失殆尽。

在达卡，刚下飞机的乘客随即会被警告不能直接饮用自来水，因为几乎所有的地表水都已遭到污染，管道中的自然水源也无法保证未被污水渗透。随后，在当地向导的引导下，我参观了当地所谓环境最好的社区。这是一个安保森严的封闭社区，社区周边的公园是达卡市中心唯一可观的公园。公园中原有的河流被切割成孤立的水泊，黑臭水体经由污水管道源源不断地排入其中。在入水口处，水面露出一排鱼嘴，鱼儿们在挣扎地呼吸。尽管政府花费了很大的精力进行治理，却收效甚微。然而，来此锻炼的人却络绎不绝，他们就如同探出水面拼命呼吸的鱼儿一般，这里成了他们仅有的喘息之地。筹建中的新城选址于水泊对岸的田野上，这里是平坦低洼的河漫滩，每逢雨季都会被两米深的水流淹没，偶尔会形成几处长满树木的孤岛，被奉为神圣的宗教场所。平原之上是蜿蜒的线性人造高堤，村庄大多建设于此，堤脚下是因取土而形成的水塘，兼做旱季水源之用。这一派田园牧歌的景象与隔河相望拥堵不堪的达卡市区相比，真有天壤之别。

在曼谷，我有幸参与了近年来当地最大的一项人居环境建设工程——政府付出巨大代价，迁出了一处有近一个世纪历史的制烟厂，并将场地开辟为森林公园。然而，这样的城市生态修复工程对这个拥有一千多万人口的特大城市来说，无异于杯水车薪。来自世界各地的游客大多被那些风情独特的佛塔和寺庙吸引，或迷恋于无微不至的泰式服务。当走出弥漫着异国香水的酒店大堂，来到建筑后方的街道或运河旁，一种完全不同却更为真实的曼谷的气息扑面而来。于是我踏上了别样的考察路线，在当地专家的带领下，乘船沿古老的运河深入城市和郊区，感受最真实的泰国。运河曾经是曼谷生命机体的血脉，有数百年历史的寺庙不时映入眼帘，但两岸的果园大多已荒废，民房和商铺凋敝，一些曾经的豪宅也因久无人烟而被热带植被覆盖。我心生疑惑，为什么这样有特色的水上街市衰败至此？专家告知，这些运河原本非常繁荣，也是当地最受青睐的旅游胜地，但政府为了保护居民免受洪水危害，在河口修建了许多闸门，此举在阻挡洪水的同时，也牺牲了行船的便利，因此游客不再光顾，居民也迁至他方。另外，陆路交通和汽车的发展也取代了这座城市对水上交通的依赖，原本与水共生且独具曼谷特色的水上社区和街市更为荒芜，随之而来的城市道路拥堵和大气污染也日益加剧。

以上三个城市的魅力都在于城市与自然的和谐共生——不论是阿兹特克人的水上田园，与洪水相适应的达卡聚落，还是曼谷的水上街市，而这一魅力的消失，或者说是悲剧的产生，都源于和谐关系的终结：城市建设侵占湖泊及河流等关键自然系统空间；城市盲目扩张，超越了自然的承载力；过分依赖基于工业文明的灰色基础设施，导致河道等生态基础设施遭废弃，可持续的生态系统服务随之消失。究其本质，所有这些都是国土空间的规划问题，其核心和关键是如何在自然基底中为发展中的城市选址，以及如何在城市的基底中保留和完善生态基础设施，使其为城市提供高品质的生态系统服务。

紧接着的问题是，如何挽救由于人类的短视、无知或高傲而带来的城市现状，以及如何修补已经不适宜人类居住的城市。其核心是修复城市中的自然系统，包括为自然争取更多的空间，重建“山水林田湖草”生命共同体的连续性和完整性，以及让自然系统充分发挥生态系统服务。

国土空间规划和生态修复之根本是让自然做功，并收获自然所提供的免费生态系统服务。这是人类福祉的基础，也是城市可持续发展的根本出路。

本文首次发表于《景观设计学》，2020，8（01）：4-9. 原标题为“基于自然，让自然做功：国土空间规划与生态修复之本”。

墨西哥首都墨西哥城有得天独厚的环境，来自四周山林的水汇聚成大湖，先民适应自然，在水上营造漂浮的田园。西方工业文明的植入，彻底割裂了城市与自然的关系，溪流不断被侵占和毒化，湖水被排干，直到今天。城市已经病入膏肓，面临污染、缺水、地面下沉等多种危机。（俞孔坚摄，2019）

运河曾经是泰国首都曼谷生命机体的血脉，也是为城市提供免费的生态系统服务的生态基础设施，与水为友、与水相适应的水上社区与水上街市因应而生。对汽车交通的依赖以及水道连通性的人为阻断，导致城市与自然的共生关系终结，曾经繁荣的城市社区日益凋敝。（俞孔坚摄，2020.01.10）

孟加拉国达卡的布里甘加河是达卡的母亲河，兼具交通功能和排污的下水道功能，工业垃圾和生活垃圾使它成为世界上污染最严重的河流之一，这条“母亲河”也变成了严重影响当地居民健康的“毒河”。（俞孔坚摄，2019）

雨 殇

小时候，雨落到地上，消失在路边的草丛或是长满庄稼的地里，滋润着草木。连续的降雨之后，路边、河边的草滩便开始像海绵一样，吸纳着雨水，然后缓慢释放，流入池塘。经历了漫长旱季的池塘顿时充满了生机，青蛙从四周汇聚，蛙鸣在雨后响起。

我曾在这样的雨天放牛，赤足走在草滩上，脚踩之处，水便被挤出，带着气泡，然后又消失在周边的草中；我也曾在这样的雨天穿戴蓑衣斗笠，与兄长们一起，在河边静候随上涨的河水来到岸边的鲤鱼，看它们逆水而上，肚皮紧贴着刚刚被水淹没的草丛，奋力游入草滩上的洼地，这时便可伺机捕获。幸运逃脱的，便在这里完成繁育后代的使命。幼小的生命在季节性的水洼里很快成长并将在旱季来临前回到江河，继续它们传承物种基因的使命。等河水退去，草滩出露，洼地变成了水潭，没有来得及随水退出的鱼鳖陷入绝境，这便再次成为捕鱼的上好时机。等洼地渐渐变干，其他更多的鸟兽便来光临，这正是下套捉捕鸟兽的好机会。因此，我常常期盼下雨，也常常期盼雨霁。雨来雨去，大地因此不同，生命因此轮回，人文因此繁盛。雨让大地充满生机，雨是人与其他生命的联系纽带，雨本身就是生命。

长大了，看到城里的雨落在水泥地上，消失在阴暗的管道里。工程师们最伟大的梦想之一是让雨水在落地的瞬间就从人们的视线里消失。而实现这一目标的唯一途径是将管道做得更粗，把土地抬得更高。生命的雨，给大地以生命和美丽的雨，从此被扼杀，而其幽灵却在黑暗的城市管道中转世为仇杀生命的恶魔，它们在那里结集为汹涌的巨涛，吞噬生命。记得吧，2007年7月18日的济南，在大街上，竟然有30多人因暴雨而死。记得吧，就在2011年6月23日，就在北京，一条城市的宽广马路上，在一场仅有63毫米的降雨之后，两个无辜的外地人，竟然被雨水吞入幽暗的管道……而这样令人难以置信的事件并不在少数。

我曾在这样的雨天行走在马路上，看见雨水夹带着泥土和树叶从路边草坡和花坛中流下，汇入路边的铁箅，消失在地下，只听到从幽暗中发出的哀鸣，心生怜悯却无能为力；我曾经在这样的雨天走在河边和湖畔，期待像孩提时代那样看到河湖之水能随雨水而上涨，干枯的大地能焕发生机，游鱼和青蛙能得水而欢唱。可眼前的场景却让我一次次失望：雨水并没有汇聚到河湖边的草滩，甚至河湖边连草滩也没有了，几只垂死的青蛙已无力攀上那陡直的水泥堤岸。以防洪名义修建的水闸，拦住了一汪汪的臭水，里面飘着的是动物的死尸。既没有天赐的雨水汇入，也没有因雨水而来的生命。

我看到的是荒凉与死寂，感受的是孤独和悲戚。

因此，我要呼号，快让那来自天外的雨复活吧！不要再用钢管和水泥捆绑那柔软的雨水了，让她重见阳光和绿荫，给她留下可以回归土地的草滩、可以流向河湖的绿道、可以滞留与净化的洼地，还有那大大小小的湿地，接受她那滋润万物的善良和温存。

2012 年 1 月 8 日

本文首次发表于《景观设计学》，2011，20（6）：24−25.

正在被“三通一平”的滨河建设用地和准备下埋的雨水管，本来可以就地进入河流湿地的雨水，千篇一律地被雨水管道集中输送。（俞孔坚摄，2017）

水　殇

在很大程度上，人类文明对待水的态度至今还是不文明的，而且，至少在整个20世纪中，都误解、肢解和曲解了水的含义和价值，在科学与技术的名义下，毁掉了水的真实性和完整性，残忍地谋杀了水的生命。

谋杀“水”的第一次行动在每个儿童的启蒙时代就已经开始。在我那个年代的乡村，这种启蒙在小学一年级的自然课上，在今天可能从幼儿园就已开始——那就是老师关于水的“科学定义”：在常温下，水是无色、无味、无形的液体。当时还是六七岁的我听到老师关于水的这个定义，大为不解，而且我知道，不解的还有其他多数同学。因为，随后掀起的令老师几乎无法控制的异常踊跃的吵嚷热潮证明了这一点。水怎么是无色的？无色是什么？我们村西的白沙溪里的水可是白花花的；村南林中的乌龙潭的水可是蓝蓝的；水又怎么可以是无味的？我家天天喝的溪边砂子里的泉水，明明是甜甜的啊，从村前风水林里流出的水，可都是带着松油和水草的芳香的啊；水怎么是无形的？语文课上学的“水”就是象形于河流的蜿蜒和两侧飘带一样的水潭啊，这也正是白沙溪的形状啊。还有，水里那五彩的卵石、那舞动的水草、那游动的鱼通通与水无关了？吵嚷声持续了很久，终于在老师的拍案声中安静下来。老师于是把水壶里的水倒入带刻度的玻璃量杯，举过头顶，以黑板为背景，问道：“什么颜色？”“黑色！”学生们一齐高喊。接着，老师走到窗前，又将玻璃量杯以窗外的树木浓荫为背景，问：“什么颜色？”“绿色！”学生们又一齐高喊。接着，老师在杯里滴入红墨汁，顿时，水成了鲜红色。“所以，水是无色的，可以成为任何一种颜色。你们那些关于水的认识和理解都是一些经验的水，不是科学的水。”老师终于挥动起科学的大棒，压制了稚嫩的反叛。我关于水的美好与浪漫的理解，第一次被无情地颠覆了。生命的、多姿多彩的、有丰满意味的水，突然间变得苍白、无味、无形、无情。

对水的谋杀在中学到大学的课堂上一步步升级，水最终被定义为由两个H和一个O组成的化学分子式。今天，当我问我的大学生儿子水是何物时，他便不加思索地回答：H_2O。完整的水、生命的水在理论上，堂而皇之地在我们的最高学府、最高学术殿堂之上，被彻底地谋杀，并肢解了。这令人想起电影《美丽心灵》中，数学家将男女爱情还原为“两种液体的交流”，一切爱情与浪漫从此被彻底消灭了。

对“科学”的水的认识，终于换来了一幕幕生命之水被屠杀的场景。先是20世纪60至70年代江南水乡的大规模消灭钉螺运动。

为了防止血吸虫病，所有河道、水塘的沿岸必须铲除杂草，喷洒“六六粉”和DDT杀灭血吸虫的寄生体钉螺，所有水中生命便一同遭了殃。河道的“三光”被当作先进典型示范。于是生命被从水里彻底清除。“水”被还原为不含生命“杂质”的液体。

稍晚的70年代末，轰轰烈烈的大地园田化在家乡被掀起来了。河道开始被裁弯取直，蜿蜒的溪流开始被硬化为水渠；被茂盛的灌丛环护的坑塘被填埋，泉水不再，鱼鳖不见了。“三面光”的“现代化”排灌渠纵横于起伏的田野上，通过一个个水闸和水泵控制着水位，取代了先前沿地形自流于田间地头、被丰茂水草掩盖的土水沟。绕过村前的水渠断流了，政府开始鼓励挖井取地下水。没过多久，管道代替水井，自来水进入每家每户。接着，村镇里千百年来使用过的水塘终于失去其功能，成为污水池和垃圾坑。水的形态至少在儿童们体力所及范围内，彻底被还原为“无”了。

当自然真实的水终于离开我们日常的感知范围以后，迎来的便是80年代大规模的乡镇企业运动，河道成了排污沟，湖塘变成了方便经济的垃圾场。于是，我们所见到的水又不再为无色、无味了，而是棕色乃至黑色，抑或危险的绿色（如蓝藻泛滥的湖泊），且臭味熏蒸。如能回到童年，针对老师关于水的科学定义，我便又会惊异，水怎么可能是无色无味的呢？分明是色浅如酱汤，色浓如墨汁的啊，且异味浓烈。

于是，90年代以后，关于水治理的环境工程与科学技术得到空前发展。然而，遗憾的是，我们城乡的水环境不但没有改善，反而日益恶化。科学的研究不能说没有发展，技术也不能说没有进步，君不见对水质的测量和化验已经发展到对近百种元素的分析；国家的投入不能说不多，仅仅一个滇池，水治理的投入就以千亿计，还有太湖、淮河乃至大江南北整个水系统。

我惊异于工程师们如何用超纯水制造技术（诸如活性炭技术、臭氧技术、微纳米气泡水处理技术、生物膜技术，等等不一而足）来治理我们的水环境。所有技术都在试图将被污染的水还原为纯粹的"H_2O"，唯独没有将水当作我启蒙前所认识的那充满生命、色彩斑斓、形态万千、芬芳四溢的完全的水，那现象学意义上的真实的水。

因此，我呼唤完全的水的回归：水不是"H_2O"，水是活的生态系统，水的真实性和完整性不在于它是否有多纯净，而在于与土地、与生物的联系；在于其系统的连续性和完整性。水的价值也必须回到完全的生态系统服务上来理解和评价。水环境的治理必须回到对水作为生命系统的完整性的恢复上来，包括水系统的生产服务、调节服务、生命承载服务和文化服务。因此，水景观的设计就是要让水回归生命、回归完全、回归土地。

2010年8月9日

本文首次发表于《景观设计学》，2010，12（4）：20-23.

消失的玉泉河

玉泉河，一个美妙的名字，曾经泉水出露，充满生机，魅力无限。流经北京大学和清华大学，曾经是荷塘月色、水木清华的源泉，是两个校园之间的多情纽带。（清华大学校园段，2010）

秦皇岛护城河

被污染、与土地和生命隔离的城市水系。（2010）

土　殇

一提到土，我的脑海里立刻交替出现两个生动的画面：一个来自我刚记事不久时的经历，另一个来自遥远的历史。

这第一个画面是一群披麻戴孝的男女，在一个深深的土坑中，围绕着一口棺材一面哭嚎，一面转圈；每个人都从身边抓起一把把松土，撒向棺材的顶部。棺材里躺着我的长辈。我也被夹在这流动着的人群之中，一圈一圈地在这深坑中走着。我非常恐惧，恐惧死亡，恐惧自己迟早也将进入这黑暗的地下。这种恐惧伴随着我成长，直到40多岁之后，这种对土的恐惧才慢慢消失，因为，它将是所有人类最公平的、不可逃避的归宿：入土为安！

这第二个画面是2600多年前，晋国二公子重耳及其拥戴者——一群地道的亡命徒，跋涉于黄土沟壑之间的情景。他们不忍饥渴和疲惫，向当地农人乞讨。农人盛了一碗土给他们，意为不劳动哪有饭吃！重耳大怒，人群中却有智慧人士告诉他：赶紧司跪拜大礼，接受这最珍贵的礼物，因为这是获得国家与土地的吉祥之兆。果然，不久之后，重耳重回晋国，成为国君，拥有一切。大地重现生机，社稷得以昌盛。

土，人类一切的来源，也是人类一切的归宿。关于这一点，在东西方的观念中都是一样的。上帝用土造人，最终又将人类生命还给土地。千百年来循环往复，未曾改变。不但如此，土令我生活和成长在其中。小时候，妈妈曾经将黄土敷在我的创伤处，使它不被感染，并很快痊愈；我曾经从河沟里挖出泥土，做成坦克和种种动物，然后在太阳下晒干，成为最心爱的玩具；我曾经将双脚深深插入泥塘里，感受泥鳅在脚底下的蠕动；当我离开故土时，我甚至带上一包黄土，远渡重洋……

仔细思考，这土也是世界上最不可描绘、最复杂和内涵最丰富的存在：它既是作为家园和国家的领土，也是作为生产资料的土地，还是作为作物生长的介质——土壤。也正因如此，土，可以唤起人类所有复杂的情感：热爱、愤怒、恐惧、感恩、内疚、嫉妒……人类最伟大和最卑鄙的行为，都会因这土而产生。所以，人类用“母亲”两个字来表达土地；甚至超越“母亲”的表达，而必须用“神”来形容——是的，土地是神！

非常有意思的是，人类关于土的理解和情感，最终可以通过手中的那捧土来表达！这便是土壤，一种曾经唾手可得、最寻常的东西。土壤的科学定义是由岩石风化而成的矿物质，它是矿物和有机物的混合物。科学家告诉我们，在良好的水热条件下，每一立方厘米的土壤的生成，需要300年的时间。这曾经无处不在的土壤，对于人类而言其存在的价值不亚于空气和水，却是最不被珍惜和善待的存在！

它们被肆意从山坡上剥离，只因为它们埋藏有煤矿、金属，或是其他可以为人类牟取暴利的物质；它们被肆意覆盖上水泥，只因为土壤太普通、太寻常；它们被肆意污染和毒化，以至于不能够再支持任何生命的存在……

我关于土的情感第一次受到伤害是20多年前在美国的时候，当时我租居的宅子前有一方土地，于是便想开垦种些蔬菜。不想，邻居立刻警告说，这里的土壤里可能有铅污染，最好不要种蔬菜，甚至不要让儿童接触！一个号称最发达的国家里，怎么连土壤都是危险的！此后，全美国境内关于儿童因铅中毒的报道不绝于耳。

20年之后，再看我的祖国，土壤已完全不是我儿时的景象：在过去的20年中，我曾走进城市中心废弃的厂区，满地污水横流，土壤带着危险的颜色；我曾经误入郊区的工业废渣堆放场，那里散发着死亡的气味，周边的树木已全部枯萎；我曾经踏进远郊的田野，作物枯黄、毫无生气，农人告诉我，年复一年的化肥施用，早已使土壤板结，几乎无法继续耕种；我想去远方的河谷与山林中寻找一片净土，不想沿途却看见河岸的沃土已经被梯级电站水库淹没，山坡上的土壤已被灰色的水泥覆盖。梦中那方神圣的土地，已满目疮痍！

此时，我在想，当重耳再次手捧这样的一碗黄土，他又该作何感想？此时，我如果再用这脚下的黄土疗愈我受伤的肌肤，结果又将如何？我那地下长眠的祖先，他是否还感到宁静和安全？

本文首次发表于《景观设计学》，2015，（06）：5-9.

上海第三钢铁厂厂区，上海世博公园建设之前的场地一隅（俞孔坚摄，2008）

这样的景象并不陌生，几乎在每个城市都有。这种工业“遗产”带来的对土壤和土地的毁坏，需要景观设计师们用比工业时代更长的时间来修复和重建。

上海第三钢铁厂厂区，上海世博公园建设之前的场地一隅（俞孔坚摄，2008）

城　殇

离开西南偏僻深山中的甲居——中国最美的乡村，沿着小金川峡谷，翻过巴朗山雪峰，再穿过遭受“5·12”地震毁坏的卧龙保护区……整整八个小时的颠簸和寂寥，穿越险境环生的山崖和谷地，突然来到了成都平原，脱离了由山河风雪之神统治的世界，回归人间，顿觉轻松了许多。但当车行至成都市区的外环路时，我忽然间感到了一种莫名的恐惧：雾霭笼罩在城市的上空，一座座畸形古怪的巨大建筑物耸立在迷雾之中，表情狰狞；高高架起的宽阔的环城高速公路，套着一座座硕大的立交桥，大小汽车在上面爬行着，却没有任何人的迹象，连在深山幽谷中曾见到的炊烟也没有了，鬼魅如《指环王》中的魔城；走进城区，同样宽广的大马路，一任钢铁怪物横冲直撞，可怜的老人和小孩冒着生命的危险，赶在交通灯由绿变红之前，跑到对面；高耸的围墙隔离了一群群操着同样的方言，却无缘交流的城市贵族；一条条钢筋水泥河道，成了包括儿童在内的生物的死亡陷阱；巨大的广场上，素不相识的人在兜售你不需要的信息和物品……传说中的最宜居的城市，“东方伊甸园”在哪里？这就是我们长途跋涉、历尽艰险所追求的“城市化”和城市吗？

成都如此，上海、广州、北京又何尝不是！

我宁愿看到儿童背着书包，自由地在城市的街巷中穿行，和同伴一起上学堂，而不是让父母开车接送——就像乡村中的孩子一样，不必担心奔驰的汽车，不必担忧陌生的路人；

我宁愿看到城里的河边，布满高低错落的石埠，母亲在浣纱，孩子们在戏水——就像我在丽江的水渠边、在凤凰的沱江边、在大理的洱海边看到的那样，而不是站在汉白玉栏杆外，看着河水茫然地流走；

我宁愿看到老人带着儿童，坐在浓荫的大树下，讲着他爷爷所知道的那些故事——就像我家村口那棵大樟树下的故事会，而不是将老人送入养老院，把儿童关进学堂；

我宁愿看到放学回家的女孩们，在公共的院子里，哪怕是泥土的场地上，跳房子、荡秋千——就像社会主义单位大院里的孩子们那样，而不只是在电梯间中相遇；

我宁愿看到熙熙攘攘的街市，远道而来的人们展示自己的新鲜果菜和富有个性的商品，一任成熟的男人们在讨价还价中获得乐趣，而不是到有空调的超市里，毫无表情地从货架上取走塑料包裹的商品，无条件地付款取货；

我宁愿看青年男女，围着水井，望着水中倒映的月亮，憧憬着美好的未来，而不是在电脑的两端，通过虚拟的空间，谈情说爱；

……

人是群居的动物，城市是社交的场所：为了爱情、友情和共同的兴趣，为了交易和交流的方便，人们选择了群居，这才有了城市。然而，今天的人们却发现，城市徒有绮丽的建筑、宽广的交通路网以及精贵的广场和装饰，却失去了交流，失去了可供交流的场所：水边、树下、桥头、街道、市井、场院；为了追求"城"，我们却丢失了"市"。

城市景观设计的核心之一就是让城市回归"城市性"，回到城市作为交流网络的真实性，而不是让城市仅仅停留在网络的虚拟中，更不是让城市只有"城"的外壳，而无"市"的本质。

2012 年 11 月 8 日

本文首次发表于《景观设计学》，2012，25（5）：26-27. 原标题为"人与人的城市"。

城殇

成都之殇，丧失了天府（桃花源）的“天府新区”，一个没有人文关怀、丧失人文气质、割裂地域文化和历史、缺乏社区生活、徒有空洞形式的当代中国造城运动之代表。

城市荒野：另一种消失的文明

城市中的荒野是工业文明桎梏下的野性遗漏，是由金属与玻璃构建的寂寥城市的凄美回眸和慰藉。好奇与探索的天性让人类文明在发展的道路上一往无前：从非洲草原走向亚洲丛林、欧洲冻原、美洲荒漠……于是，粗糙的矿石被打磨成光滑的玉器，黏土变作了洁白的瓷具，燧石的火星烧去了原野的荒芜，殖民地中的野花经过培育成了贵族花园中的奇葩，自由流淌的溪流被改造为光滑的河渠，沼泽被开垦为田园和城镇……这是一条逐渐背离荒野的文明之路，城市、农田和园林在化石能源和机械力的推动下，不断取代原生的自然；自然的野性被日益驯化。“光滑”“精致”“高雅”和“温顺”等渐渐成为当代文明的重要特征。现代城市是当前最高层次文明的载体和象征，却已被演绎为用塑料、金属和玻璃搭建的宫殿——光鲜亮丽、不着尘埃，野草和昆虫失去容身之所，自然和野性只存在于电子屏幕和声光电的感官刺激之中。失去野性的人类，正如豢养在拉斯维加斯五星级酒店玻璃房中的老虎，寂寥而萎靡。

于是，野性和荒野被重新提起。

城市荒野之于人类文明和城市化，恰如困兽囚笼中的一棵绿树、一丛野草或一条溪流。从发生学意义上讲，部分城市荒野作为原生自然的遗存斑块或廊道得以在城市中幸存，如残存的湿地（哈尔滨群力湿地公园等）；此外更多的是挣脱了文明约束的次生自然，如在荒废的灰色基础设施中恣意繁衍的自然（纽约高线公园的前身等）。城市荒野并不局限于荒野景观（Wildscape 或 Wilderness），还包含保留了野性（Wildness）的、不受人工干预的自然过程和生物——从自由流淌的径流、未被改造的土壤和栖息其中的微生物、自由繁衍的乡土植物，到从水泥地中挣扎而出的野草和排水沟石壁上顽强生长的灌丛、随季节而生长凋落的树叶、能够感知天时的鸡鸣和蛙声……

从生态学意义上讲，城市荒野作为自然生态系统，依照自然规律做功，并以其自身逻辑建立起深邃的秩序，是保障城市生态系统健康和可持续性的要素。它为人类社会提供了不可或缺的生态系统服务，诸如净化空气和水、调节城市微气候、维持乡土生物多样性等。

从文化和心理学意义上讲，城市荒野的审美启智功能让人类探索未知的天性得以释放，这正是推动文明进步的原动力。于我看来，东西方哲人的深邃思考和智慧大多来源于荒野：如释迦牟尼的菩提树、穆罕默德的希拉山洞、王阳明的龙场山洞，以及梭罗的瓦尔登湖等。生态心理学认为，人与自然的日益分离将有损人类健康，而人类的健康源于地球的健康，疗愈人类身心疾病有赖于人与自然关系的修复，以及自然生态系统的修复。景观感知的相关研究表明，景观的复杂性和可探索性决定了自然环境的美感。相较而言，园艺化的景观（如修剪整齐的草坪）显得索然无味，它们纵然代表着文明进步，能令人获得须臾的喜悦和激动，却唤不起人类的探索欲望和冲动，也难以传达诗情画意的美感。谈及"荒野"，我的思绪不由地回到了儿时的两处秘境：一处是村子最南边的风水林，那里葬着祖先的遗骨，林冠蔽日、蘑菇遍地、野花隐约，时而有野兽出没；另一处是我家半亩宅院里的水塘，杂草丛生、鱼鳖藏匿，萤火虫和着各种虫鸣翻飞——它们时刻吸引着我去探寻并收获惊喜，就像鲁迅的百草园。拥有这样的荒野秘境，是我不幸童年的最大幸事。遗憾的是，它们都在我告别童年后相继消失了。先是风水林被园田化的水渠和机耕路切割开，随后林中的树木被砍伐殆尽，黄土深处的蛇洞被挖开，整整一窝赤链蛇曝尸路面，原先见过的许多鸟兽也从此绝迹；而后，我宅院中的水塘逐渐干涸，最终被填平并盖上了房子。好在这两处荒野秘境尚能偶尔出现在梦境之中，给我带来无限的欢愉。

来到北京求学之后，我也曾迷恋过一处荒野，那就是圆明园遗址公园中的废墟。几乎在整个20世纪80年代，这里都是我的最爱，也是我恋爱时流连忘返的去处。深浅不一的坑塘与土丘交错分布，乱石散落其间，零星的精美石雕露出水面，水岸边被芦苇、野慈姑和香蒲等植被覆盖，走近时会有鱼蛙受惊，搅动起"啪啦"的水声。

早春时节，遍地的苦荬菜、毛地黄、诸葛菜、点地梅和紫花地丁给枯黄的土地铺上绚烂的彩色；此后，山桃、毛樱桃、鼠李、黄刺玫等相继开花。夏天的荫凉来自杨、柳、榆、槐、椿等乡土乔木，每一种乔木都因地势之高低和土地的不同湿度而统治着各自的群落，喜鹊、灰喜鹊、乌鸦和各种啄木鸟栖息其间。秋天则被黄栌、山杏、银杏和芦苇抢了风头，饱含野性的花青素让树叶红得热烈。我尤其喜爱冬天里的漫步：听冰裂的回声，看乌鸦在白杨树梢盘旋、苇穗在寒风中颤动，细赏残雪下的碑刻和悄悄觅食的麻雀。

但就在2008年北京奥运会举办前夕，这处举世无双的遗迹和最具北京特色的城市荒野，几乎在一夜之间被铲除：湖底铺上了防渗膜；荒野不再，取而代之的是光鲜的草坪与牡丹、月季花等各色园艺花木，以及喜庆的灯笼。

为此，全国学界掀起了一场具有历史意义的捍卫圆明园废墟荒野的“抗争”运动。而这场由生态学者和环保人士发起、全国大部分媒体参与其中的大讨论，赋予了圆明园注解文明与荒野的标本意义：这里最早是天然山前沼泽湿地，后来被开垦为稻田，形成素有北方“江南”之美誉的农业文明景观；继而为康熙、乾隆所钟爱，仿江南文人山水构筑起象征帝国大一统和富华的皇家园林；而后又被西方列强焚毁，成为西方工业文明之崛起和中华农业文明之衰弱的标志；接着被撂荒，自然恢复其统治地位，百年的风霜雨雪和生物群落之演替，使圆明园遗址变成了拥有丰富文化与自然遗产的城市荒野。

20世纪90年代的圆明园，遗址与经过近150年演替的乡土植被浑然一体，成为最具意味的城市荒野。（俞孔坚摄，1991）

值得一提的是，当代表中华造园艺术巅峰的圆明园被付之一炬时，西方的先哲们已经在思考荒野的意义："我们所说的野性是有别于我们自身文明的另一种文明。"显然，梭罗所说的"自身文明"是当时西方社会为之狂热的工业文明。近150年后，当圆明园废墟被高雅化和城市化的力量主导时，一场维护城市荒野的抗争也在中国悄然发生……这场抗争，正是过程曲折而生动的"两种文明的斗争"。如今，一种崇尚野性的新的文明——生态文明——正在崛起。

29年前，我曾独自沿瓦尔登湖漫步，沉浸在启迪哲人思考的荒野之中，脑中回荡着他的妙句"世界保存于荒野之中""最有活力的人是最具野性的人"，这亦是我对于城市荒野的理解。这里的"人"不仅代表人类个体，也可指某个群体、城市、民族、国家，乃至整个人类物种及人类的文明社会。因而，捍卫城市荒野是人类走向更高层次文明的必经之路。

本文首次发表于《景观设计学》，2021，9（01）：4-9.

2003年6月20日针对圆明园重建的一次激烈讨论

单霁翔、梁从诫、崔海亭、李小溪及俞孔坚作为反对重建，保护遗址公园和城市荒野的一方，与主张重建圆明园，恢复皇家园林恢宏景观的另一方代表，进行了激烈的争论。此后，作为重建的反对派，这些专家再也没有被咨询和邀请到此后的圆明园改造中来，直到两年之后，圆明园防渗工程被曝光，引起了全社会的关注，两种文明的斗争达到了高潮。（刘君摄，2003）

圆明园遗址公园中正在消失的城市荒野

2005年，为迎接2008年北京奥运会，大规模的“美化运动”轰轰烈烈地开展起来。城市中的河流、湿地被硬化或渠化，湖底被铺上防渗膜，自生的乡土植物被视为杂草杂木彻底清除，代之以光鲜的观赏园艺花木，城市荒野被一扫而光。与此同时，一场捍卫城市荒野的行动也在生态学者和环保主义者的带领下声势浩大地进行着，2005年4月有关“圆明园环境整治工程环境影响”的全国性舆论即为其中一个焦点。正如梭罗所言，野性是有别于我们自身文明的另一种文明。因此，消灭或是捍卫城市荒野也是两种文明之间的斗争。（俞孔坚摄，2005.04.07）

哭泣的母亲河

南方的河，北方的河，都是我的母亲河，可是她们都在哭泣。

我那残酷的儿女们啊，为什么要用道道高坝捆绑我柔弱的躯体，将我肢解，令我断流？你可知，流动是我的天性，连续是我的生命。从雪山高原，到林莽峡谷，从平原阡陌，到湖沼海滩，我将氧气、矿物营养分配给千万生灵。因为我的流动和连续，才有爱“跳龙门”的鲤鱼逆水而上，在她们认为合适的上游溪谷或静湖中产卵繁殖，再让她们的后代顺流而下，在营养更丰富的下游成长生活。正是因为我的流动和连续，多姿多彩的植物得以传播到广阔地域，随处而安、生长繁衍。我的连续也使众多野生动物的迁徙成为可能。我本是大地肌体上唯一的连续体，我之于生命的地球，正如血脉之于生命的人类。也因为我的流动和连续，才使你有一个美丽的童年、美丽的梦，使大家生活的城市有了一串美丽的项链。

我那无知的儿女们啊，为什么要残忍地将我裁弯取直，再用钢筋水泥捆裹我本来自然而优美的躯体，令我窒息，如同僵尸。我曾经有浅滩深潭，如琴弦响着动人的乐曲；春汛到时，我让洪水缓缓流过，积蓄丰盛的地下水库；秋旱来临，我释放不尽的涌泉，让所有生命恢复生机；我曾经有鲜嫩的水草在丰腴的肌肤上舞动，庇护着大小游鱼，潜伏着河蚌泥鳅；我曾经有慈姑和芦苇，在幽凹处快乐地生长，青蛙和鲶鱼唱着黎明与日暮的歌；我曾经有磐石兀立在那显凸处，石缝中长着深情而不惧贫瘠的芒草，向濯足的路人诉说春天的丰润与秋天的萧瑟。好大的浓荫啊，那是身边的乌桕与河柳的投影，阴凉中有双双鲫鱼共享自由与欢乐。

我那卑俗的儿女们啊，你们嫌我草灌丛生，包容泥土与生命万物，可那何尝不是我的美德？你们嫌我曲折蜿蜒，自然朴素，可那何尝不是诗的泉流、画的本原？你们认贼为父，让生硬的水泥和花岗岩奸淫我纯洁的躯体；你们浮华虚伪，让意大利的瓷砖、荷兰的花卉和美利坚的草坪装饰我的玉体，却剥去了庇护与滋润我的乡土草木，令我面目全非，那何尝不是罪孽？

南方的人呵北方的人，你们曾经向我排泄着污秽和浊流，而今却拿我开刀整治，举着“泄洪”的利刃，开着“清污”的铲车……多想问你们——还记得吗？我是你们的母亲河啊！

2001年11月21日

1997年作者回国，遭遇的最大心灵冲击之一是在全国各地看到河流被粗暴的水利工程虐待，在防洪安全、城市美化、卫生改善的旗号下，昔日蜿蜒曲折的河道被裁弯取直，渠化硬化，河道变成下水道和垃圾场。先是在北京，1998年开始，京密引水渠和清河等水系开始被渠化和硬化。那时，刚刚成立的土人设计在海淀区上地办公，清河就在北大校园与上地之间，每天都能看到清河渠化的工地，红旗招展，推土机轰鸣，眼睁睁看到两岸树木被伐去，河道被拓宽和硬化，作者悲痛万分，便与环保人士李小溪、崔海亭、梁从诫等人一起，发起了抗议河道硬化工程，结果被斥为“对抗政府”行为，抗议不了了之，北京20多条河道相继被渠化和硬化。接着，俞孔坚看到故乡的白沙溪成为采砂坑，河道也遭遇同样的厄运，伴随其儿童美好时光的白沙溪被彻底毁灭。2001年，联合国给张家界武陵源世界遗产发出黄牌警告，俞孔坚及其团队获得该世界遗产地的规划，与时任风景区管委会主任阎力军考察张家界，看到美丽的索溪河以及市区的河道遭遇同样的不幸，悲叹良久，脱口呼号：“南方的河，北方的河，都是我的母亲河，可是他们都在哭泣！”——一气呵成此文。恰好，时代建筑杂志支文军先生约稿“城市景观的败笔”专栏，以此稿应邀刊出。

桃花源的消失

云南坝美可能是中国大地上仅存的最后一处“桃花源”，这里有良田美池，四周群山环绕，只能乘船出入，人们生活怡然自得。而当我慕名前往的时候，无论是开发商的经济利益驱使，抑或桃花源里人对发展的诉求，或者是工程公司的利益驱使，都已经将这里的一切变得面目全非。因此，其价值也将消失殆尽，所谓的“经济效益”也将荡然无存。究其原因，其实，错并不在人们对经济利益的追求，而在当事者们并不懂得生态和美，也不懂得这种生态和美乃是经济效益的保障。

作者家乡金华东俞村的白沙溪自20世纪90年代末开始成为采砂坑。（俞孔坚摄）

张家界市区河道被污染和被渠化的状况。在此地桥上，作者与阎力军悲叹良久，脱口呼号：“南方的河，北方的河，都是我的母亲河，可是他们都在哭泣！”（俞孔坚摄，2001）

两条远方的河流

最近，因为两条美丽河流的召唤，我做了一次远行，但结果却令我忧伤。

这是两条流淌在内蒙古高原上的河流，一条名为哈拉哈河，另一条名为伊敏河。哈拉哈河艰难地行走在阿尔山的火山岩中，时而钻入岩壳之下，不留痕迹，如同顽皮的孩童；时而因堰塞而成湖泊，静若处子，饱含羞涩；时而穿破坚硬的玄武岩，形成跌宕的激流，泛起白色的浪花，欢快地在岩壁间与白桦林间奔流，像是充满活力的躁动的青年。在那河流之上，我看到漂流的人们奋力划动橘色的橡皮筏，兴奋地搏击着迎面而来的浪花；而在岸上，三三两两的游客说说笑笑，漫步在木栈道上，游走于白桦林间。在阅尽阿尔山的绵绵山峦、妙曼云雾和苍茫林海之后，哈拉哈河最终流向广阔无垠的呼伦贝尔草原，汇入中国和蒙古国共有的美丽湖泊——贝尔湖。

伊敏河则更像是持重而安详的母亲，缓缓地流淌在辽阔的草原上，敞开母爱的怀抱，接纳来自八方的、恣意流淌的泉流；以无限的温存，像一条松散的绸带，蜿蜒在被当地牧民称为“父亲”的呼伦贝尔草原之上，雕刻出一片片月牙形的沙洲。这些留存在河中的沙洲，成为植被茂密的湿地。两岸的草地一直延伸到水边，成群的牛羊在草地上自由地嬉戏。我看到岸边垂钓的人们，在接受母亲河慷慨馈赠的同时，也收获了无限的欢乐和满足。

这是两条有着不同性格的河流，却都同样无私地向人们奉献着她们所能给予的一切。如果能够得到善待，她们还将持续地、无止境地如此奉献。生态学家们将这种奉献称为生态服务，包括：供给服务——提供食物和洁净的水源；调节服务——调节洪涝和干旱、气温之寒暑，净化水质；生命承载服务——为众多的生物提供栖息地，以及繁衍和迁徙的通道；文化服务——提供诸如审美、启智、身心再生和精神寄托。

然而，这两条身处祖国偏远边疆的河流，却和中国大地上千万条大大小小的河流一样，面临着同样的厄运。就在哈拉哈河流经的河谷滩地上，一个旅游小镇正在如火如荼地兴建着。那埋葬在美丽草甸之下已万年之久的黑色草炭被挖开，潜涌在地下的泉水被排干，而下游的河水也变得不再清丽；水泥防洪堤将蜿蜒的自然河道渠化成狭窄的僵直的水沟，并在防洪大堤上修建了高速公路。欢快而鲜活的哈拉哈河瞬间失去了生命，如同魅力无限的少女变成了一具糜烂的尸体。

同样，就在伊敏河流经并哺育的海拉尔区，我也看到了她的悲戚：多台采砂机正拖着长长的锈色铁管，吃力地抽取水底的河砂，如同吸血鬼在贪婪地吮吸着一个美丽生命的骨髓。两岸的河柳与杨林早已被砍去，沙洲上丰富多彩的花甸已变成深浅不一的乱石坑，滞留下一汪汪浑浊的死水，如同美丽肌肤上溃烂的疮痍。而一项宏伟的水利工程和河道景观工程正在轰轰烈烈地上演：高高的防洪堤将挤压原本宽阔的河漫滩，迫使水流只能在狭窄的水泥河道中流过；恢宏的建筑物将在河堤两岸的大片湿地和草甸上拔地而起；至少三条橡胶坝将在河道上建造，渴望令呼伦贝尔成为一座“美丽的水城”。这项号称投资40亿的“河道美化工程”将彻底改变这温存如母亲的伊敏河的命运。

这两条地处偏远边疆的美丽河流的厄运令我忧伤，因为我已确信，那屠杀河流生命的恶魔已无处不在，并且竟如此肆无忌惮。是无知？是贪婪？是腐败？是道德的沦丧？抑或是设计专业的苍白无力？我因此再次呼吁：救救远方的哈拉哈河，救救伊敏河，救救曾给予我们和我们的祖先以恩惠，并仍将恩泽千万后代的每一条河流！善待河流吧，因为善待河流就是善待人类自己。

本文首次发表于《景观设计学》，2013，1（04）：6-7.

流经呼伦贝尔的伊敏河海拉尔段，多台采砂机正拖着长长的锈色铁管，吃力地抽取水底的河砂，如同吸血鬼在贪婪地吮吸着一个美丽生命的骨髓。

大河的另一种文明

关于大河，我的心中总是充满憧憬，这种憧憬编织于少年时代和大学时代的阅读，穿插着陶潜的《桃花源记》，李白的《早发白帝城》，苏轼的《石钟山记》，王希孟的《千里江山图》，刘白羽的《长江三日》，马克·吐温的《汤姆·索亚历险记》和《哈克贝利·费恩历险记》，还有诸如《动物世界》里的亚马孙河。那梦幻般的迷雾和江滩丛林，礁石、瀑布和险滩激流，静谧的水湾，植被茂盛的河中小洲和水岸沼泽；悠长的猿声和各种鸟语，还有突然露出水面的怪兽；水面上漂过的渔舟，岸上矗立的城堡废墟，炊烟袅袅的村庄，石埠头上的浣纱女，河滩上暮归的水牛和孩童……这种憧憬一直伴随我、呼唤着我走向河边，渴望有舟楫顺流而下，体验李白、苏轼、哈克贝利·费恩等或曾有过的体验；或如武陵渔人和西方的丛林探险者那样驶入河湾，探索未知的水源深处的秘境。

因此，无论是到异域还是在中国，每到一个城市，我首先期待的是那条城市或国家的母亲河的风景，在新奥尔良、明尼阿波利斯、德里、达卡、西贡、曼谷；在哈尔滨、郑州、武汉、南京、重庆、广州等等大小城镇。但每当我来到大河边上一次，那存留在心中的大河美景便被侵蚀一次，日益变得枯黄、残缺，甚至发出恶臭而形象丑陋——恰如一轴描绘在丝绸上的千里江山图，因为富豪主人的不屑、傲慢、无知、无爱和庸俗，被撂在阴暗潮湿的地下室的一隅，不见天日，一直在发霉溃烂并被老鼠和蠹虫啃食。我禁不住地和着大量母亲河保护者们的呼声，再次号啕：救救大河！

我看到沿河的高堤不断从河流的城市段往上游和下游延伸，一直从雪上脚下绵延到入海的河口！其材质也从泥土不断升级到水泥和钢材，坚硬和光滑的程度是工程质量的度量标准；其防洪标高从10年一遇到50年、100年甚至500年一遇，这似乎已经成为城市文明程度和现代化程度的一个指标——文明到让后来的人们一辈子没有机会赤脚踏入河滩！

我看到拦河大坝一道又一道，材质也从土石大坝到钢筋水泥，越修越高耸。河水的拦截效率和发电效率也越来越高，这似乎也已经成为文明程度和现代化程度的另一个指标——文明到阻断一切试图逆流而上谋求繁衍后代的鱼类，文明到断绝一切借助河流廊道迁徙的野兽的子孙！

我看到夹河修建的道路越修越多，材料从泥土到石材，再到钢筋水泥，当然还有铁轨。路幅也越来越宽，从两车道、四车道到八车道；车速也越来越快——宽到让渴望亲近水岸的人们望而却步，快到秒杀一切胆敢在水陆之间迁徙和运动的生命！

我看到汇入大河的支流命运更加悲惨，大多已经成为标准化、裁弯取直的钢筋水泥沟渠，自然的水流已不复存在，来自城市和农村的污水，源于农田的面源污染物从这里被排泄入大河。世界范围内85%的污水，未经任何截流与处理，就这样进入大河与海洋——这就是工业文明的厕所和农业赋予大河的状态。

我看到的大河，两岸的河滩森林已不复存在，河中的绿洲已经被疏浚、蚕食，河湾、湿地不复存在，河道已不再蜿蜒动人，河水不再清澈，更不用说鱼翔浅底，鹭鸟翻飞了——这便是工业文明在大地上的定义！

每次见到我心仪的大河的现实处境，我便问自己，是什么让人类的母亲河落得如此境地？是恐惧。曾经，大河的洪水可以吞噬一切财产和生命；是欲望，曾经的大河蕴含的势能和交通便利，成为城市和个体经济发展的原始动力；是自私，无论是拦坝蓄水还是高堤防水，抑或是河道排污，都是典型的公地悲剧，只考虑本地而牺牲异地的利益；是无知，直到最近我们的社会也许还没有意识到，河流生态系统的全面的自然服务是改善人类福祉的保障；是缺乏对自然的爱与美感，是工业社会的物质欲望剥夺了人类天生的恋水和爱生物的本性。这是人类过往文明在大河上的全部呈现！

如果这样，我似乎感到，因为生态文明的到来，解救大河的希望便油然而生。

首先，唤醒对水、生物、河流及一切自然世界之美感。让这人类天性从工业文明的物质欲望和源远流长的洪水恐惧幻觉中解放出来。这尤其需要通过对儿童和少年的自然审美启智来实现；

第二，系统认识河流生态系统及其自然服务，系统设计和进行国土生态治理、生态城市和海绵城市建设、海绵田园和生态农业建设，这需要生态文明价值观下的水系统管理和大河流域发展路径的转变；

第三，大河流域法规体系的建立，保障公平的自然资产分配和水系统监护权益，杜绝脱离地方和社区权益的排污、以局部利益为导向的大坝及河堤工程；

第四，破除冥顽不化的恐水症和灰色工业技术的迷信。需要认识到，除了更高更强的钢筋水泥堤坝之外，大河的水安全并非没有更好的途径。基于自然、富有韧性、更可持续的生态防洪是结束人水抗争实现人水和谐的必由之路。

沿着这样的大河解救方案，我们也许才能让艺术家、文学家和探险家们所描绘和编织的大河美景再现，那是自由的、丰饶的、生机勃勃的、万般诗情画意的大河，那正是大河的另一种文明——生态文明，它意味着我们需要对以往一切工业文明的成果重新评估，在怀疑中寻找新的、基于自然的出路。

大河孕育着文明，也是文明的载体和表征，大河的生机是文明的兴盛，大河的衰退也是文明的没落。因此，生态文明能否在地球上繁荣，首先看大河能否重现生机。

2021 年 5 月 31 日于燕园

本文首次发表于《景观设计学》，2021，9（3）：5-7.

密西西比河被工业文明所困，两岸生态与环境遭到严重破坏。密西西比河上游的明尼阿波利斯，利用大河上游的航运和水力之便，从面粉加工厂到木材加工，到后来的毛纺厂、炼铁厂、铁路机械厂、棉纺厂、造纸厂，工业文明因此而繁荣。但由此带来的密西西比河的河道工程化、生态和环境恶化，生物多样性丧失，河流的其他生态系统服务品质低下，使该市成为美国经济凋敝最严重的城市之一。（俞孔坚摄，2013）

明尼阿波利斯的密西西比河绿色振兴方案：大河的另一种文明，通过构建生态基础设施，修复大河生态，提高综合生态系统服务来振兴城市。（土人设计，2011）

棕地——工业文明的孽债

棕地（Brownfield，Brownfield Site，Brownfield Land）有广义和狭义之分，在最早使用棕地概念的美国法律语境下，棕地是有严格定义的："棕地是一些不动产，这些不动产的扩展，再开发和再利用受到现实的或潜在的有害物、危险物或污染的影响。"（The term "brownfield site" means real property, the expansion, redevelopment, or reuse of which may be complicated by the presence or potential presence of a hazardous substance, pollutant, or contaminant.）这一棕地概念不包括许多具有棕地物理和化学特征的污染地和废弃地，如联邦或州政府列出的优先治理的污染地，也不包括类似垃圾填埋场和由政府划定并管理的特定区域等场地。这个狭义的棕地概念主要是针对城市土地在再利用过程中可能出现的开发成本的增加而提出的，旨在保护投资者利益（使开发商免于环境诉讼困扰），同时保护使用者的健康。为鼓励棕地的再开发，投资者可获得政府的资助和税收的减免，用以清洁和再生场地。据美国棕地协会（National

Brownfield Association）援引的数据，截至2010年，全美有45万块棕地，占地达500万英亩，相当于美国前60个大城市占地面积的总和。由于棕地的属性导致房地产贬值的金额达到两万亿美元。因此，棕地的治理具有重要的生态、社会和经济意义。这是我们的前人（也包括我们这代人），更确切地说是"工业文明"所留下的孽债，需要我们这代人及我们的后代加倍偿还给土地和社会。然而，这份孽债又岂止如此狭义？

从1962年至1971年，陷入越战泥潭的美军为了清除隐蔽越共游击队的丛林植被，用飞机向越南山林喷洒了7600万升落叶型除草剂（橙剂，Agent Orange），使约200万公顷的森林和绿地变成一片棕黄，这一"棕地"约占越南国土面积的10%，致使400万无辜百姓受害，无数生灵遭殃。50年过去了，这片广阔的棕地仍然是地球上和人类心灵上的一块伤疤。

所有造成棕地因素的本质特征是危害生命。农药和除草剂被当作武器来使用以达到消灭敌人的目的，而其带来的危害却是对无辜百姓和土地持久的伤害。曾经用于人类战场的手段，也被用于人对自然的战斗。记得，最初使用具有大规模杀伤力的火焰喷射器杀灭"害虫"时，是何等的激动人心。就在1970年左右，公社的技术员来我们村第一次使用汽油喷火器杀灭"害虫"。杀虫手背着喷雾器，喷头上外挂一团棉花球，用高压箱喷出汽油，和战场上的火焰喷射器相仿。在稻子刚刚收割完毕时，所有昆虫和生物都在田埂的绿草丛中寻求庇护，火焰喷射器便来了。一群小孩紧随其后，欢呼雀跃，看那青蛙和蚂蚱之类当场暴毙烤焦，其他各种昆虫皆不能幸免。如此，使用了几年之后，虫害却更加严重。所以，就开始使用更严厉的大规模杀伤性武器，那就是DDT和六六六。就在我的童年短短几年时间里，田里的泥鳅、河里的鱼虾、林中的鸟兽，消失殆尽。后来才知道，世界在1940年前后开始广泛使用DDT和六六六，结果带来了严重的环境问题，大量农药残留在土壤、水和生物体内，因此也有了蕾切尔·卡森（Rachel Carson）的《寂静的春天》。所以，从20世纪60年代起许多国家开始禁止或限制使用DDT和六六六。而在中国，直到20世纪80年代才停止使用这些农药。20世纪50年代以来使用的六六六达到500万吨，DDT达50多万吨，据报道，这两种农药的使用量分别占据全球总用量的33%和20%。受污染的农田1330万公顷。土壤中累积的DDT总量约为8万吨。粮食中有机氯的检出率为100%，小麦中六六六成分含量超标率为95%。正所谓自食其果，报应可谓迅速，如此广大的农药"棕地"，我们将如何拯救？

就在DDT和六六六开始禁用的年代，大规模的乡镇企业得到扶持和发展，厂房、矿区如雨后春笋般出现，大规模的工业化在中国大地上展开。简陋的车间、低劣的技术、粗放的流程和宽松的环境保护政策，迅速将污染物扩散到广大城乡，致使中国10%的耕地已经受到严重污染。随着城市化的进一步深入，城市"退二进三"，或由于技术落后和市场的改变，这些工厂本身迅速成为待再开发的棕地。它们与先前存在于中国城市中的、洋务运动时期的中国近现代工业用地一起，构成了中国城乡最广大的、狭义的棕地。其面积尚有待统计，但可以肯定的是，如果按美国的定义标准，其数量将远远不止美国的数字。然而，不幸的是，我们竟不知道它们对其上拔地而起的新社区到底有多少危害。因此，身在中国的开发商是幸运的，身在中国的棕地“制造”企业是幸运的。然而，这种局面将能持续多久？欠下的孽债总是要还的！

最不幸却又万幸的是，景观设计师如同替人类受难的耶稣，将成为替世人偿还这“棕地”孽债的主角，无论城市或乡村，无论农田或厂区，景观设计师要让大地重归生命，让生命重归和谐。在这方面，中国的景观设计师可谓任重而道远。

2012 年 9 月 2 日

本文首次发表于《景观设计学》，2012，24（4）：26–27.

1953年兴建的广东中山粤中造船厂，1999年拆迁后在城市中留下了一片棕地。

1999—2000年，作者有幸主持了广东中山粤中造船厂棕地的再生和再用，使其成为一处享誉国际的工业遗产主题的文化公园，也是中国最早利用工业遗产地的典型案例之一。在此实践基础上，作者受国家文物局委托，2004年起草了保护工业遗产的《无锡建议》。

2019年，邯郸钢铁厂棕地。

2020年，邯郸钢铁厂棕地脱胎换骨后成为邯郸园博园，昔日严重的污染地华丽转身成为水生态净化湿地，通过生物过程将劣V类水净化为III类水。

桥园捍卫日记

2013年12月20日

一封署名“天津安捷医院丁宝崎”的来信，让我感动万分。

> 俞孔坚院长：今晨发现，您设计的天津桥园在施工，经询问民工，要把部分高地泡泡改成广场。您设计的桥园独具特色，我们喜欢！他们改造是否征得您的同意？希望通过您的影响，阻止他们乱改！致礼！

信非常简短，连标点符号算上，也不过90个字，却是我在设计师职业生涯中收到过的最难忘、最令人感动的“使用后评价”，同时也是对设计师的权力和尊严的界定和委婉的问责。而此时，离天津桥园建成已过去整整五年了！

我马上拿起电话，向这位可敬的“使用者”了解详细情况。原来，当地园林管理部门以桥园“芦苇泛滥，有碍观瞻；茅草过高，易酿火灾；存在治安隐患；缺少群体活动场地”等理由，准备铲除芦苇，推平湿地，修建设有健身器材的广场和收费的儿童游乐园。老人还告诉我，实际上他和每天来桥园的同伴们喜欢的正是这芦苇和茅草的野趣，而与公园一路之隔的小区旁已经有很多的健身器械和儿童游乐场地了，没有必要再在桥园里设这些商业性的游乐设施。

我立即在天津市河东区政府网站留言，并向天津市规划局的领导致电，将丁老人的意见转达给他们，希望将工程停下来。公园主管部门却对丁老人反映的情况不以为然，并说“广大市民反映公园荒野，强烈要求加强管理和改造。公园改造工程已经启动，不可能停下来”。显然，他们把这位老人排除在“广大市民”之外了。当我无奈地将这个结果告知老人后，老人痛心地说：“他们就是想把桥园整成那种庸俗不堪的修剪绿篱和观赏草坪了！”于是丁老人便通过“人民网地方领导留言栏”给天津市领导写信：

……位于河东区万新村的桥园公园正在大规模改造……俞院长听后极为震惊……但我强烈呼吁：

1. 立即停止桥园公园的改造工程！

2. 立即与公园设计者俞孔坚博士联系，共同商议桥园公园的改造问题！

倔强的老人又找到当地新闻记者，希望媒体帮助呼吁。

2013年12月21日

丁老人将他写给市领导的内容寄给了天津市委，并在信尾写道：

> 我们担心的是这样一个文化底蕴很深的艺术品，会被改造成一个平俗的公园，或者是一个只顾经济效益的场所，这是万万要不得的……我们不希望这样令人痛心疾首的事情在我们的大地上发生！……我是一名癌症患者，我要用我剩下的时间和精力为这个公园奔走呼吁。

2013年12月23日

受其感动，我今天给天津市领导写了一封题为《关于天津桥园公园人工湿地改建一事的意见》的信：

> 近日收到一位天津市民来信，反映天津桥园的人工湿地正在遭受毁坏，他对这样的做法表示非常不解，特

写信来质询我是否知道这一改建……对这一情况，我非常心痛，并已向河东区委留言反映，却无任何积极回应。故特向市领导汇报此事，请予以制止并恢复原设计……为了能留住这样一个市民喜欢的公园，我恳请市领导能请有关部门重新考虑公园的改建工程，保留这一具有世界意义的独特景观！

2013 年 12 月 24 日

丁老人再次给我来信，言语中已显凄楚和无奈：

……这两天桥园的改造工程并无停止的迹象。我估计他们不会理睬我的……天津本来就是具有七十二沽的一片湿地，如今成了大都市，留下这片湿地实属不易，现在却又要把它铲除，令人痛心！

……再见吧！令人难忘的桥园！……

……如果他们的改造取得您的认可，不改初衷，我们也不反对，现在我只是担心。

2013年12月27日

由于一直没有收到回复，我再次给天津市领导写信：

> ……在完全不通知公园设计师的前提下进行改建，这是一种对设计师的漠视。悲哀的是，我作为公园的设计师，对这种乱改乱建的行为却无能为力……面对这样一个受市民喜爱的公园，天津却迫不及待地将其破坏，真是令人匪夷所思。再次恳请市领导重新考虑公园改建一事，并期待您的回复。

2013年12月30日

我日前给天津市领导的信终于发挥了作用，市领导责成天津河东区市容委员会来京征求我的意见。主任和副主任等一行三人于傍晚来到我的办公室，转达了天津市领导的重视态度，并表示要征求我的意见再进行桥园的改造。我强烈要求尊重当地使用者的意愿，尊重设计者的原创，使景观恢复到原设计；并向他们宣讲了以芦苇为特色的桥园所产生的独特的“大脚”美，与他们所欣赏的“小脚”传统审美观有本质的区别，而恰恰是我们的普通老百姓真正懂得了这种美。所以，要改造的不是公园的芦苇湿地，而应该是他们的价

天津桥园公园

由俞孔坚于2008年设计，通过营造地形，收集雨水，然后放任自然植被演替繁衍，形成独特的城市荒野景观，与传统园艺化的园林和公园景观完全不同，却深受老百姓的喜爱，建成三年后，甚至出现了三群黄鼠狼。

值观。三人表示一定会尊重设计师的理念，尊重普通使用者的意愿。

2014年2月3日

今天，北京大学李迪华教授获悉天津桥园遭遇改造，立即给天津市规划局的领导发送了短信：

刚才一位在上海工作的德国设计师打电话给我，他慕名专程到天津看桥园，只见到一片工地，非常不解；我亦惊讶，不知发生了什么。一个被全球设计师朝圣的工程如若被毁，请转告河东区领导，这可能会成为国际丑闻的，桥园改造一定要慎重。

2014年3月5日

终于，捍卫桥园的行动得到了天津市政府的重视，改造工程被半途叫停了，我们的设计队伍再次被邀请进场，对改造工程进行了重新设计并对工程进行了监理。尽管湿泡泡中的芦苇已经被铲除，野趣已经消失了许多，儿童乐园也被引入，但公园的整体景观还是得到了基本维护，避免了一场彻底的浩劫。

2015年7月26日

我再次造访桥园，万分欣慰地看到数以千计的使用者在公园的野花野草的背景中，陶醉于他们所爱好的休闲和运动。我想，丁老人此时也一定在这群人里，正陶醉于因为他的捍卫而保留下来的这片都市自然绿洲之中。

而我则更庆幸这位素未谋面的、热心的使用者给予我的生动的一课：设计师的任务不应该因完成设计或实现作品或完成工程而结束，更应该关心其所发挥的效益及使用者的利用情况。我感激这位身患癌症的使用者，因为他不仅捍卫了自己生命最后时光中的那份自然、乡土和美丽，还帮助我捍卫了设计师的尊严和权力；我也敬畏这样一位普通的使用者，因为他界定了设计师的责任和义务，告诫我们：在使用者眼里，设计师的责任是终身的。同时亦告诫了掌握权力和财力的管理者：设计师有权利和义务捍卫其设计不被篡改——当然，也有权利和义务根据使用者的需求来改变其设计。

本文首次发表于《景观设计学》，2015，3（04）：6-9.

俞孔坚院长：您好！

我在21号晚上在人民网地方政府领导留言板给孙春兰书记讲了此事。要求：1. 立即停止桥园的改造。2. 立即与设计者俞孔坚院长联系，共同商议桥园公园的改造事宜。

为了保险起见，我又于第二天（21号）上午给孙春兰书记写了相同内容的信。因时间紧迫，没有再征集更多的群众签名。

这两天桥园的改造工程并无停止的迹象。我估计他们不会理睬我的。我一个重病在身的退休老人，精力体力有限，所能做的努力也只有这些了。如果把他们比做大象，我也就是只螳螂。大象挡不住，螳螂就更不必说了。

桥园之所以荣获国际景观设计大奖，自有它的道理，暂且不提。就我个人理解而言，桥园是个不凡之作。它思路开阔，摒弃俗陋，敢于创新，[illegible]。那大面积的芦苇、蒲草，沿岸伸入芦苇中的横竖折曲的栈桥，伸入水洼中的木台，高高低低的洼洼，都是独具匠心的创造，自然天成一般，极富诗意。

第　　页

来自一位身患癌症的退休老人的来信，呼吁保护以丰富的乡土群落为特征的天津桥园公园。

对人家说天津的美丽的桥园公园，我的不一定能接受，而是设计。当然如果他们以这样做，保住公园，不被拆

不被毁掉最初的设计理念，保住也不要动，现在我们总是一种担心！

天津东南就是有72沽的一片湿地，如今成了大都市。留下这片湿地实属不易。现在却又要把它铲除，令人痛心！

我不懂景观设计，我只是对桥园的设计有一种油然而生的喜爱。如果有我主事的权力，我就取消"桥园公园"这个死板的名字，痛痛快快地改成"天津湿地园"，并立上"天津历史、地貌、植被教育基地"的牌子。里面的植被不做剪修，甚至让其乱生，只把甬道、栈桥、平台、湖水等维护好，保持它的特色一"野"，既别致，又省钱。

天津这些年改善了美化环境，造福民生，修了很多公园，都很漂亮，但缺点是这些公园，甚至马路边的绿带，都是千篇一律的坡地、草皮、树林、假石，没有创意，粗糙平庸，唯有桥园让人耳目一新，又与天津地貌自然契合，很多人慕名而来。铲除它不知出于何种考虑！

最后，我代表那些懂桥园的人们，感谢你和你的下属给我们带来的另类别具一格的自然享受！

再见吧，令人难忘的桥园！ 致

礼

退休医生 丁[illegible]

2013年12月24日

灾难景观：美丽与恐怖

惊悉云南鲁甸地震已致617人死亡（截至2014年8月8日15时）。

当今的地球，灾难频繁，且不说10年前东南亚的海啸，顷刻间将美丽的天堂海滩变为恐怖的废墟，吞噬近30万的游客和居民；2005年发生在美国新奥尔良的卡特里娜飓风导致1833人死亡，造成1000多亿美元的经济损失；2008年的中国四川汶川地震，让近七万人永远不见天日；2012年的桑迪飓风，卷走286条人命，并造成680亿美元的经济损失；而发生在身边和当下的，诸如2012年，77人丧生于北京街头和郊区的洪流中，河南某地的干旱导致大量人畜饮水困难，中国南方某市遭受雨涝等灾害，就更不胜枚举了。昔日天堂般美丽的山岳与河流、海滩和森林、原野和农田、街道与广场，可以瞬间变成恐怖的景观。于是，我们便埋怨自然的无情，抱怨全球气候变化，归咎于百年一遇的洪水。

而事实上，这些看似自然带给人类的天灾，在很大程度上都是人祸。在这里，我们有必要区分“危险”（Hazard）、“风险程度”

(Risk)、“脆弱性”(Vulnerability),以及“灾难”(Disaster)这几个概念。自然总是潜藏着危险的,段义孚有一部名为《无边的恐惧》的著作,其对空间的危险性与人的感知和文化进行了探讨。可以说,恐怖的景观伴随并成就了人类的进化和发展:森林、沼泽、海洋、河流、草原、旷野、山崖、水塘,无不潜伏着危及生命的危险,人类的生理构建和文化智慧正是在应对这些危机四伏的景观过程中得到了进化和发展,学会了如何在攫取景观所提供的机会的同时又能回避其风险,发展了与风险相适应的技术与艺术,包括工程方面和社会组织方面。人类获得了巨大的成功而成为万物之灵。于是,危险与恐怖的景观在我们的眼里便有了“崇高美”的特征。根据埃蒙德·柏克对于“崇高美”的定义,景观越危险,其可怖性或风险程度越高,其崇高性就越显著,即越壮美。所以,充满危险的景观,如陡峭的山崖、澎湃的江河湖海、茫茫的沼泽湿地,甚至幽谷丛林,对人类来说虽然危机四伏,却是美的、充满诗意和令人向往的。至于这种美的景观为何瞬间成为一种残酷的灾难场景,并吞噬人类生命和财产,那完全是因为当事人没能调动祖先们的集体经验所赋予个体的生物本能,也没能调动人类社会的历史经验所赋予的文化智慧来适应危机四伏的景观。或利令智昏,或一叶障目,导致当事人和社会忽视潜在的危险或在危险面前异常脆弱。

拿中国的洪水来说,根据北京大学科研人员的研究,正常情况下,即使没有任何防洪设施,洪水能够淹没的区域仅占国土面积的0.8%;极端情况下,也只有6.2% 的国土面积会被淹没。如果选址合理，尊重洪水并给以相应的安全空间，洪水便不再是灾害，而是美景了，例如每年农历八月十八的钱塘江大潮，像非洲草原上的雄狮一般，美不胜收。遗憾的是，我们对自然力太不尊重，就如同没有给野性的雄狮以安全距离一样。

同样，应对地震、泥石流、干旱和水涝等自然危险，古人在居住地的选址、基础设施的修筑、造田和灌溉以及出行规律等方面，为我们积累了一系列的经验和智慧，包括规划设计、工程技术，以及应对灾难的社会组织等方面的智慧。工业革命在带给我们抵抗自然灾害风险的强大技术的同时，也令我们养成了藐视自然力的傲慢，使我们不但忘掉了远古以来适应自然力和降低灾害风险的智慧，也使我们的社会和栖居的空间由于过分依赖灰色基础设施而显得异常脆弱：诸如将一个流域的防洪安全寄托于一座水泥大坝，将有数以万计人口的区域和城市的用水安全寄托给一条脆弱的人工引水渠……唯其如此，壮美的人类工程景观，如举世无双的拦江大坝、世界最大的跨流域调水工程、千年一遇的刚性防洪堤和防潮堤等等，如同壮美的自然景观，最终都将因为其傲慢与脆弱，而成为灾难性的景观。

本文首次发表于《景观设计学》，2014，2（04）：5-7.

欲望的景观

景观滋养了人类的身体和心灵，连同人类的欲望：从生存和生理需求，到归属感与认同感的获得，再到自我价值的实现，也都应景观而生。

从脱离树栖，以双脚立于地面的第一天开始，人类便在生存欲望的驱使下，游猎于草原与森林的边缘，垂涎着成群的食草动物，并时刻警惕着潜伏在高草中的猛兽；学习判别地形和地貌、原野上的石头与草木走兽的益害；学习运用感官寻觅伴侣，并寻找安全的栖居地，以满足繁衍的欲望。进化人类学和进化美学认为，正是生存和繁衍这两大基本欲望，培育了人类对于景观的感知和审美：与人类的生存欲望相关的景观结构和元素，成为唤起“崇高”的刺激；与人类繁衍欲望相关的景观，成为唤起“优美”的风景。这当然是高度简化的景观特征与人类情感的关系模式，而景观也因此被赋予了意义：荒原上的一棵孤树如同大海中的一座岛屿，便是生的希望；崖壁上的平地和山间的洞穴，承载着人类个体和群体的延续。

人类的欲望也造就了大地上的文化景观。历史的景观是过往人类的欲望在大地上的烙印，现实的景观便是当今人类的欲望在大

2005年卡特里娜飓风袭击了美国的新奥尔良，由美国工程兵修建的坚固的防洪堤被摧毁。长期以来自恃拥有坚固防洪工事而不断扩张的城市，那里的居民们早已忘掉自己是在密西西比河的水位高程以下异常脆弱地生活着。终于在2005年8月24日这天，破堤而入的洪水淹没了85% 的城市街区，至少有1833人丧生。大部分受灾地区，至今仍然一片废墟。照片所示，俞孔坚带领北京大学研究生考察新奥尔良被冲毁的防洪堤，密西西比河的洪水在这里突破了坚固的防洪堤。(俞孔坚摄，2009)

地上的耕耘。绵延的牧场、农田及连片果园，都是人类欲望的展现，烟囱林立的工业区和不断蔓延的城市更是人类欲望膨胀的写照；无论是横亘于山脊大漠之上的长城，还是穿凿于黄河长江之间的大运河，都是人类对自然征服欲的具现；无论是凡尔赛宫园林还是颐和园，都是统治欲望的展现；古罗马的凯旋门，第三帝国的胜利林荫道，抑或是今天泛滥于中国城市的恢宏广场和超大尺度的景观大道，无不是城市决策者权力欲望的流露与宣示。

欲望是无止境的，因而人类对景观的营造或改变存在着无节制的风险，甚至会带来破坏。从人类进化和发展的历史来看，人类并没有约束自我欲望的基因，却在追求欲望满足的过程中不断暴露出攫取、扩张的贪婪本性——拥有财富和权力的权贵们的宫殿和园林无限制扩大，以便收储不断膨胀和更新的欲望。技术进步和工业化大生产在满足资本家的财富野心的同时，也让更多的人在欲望的驱使下，试图更高效地攫取自然资源：农田、工厂和城市因此不断蔓延，农药、化肥因此被无节制地使用。这一切都致使人类唯一的家园面临巨大危机：气候变化、洪涝频发、海平面上升，大地景观正在经历剧变，人类或将自身埋葬在欲望的深渊之中。如圣雄甘地所言："地球上提供给我们的物质财富足以满足每个人的需求，但不足以满足每个人的贪欲。"

幸好，欲望是可以和自然和谐共生的。当最基本的生理和安全需求得到保障以后，人类可以通过合理利用自然景观的服务，而不是一味消耗自然资产，来满足其他更高层次的需求。为了满足对认同和归属感的欲望，人们可以开采大量的石材，用尽人力物力，来建造高耸入云的纪念碑和宏大的庙宇，也可以在村口种植一片风水林，立一根木柱，如同早年汉族先民在跨越千山万水，从战乱的中原大地来到南方山林中，在陌生的土地上寻求安身立命之所时所做的那样。而当他们在旷野上播下一粒种子、栽下一棵树苗时，他们便在自然中留下了印记，这些生命不仅将成为他们与这方土地联结的象征，也将塑造其生于斯、长于斯的后代们的归属与认同。为了实现自我价值，人们可以像愚公移山那样叩石垦壤，也可以在崖壁上用矿物颜料描绘秀美山川、奔腾的野马和舞动的恋人——这便是艺术。对景观的艺术性想象和再现，包括景观的设计和创作，都可以最大限度地满足人类的欲望：缥缈的海上仙山和高峻的昆仑仙境，都是人们对死亡的恐惧和对长生不老的渴望的表达；陶渊明所描绘的武陵秘境是对安宁与和谐社会的期盼的流露；《溪山行旅图》和网师园则承载了人们对远离尘世、遁迹山水之间的自由生活的向往。

正因为如此，人类高层次的欲望可以在不破坏自然的前提下得到最大满足，而这正是现代生态科学意义上的生态系统服务，即景观设计学中所称的“景观服务”。

本文首次发表于《景观设计学》，2020，8（6）：4-9.

景观是对财富和欲望的表达，人类可以挥霍无度来满足贪婪的欲望：圣彼得堡沙皇的夏宫仿照路易十四的凡尔赛宫修建，以满足贵族对权力和财富的欲望。（俞孔坚摄，2016）

人类欲望也可以与自然景观和谐共生

婺源严田天下第一樟。历史上，中国徽州地区村口的古树往往是由躲避战乱、到此重建家园的祖先栽下，有着与村庄同样悠久的历史，并承载着村民的全部期许。它们是生存与安全等基本欲望的表达：包括祈求庇护、祈求平安、祈求健康、祈求良缘佳偶与儿孙满堂；也是归属感和认同感等高层次欲望的表达：在陌生的土地上获得立锥之地，继而成为子孙后代对这方土地的归属与认同的标志。在这里，人类的欲望与自然景观和谐共生，自然提供的景观服务使人类的欲望得到了满足。（俞孔坚摄，2020）

无处可逃

就在2015年元旦那一天，我与几位同事随婺源县赋春镇的书记，从车田村出发，徒步七公里，沿着小溪琴江，穿过万亩竹海，来到偏于一隅的港头村，眼前的景象让我陶醉了：一个几十户的村落傍山而建，群山环抱，溪水缠绕，明堂上百亩良田，村后古木参天；时近晌午，炊烟袅袅，人声依稀，鸡犬之声相闻。这分明是陶渊明的桃花源，一处上帝留在人间的秘境。我和随行的朋友们坐在小学院内的桂花树下，四季桂的芬芳阵阵袭来，沁入心扉，我禁不住深深地吸入，屏息良久，方舍得慢慢呼出。关于这个村子，书记告诉我，他工作的最大难题是村民们不愿意加入医疗保障计划，对所谓的医疗保险毫无概念。而原因是村里人很少得病。至于城里常见的流感之类，更与这里的人无缘。是啊，为什么要买医疗保险呢？这里的青山绿水和有机良田难道不就是最好的保险吗？

于是，我便开始眷恋这个在网上都查不到的地方了。一个多月之后，我再次来到港头村。此时，已近农历年，村子里比上次热闹了许多，男人们杀猪宰鸡，女人们打扫卫生，老人们在村头的小店门口打牌聊天，孩子们在田野间和弄堂里嬉戏打闹……不用担心食物的安全问题，老人不必在城里的医院遭受“虐待”，不用担心小孩在马路上被撞或被压死，这一切不就是我们要倡导的健康、安全的社区生活吗？

也许是我的怀旧情结在作怪，也许是我的农民出身决定着我的立场，但30年的高速城镇化到底给中国人带来了什么，难道不值得我们深思吗？没有一个健康的公共环境，我们的城市化和发展建设还有意义吗？被诟病的PM2.5仅仅是这种不健康城市环境的一个最显而易见的指标而已，深埋在我们城市中的安全隐患和健康隐患时刻在威胁着我们的生理和心理的健康和安全：从水质污染、土壤污染、噪声污染、建筑材料和装修材料的污染，一直延伸至食物的安全问题，出行空间的健康和安全问题，邻里关系的健康和安全问题。钢筋混凝土的灰色构成的空间和化学合成的环境，将人类置于灰暗的牢笼。解放他，只有两条出路：逃离城市或改造城市。无论哪条路，景观设计师都将承担天赋之重任：保护或再造秀美山川。

逃离城市，意味着中国将迎来一场史无前例的“新上山下乡”运动。景观设计师将担当保护乡土中国不再遭受破坏，同时为城里来的“外来务居人员”规划设计像婺源的港头村那样的新社区。

改造城市，意味着中国将迎来一场新型城镇化的建设高潮，要让城市“望得见山，看得见水，记得住乡愁”。这场改造和建设运动的核心是新型基础设施的规划和建设，那就是生态基础设施，它将持续地为城市提供生产、调节、生命承载和文化精神服务。

我眷恋那远方的乡村，我也憧憬新型的、建立在生态基础设施之上的城市和健康的新型城市生活。

2015年3月1日

2014年11月9日，再次踏入江西婺源这一令我向往已久的最美乡村和梦里老家，着迷于她的纯然与静谧，一派久违了的人与自然和谐共生的景象。于是，便频繁造访，试图选择一处研学基地，试图实验一种为急于逃离城市的人们创造一种美好生活，同时能够带动乡村脱贫致富的模式。终于在2016年春，选中在赋春巡检司村开启“望山生活”实践。本文即是基于寻找这一当代城市人“避难地”的第二次寻访经历所写。

尽管当时美丽乡村的水系已经被垃圾所污染，这些垃圾与城市中所见无异，但似乎瑕不掩瑜，这里仍然是人们可以逃离城市的桃花源。遗憾的是，此后多年，当我潜入这一“时间胶囊”进行深入体验和观察时却发现，工业文明带来的环境、特别是水和土壤的污染已经在这个离城市最远，堪称最美的乡村中蔓延（见“大历史视野中的人类景观”一文），此时，我却感到无处可逃，本文题目因此做了修改，并附了一张最近拍的照片。

本文首次发表于《景观设计学》，2015，3（01）：6–9. 原标题为“城市环境与公共健康”。

婺源县赋春镇的游汀村，像港头村一样，是一个如诗如画的村落，这样的村落在婺源有很多，令人向往，是未来中国城里人“新上山下乡”的目的地。然而，我所忧虑的是，这样远方的家园，恐怕很快就要消失，没等城里人来，向往城市生活的乡下人就已经自毁桃源了。从图中可以看到，在村民们生活的生命线赋春水上，一堆“城市化垃圾”正悄然出现并不断扩大，很快，千百堆这样的“城市化垃圾”将把梦里桃源毁于一旦。这样的变化已经毁掉了成千上万个梦里老家，而今已经扩展到最后的那个。（俞孔坚摄，2015）

最美乡村婺源，粗暴的水利工程让乡间水系失去生命和美丽，过度使用的农药和化肥已经给水体带来严重的污染，水中大量的除草剂包装袋可以反映滥用除草剂的程度。如果婺源的环境尚且如此，中国广大乡村的环境污染状况可想而知：当代中国人无处可逃！（俞孔坚摄，2021.05）

天堂的遗憾

“时间景观”看起来是一个伪命题，因为景观本身就是时间的。正如已故文化景观学者约翰·布林克霍夫·杰克逊所定义：“景观是一种空间，在这里，自然过程被刻意地加速或减慢……它体现了人在取代时间而做功。”从这个意义上来说，哀牢山上的梯田是哈尼族人民通过在山坡上的填挖和劳作，刻意使水流减慢的景观；华北平原上的农田林网是将风的过程减慢的景观；而整齐的果园和鱼塘、被裁弯取直的大江大河都是人们将自然的过程加速而产生的景观。时间作为大地景观的雕刻师，无处不在。

而人类活动能否在大地上留下痕迹，最终取决于残酷无情的、不可逆转的时间。无论其权势有多强大、业绩有多辉煌、其力图减缓或加速自然过程的力量有多巨大、其景观或纪念碑有多恢宏，或早或晚，都会因时间而湮灭。于是便有了陈子昂“前不见古人，后不见来者”的悲鸣、孔夫子“逝者如斯夫”的无奈。这似乎是人类哭诉不完的悲哀。然而我则为之庆幸，因为这世上只有时间是公平的，否则，我们的地球上早已堆满了帝王和贵族的纪念碑和金字塔。

因此，景观的时间性的另一种表达，即所谓的“景观的可持续性”。时间是一把尺子，它衡量着人类活动的意义之深浅：我们需从人类和其唯一的星球的整体可持续性上，来评价人类的一切景观行为的意义。在这一点上，我们必须回到进化论的奠基人达尔文，而离我们更近的是生态规划之父伊恩·麦克哈格所给出的标准——适应！正如生物适应自然而繁衍，人类适应自然而昌盛，而美丽。麦克哈格以时间为轴线，将气候、地质、地貌、土壤、水文、植被、生物和人类活动过程进行分层叠加，来定义景观的空间分布，阐述了生物对自然过程的适应过程，以及人类活动对自然和生物过程的适应过程；提出了“设计遵从自然”的景观设计基本原理——只有懂得适应自然过程，人类，其他生物也一样，才能够得以进化和繁荣。适应自然，不是被动于自然，而是人取代时间的作用，按照自然过程和格局的规律，来减缓或加快自然的过程。而创造人与自然和谐共荣的境地，所呈现的形态是一种如约翰·莱尔所说的“深邃的形”，而非“肤浅的形”，更非“虚假的形”。

然而，我所看到的城乡景观，无论古今中外，大多是“肤浅的形”和“虚假的形”。实际上，作为景观设计目标的“天堂”，也因为对时间的罔顾，而成了虚假的天堂。景观设计师们所接触到的甲方，尤其是财大气粗的开发商和权势可畏的城市决策者，大多是在追求罔顾时间规律的“肤浅的形”和“虚假的形”。君不见北京街头冬季保温障中的常绿树和黄杨篱！君不见小区里满眼的绢花和塑料棕榈！那是为了留住时间和在“四季常青，三季有花”的口号下产生的“肤浅的形”和“虚假的形”。人间的权贵们总想营造出

“冬无严寒、夏无酷暑、树木常青、百花常开”的天堂，甚至渴望营造出能使自己不死的天堂。殊不知，帝王和贵族们都在违背自然过程的路径上，投入无限的人力和资金，在与时间做斗争的过程中，创造和维护着“肤浅的形”和“虚假的形”。最终，无情的时间使那些“天堂”一旦成为“没有了我们人类的世界”，便会很快回归“杂草丛生”、野兽出没的自然“荒野”。倒是那高山上的层层梯田，因为其采用最少的人工，采用最少的投入，适应自然的过程和格局，顺应自然节律而播种、灌溉和收获，使投入与收获达到平衡，从而创造出了“深邃的形”。这代表了人类的欲望与自然力之间的平衡，虽历经数千年的时间，依旧持续存在至今。当然，这种人与自然的和谐与平衡在大地上的呈现也会因为人类生产和生活方式的改变而改变，这也就是许多农业文化遗产地所面临的挑战。

真正意义上的最持久的深邃之形是人类完全将自己的欲望建立在自然的过程和格局之上，经典的例子是非洲疏树草原，它与人类进化过程长期相伴，而积淀为人类心灵深处的、美丽风景的深邃之形，它满足了人类作为猎人和猎物双重身份的欲望。

但人类毕竟不再是原始的猎物和猎人，经历了农耕文明、工业文明，而进入生态文明时代的人类，应该如何创造既满足人类美好生活的向往——包括丰产（这里不仅仅是指食物）、舒适和美丽，又能适应自然和生态过程的深邃之形，恰恰是对当今设计师最大的挑战。

本文首次发表于《景观设计学》，2014，2（01）：5-7.

马赛马拉非洲大裂谷的疏树草原景观，完全基于自然景观，一种深邃美丽之形，人类久远的天堂，它深刻在人类的基因之上，成为永恒的美丽。(俞孔坚摄，2016)

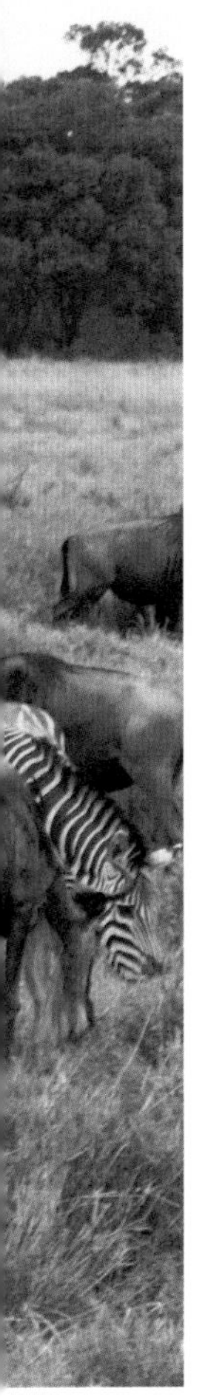

路易十四的凡尔赛宫，通过控制自然并对抗自然力而营建的天堂形象：模纹花坛，修建的树篱和几何图案：将人类的欲望建立在对自然力的控制之上，一种非常短暂的肤浅之形，因而不可持续。（俞孔坚摄，2014）

海口美舍河生态廊道：受中国梯田农业景观深邃之形的启发，与中国季风气候相适应的海绵河道景观。这是一个健全的生态基础设施，具有对洪涝的韧性适应、水质净化、休憩与审美等多种功能。

纽约中央公园营造的是牧场风光，其备受欢迎的美丽形态可以追溯至非洲疏树草原景观。（俞孔坚摄，2021）

不同于欧洲的畜牧景观及其深邃之形，季风气候下的亚洲农业景观如元阳梯田，将人类的欲望建立在适应自然的生态过程和格局之上，适应地形和季风气候条件而形成的近乎深邃之形。为人类生存所必须，因为劳动而有收获，因为丰产而得以持续千年。但这样的生产性景观，一旦生产和生活方式发生改变，景观失去管理，美丽也将不复存在，这是许多农业文化遗产面临的挑战。（俞孔坚摄，2021）

两种文明的斗争

这里所讲的“两种文明的斗争”有别于塞缪尔·亨廷顿所著《文明的冲突》一书中的内容，而特指生态文明在发展进程中，与工业文明的世界观、方法论和技术论之间的对抗——这是人类社会进步过程中的一种搏斗与突围。尽管人类走向生态文明是一种必然，但要实现这一目标却需要经历无数人无数次的艰苦奋斗，从某种意义上来说，这是一场革命。人类终将通过尊重、保护、适应和利用自然，以更加经济有效的方式回应自身的社会和经济诉求，最终实现思想方法和技术手段的进步。在应对诸如气候变化、洪涝灾害、水土污染等环境危机时，尤其应当借助自然力量来塑造城市的生态韧性，而非依赖工业文明的工程技术手段。

2017年3月14日，野生动物摄影师奚志农突然打电话向我求助:“大理双鸳溪的河底正在‘抹水泥’，要建九道水泥坝，好惨呐！怎么才能救救她？”奚志农已经在这里居住了近十年，经常带女儿们到溪谷中感受清凉的溪水，闲坐于巨大的卵石之上，欣赏四季的野花。他无法容忍这一切的消失，也不愿看到心爱的溪流被钢筋水泥捆绑。从他发来的视频可以看到，河道治理工程就在他家门前进行着，几台挖掘机正在粉碎他和女儿们经常蹲坐的磐石，溪谷中的植被也已荡然无存；他哽咽的声音让人感受到欲哭无泪的痛楚。

他之所以打电话向我求助，是因为我们在2005年圆明园湖底防渗工程中的共同立场——让自然呼吸。于是，我们分头行动，说服了大理市政府，并借助当地媒体的力量，使正在进行中的河道治理工程得以暂停。然而遗憾的是，我们终究没能成功解救这条河流。一年之后，工程再次启动，河道的硬化和渠化以更猛烈的方式卷土重来，双鸳溪最终还是被九道水泥坝切割开了。相关部门以“保障人民生命财产安全”的名义聚集了诸多“专家”和行政力量，彻底无视了生态专家们的抗议。在此项工程中，上级省政府完成了数百万元的融资，当地政府实现了GDP的增长，工程公司也获得了巨额收益。这一看似皆大欢喜的工程葬送了积累千万年的自然资产，奚志农和女儿们也不再拥有苍山溪谷的美好生态体验。

2020年4月20日，在世界地球日前夕，已三年未联系的奚志农再一次来电：“又来了！这回可不再是用几百万的投资去硬化一条河，而是要花将近三个亿去硬化和渠化‘苍山十八溪’的其中五条。看看两年前在双鸳溪实施的硬化工程，不但原本的自然溪流被毁，后建的水坝基础也被加速的水流逐渐掏空。快救救苍山五溪吧！”而后，致力于守护自然的志愿者们再次发起了行动。时至今日，这场关于如何治理洱海以及如何对待苍山溪流的两种文明间的

自然而美丽的苍山十八溪之双鸳溪。（奚志农摄，2016.08.13）

搏斗仍胶着。但令人欣慰的是，相较20年前，这一次执政者的态度谦逊且令人鼓舞。

对于20年前那场反对北京河流工程化的行动，我记忆犹新：在那场对抗中，生态保护人士的抗争终以被扣上“冲击政府”的帽子而告终。在“防洪”“治污”“改善人居环境”等口号下，北京城区几乎无河不被裁弯取直、无河不被硬化渠化、无河不被设坝安闸。环保人士只得无奈表示：你们一定会后悔的，届时将要花费更多的金钱来将它们拆掉。果不其然，不到十年时间，北京就开始了拆除硬化水泥河道的行动——这看似是一项惠民工程，但令人匪夷所思

被工程化的双鸳溪。（奚志农摄，2020.04.20）

的是某些河道硬化工程却仍在同步进行着。反观这两次行动，河流工程化不但没能实现洪涝防治、污染治理、美化环境等目标，反而使城市原有的生态韧性消失了，水资源与环境问题愈发严重。

同样的斗争在2005年的“圆明园防渗大辩论”中再次上演。那场“大辩论”可以视作是对中国“基于自然的解决途径”（nature-based solutions）的一次启蒙。当年3月22日，我接到对环境保护情怀满满的兰州市生态领域专家张正春的电话，他心急火燎地告诉我，圆明园福海湖底被铺上了防渗土工布，悲叹之气与奚志农一模一样。由此，我便参与到一场旷日持久的抵制防渗工程的斗争中，同时参与这场斗争的还有王如松（已故）、梁从诫（已故）、崔海亭等生态和环保领域的专家。3月28日，人民网率先就此事发声，由此掀起了一场全民生态启蒙运动，并促使国家环境保护总局举办了圆明园遗址公园湖底防渗工程公众听证会，引起了全社会的广泛关注。尽管最终圆明园管理处还是以折中的方式完成了防渗工程，但在这场运动中，官方部门和官方媒体几乎都站到了生态环保人士的一边，局部利益的代表人士遭到了强烈声讨和孤立。事件历时数月，媒体报道铺天盖地，可以说是中国民间生态保护运动的一次大胜利。

2012年7月21日是一个值得铭记的转折点。这天夜里，一场暴雨将北京市脆弱的城市韧性暴露无遗，79条鲜活的生命消逝在街道上、立交桥下、汽车里、河水中……治理了几十年、在水利工程上堪称铜墙铁壁的首都，何以如此不堪一击？这绝非学术问题，而是公众意识，特别是决策者的意识问题。为此，四天后我便向相关决策者提交了题为《关于建立“绿色海绵”解决北京雨洪灾害的建议》的报告，并借助大众媒体以公开信的形式进行了传播。

2012年8月25日，在中央电视台编导胡劲草女士的推动下，“新闻调查”栏目播出了《会呼吸的河道》访谈节目，通过官方媒体的报道，传播了利用自然途径建立“绿色海绵”来解决城市雨涝问题的正确方法，在某种程度上代表了“民间”声音向“官方”声音的转变。这种声音的转变在一年后再次出现：2013年12月12日，中央城镇化工作会议召开，强调“在提升城市排水系统时要优先考虑把有限的雨水留下来，优先考虑更多利用自然力量排水，建设自然存积、自然渗透、自然净化的海绵城市”。

20年的时间对于个人来说是漫长的，但对于推动一种文明的发展来说却是短暂的。从北京市的河流工程化抵制行动，到全国性的海绵城市运动，保护自然和基于自然来解决中国城镇化和工业化过程中所产生的诸多环境问题（包括洪涝灾害、河湖污染、土壤毒化、栖息地消失等），将是一条布满艰辛却也充满希望的光明之路，更会是保证中国城市健康发展的必由之路——这也许是中国可以为解决全球性生态环境问题所能做出的最大贡献！

本文首次发表于《景观设计学》，2020，8（03）：4-9. 原标题为“两种文明的斗争：基于自然的解决方案”。

被彻底硬化渠化的大理苍山五溪之一（俞孔坚摄，2018.12.08）

在云南省大理市苍山双鸳溪工程实施之前，双鸳溪还是一条自由流淌的、具有自我调节与净化能力、拥有丰富乡土物种的美丽溪流。而后却遭遇硬化和渠化，被九道水泥坝拦截开来，自然的石头被拿来当作装饰，双鸳溪的生态韧性大大降低，乡土栖息地大量丧失，美丽的景观也随之消逝，苍山的其他几条溪流的命运也同样如此。类似的河流硬化渠化及拦河筑坝工程仍旧不断地在中国上演。孰是孰非，对于具有自然情怀、懂得自然审美、了解基础生态学原理的人来说，答案似乎是一种常识；但在另一部分人的眼中，这样的灰色基础设施建设工程不仅是科学的、正确的，也是美的！这种分歧在本质上正是两种文明——生态文明与工业文明——之间斗争的体现。

自然河道被铺上水泥然后用卵石做装饰的苍山五溪之一（奚志农摄，2020.04.18）

第二篇 桃源乡愁

作为婺江的重要支流，白沙溪发源自南部山区。这条山溪遍布深潭浅滩，河柳丛生，除春汛的少数几日外，溪水在大部分时间里都异常清澈，阳光直透水底，鱼蟹历历在目，那是全村人傍晚共同洗浴、儿童一起戏水的地方。自汉代以来，溪上筑有36道古堰，引出36条水渠，灌溉两岸万顷良田。每条水渠都是沿岸乡民的生命线，对其的分配和使用有着人人遵守的公约；水渠将白沙溪水连同各种鱼蟹引入村中，汇聚成村中的七个水塘，200来户人家以水塘为中心，聚合成几个各有特征的邻里；这水塘是所有日常生活用水的来源，人们还经常借清淤之便，掏干水塘，收获丰富的鱼蟹和泥鳅，共同分享；水塘边的大樟树，浓荫覆盖，是白天集合出工，晚上聚会聊天，孩子们一起分享长辈们故事的地方……

故乡水是白沙溪

我的故乡水是白沙溪，她不时浮现在我的记忆里，常常出现在我的梦境中，也不断在我的设计中再现，这是我见过的最美的河、最美的水！

白沙溪长60公里，我家就在下游最末端的东岸上，因而得名东俞村，溪水在这里汇入婺江。而后，水流再入富春江，最终经钱塘江汇入大海。自记事起，我便常在溪边，朝着溪水流下来的方向，遥望葱郁的南山，渴望沿着溪谷溯源直上，探寻祖辈们口口相传的奇境：那白沙老爷（汉代将领卢文台）所筑的36道古堰和灌渠；那供村民祈雨、永不枯竭的深潭和潭中水煮不死油煎复活的鲫鱼精；那连日本兵都不敢进入的沙畈幽谷和溪水深处的银坑村、门阵村——那里曾经是粟裕守卫的领地；那父亲进山扛木头时常常跋涉而过的山坑和凉得透骨的山泉；还有母亲在怀有身孕时饿着肚子拼命从山里挑炼钢用的矿石到公社所翻过的山冈……而直到我离开家乡，考入大学，甚至年过半百，这一心愿一直都未能实现。白沙溪一直深藏在葱郁的南山之中，像是蒙娜丽莎神秘的微笑，迷人而充满蛊惑，甚至成了一种乡愁和寄托。

在2016年11月14日和2017年1月19日，我终于寻得机会先后两次进入白沙溪谷。满含着煎熬了50年的饥渴，此时的我就像一个饥饿的婴儿，一头扎入母亲的怀抱，拼命吮吸着乳汁。我终于可以大口喝着溪谷里的清泉，那是父亲曾经喝过的山泉；我深深呼吸着清新而满溢松香的空气——同行的朋友告诉我，这里的PM2.5浓度只有3μg/立方米，而同一时刻的北京达300μg/立方米；我一头扑进山坡上的茶园，贪婪地咀嚼着新采的茶叶，那才是真正的有机绿茶啊；我钻入山冈上的毛竹林，轻抚着光滑的竹竿，静听微风舞动的声响，这或许正是母亲年轻时挑着铁矿翻过的山冈；我踏进溪水边和山岭下的寨子，那不正是父辈们曾经歇脚的地方吗？！近50年来父母不断念叨耳熟能详的村落——门阵、柿树岭、溪口、沙畈、高儒、青草、辽头、山脚等一一展现在眼前，如梦如幻，美不胜收。

溪水时宽时窄，或深或浅；树木一直伸展到岸边，漫入溪水；茂密的山林，千沟万壑，像海绵一样调节着旱涝，雨水得以沿地表涓涓而下；低矮的石堰将溪水引至岸上的村庄和田亩，房舍临水而建，菜园里满是农家肥培育出的绿油油的萝卜缨和青菜。这些逐水而居的村落偶尔会经历水淹，村民微笑地谈起被淹的经历，那时鲤鱼也跳入家门，似乎只是人与水之间的一场游戏。

我从未在一天中见过这么多不同种类的鸟：溪滩上翩然起舞

的白鹭、茅草丛中不时惊飞的雉鸡；而大部分都是我叫不出名字的种类，包括在竹林中一晃而过、发出清脆叫声的，在电线上停歇、有颀长凤尾和美丽头冠的，还有在树梢上盘旋、发出刺耳鸣叫的……想必溪水中的鱼也还如同我小时在村边水中见过的一样多？但村民告诉我，实际上，溪里的鱼已远不及从前多了，鸟的种类也远不及从前那么丰富了，四只脚的野兽也不及从前常见了。即便如此，这里依然是我梦中的天堂。

于是，我想到了关于水的共生与协同设计的课题——人类如何与水共生？水生态系统如何提供自我调节、承载生命、丰产和供给等服务？水又何以成为人类精神之寄托和文化之载体？这或许是工业文明无法回答的问题，而只有农业文明和后工业文明，即生态文明才能予以解答。

本文首次发表于《景观设计学》，2017，5（01）：4-7.

白沙溪，作者梦中的美丽溪流，上游的峡谷。（俞孔坚摄，2016）

白沙溪上的36道堰之一，始建于汉代，原为石堰，后来改成水泥坝。（俞孔坚摄，2014）

儿时的空间

每当读到鲁迅先生的《从百草园到三味书屋》，便想起我儿时的活动空间，想起我家的院子。那曾是我最爱去的地方。院子不足半亩地，可那时觉得好大。院子的围墙仅高过头顶，由泥土夯成，里面掺杂着各种砖石瓦片，还有发白的贝壳，我常常将其抠出来玩耍。院墙顶部用稻草覆盖，再压上些土以保护墙体不受雨淋，上面总有各种野草生长，那便是人们常说的“墙头草”吧。最喜欢下雪后的墙头，积着白雪，雪水顺稻草流下，每到晚上就结成长长的冰凌，早上起来，用树枝钩下来当“冰糖”吃。其中的东院墙上长满常绿的薜荔——大人们称之为木莲藤——郁郁葱葱的。每当晴天的早上，特别是冬春时节，东院墙外常常是邻居们早餐聚集的场所，老老少少端着大碗的白粥或玉米糊糊，不约而同从各自的家门出来聚到这里，或蹲或站，边聊天边呼呼响地吸着碗里的稀粥，偶尔咬一口白色的腌萝卜，然后就是海阔天空地聊。我所知的天下大事和关于村里的小事，还有历史上的故事，许多是从那里知道的。后来，人民公社解体，村民都分田单干了，邻居们的作息时间也就不一样了，便再也没有看到邻居们在那里聚首了，而我也长大了。

院子分成南北两片，南片比北片高约30厘米，由一个条形河卵石砌成的陡坎分开，虽然只是微弱的高差变化，却是两个完全不同的世界。高台上种的是荨麻，长得密密麻麻，里面常有蟾蜍和蛇出没，对我来说是片禁地，只有在秋天收获完后才敢进入。那时，妈妈已剥下麻秆上的纤维，拿去做成麻绳，地里则留下一片洁白的麻秆芯。每到此时，我便兴奋不已，现在想起来，更觉那是一种艺术装置。采下的麻秆芯可做成各种玩具，最常做的玩具是将上下拉锯运动转变为旋转力的钻子。北片的平地则布满了菜畦，种满各种蔬菜，只留几条狭窄的排水沟，兼做耕作通道。各色蔬菜四季轮作，父亲从来不会让一寸土地撂荒。四季变换的各种绿色，间或偶尔出现嫩黄色的芥菜花、白色的韭菜花、橘黄色的金针花，晴日里，蜂蝶翩飞。蔬菜长起来很快，自己家吃不完，就送给邻居，每逢五、十赶集日，父亲会把最鲜美的菜拿去卖。原来土地可以这样丰产而美丽！

木莲的果很像无花果，青绿色，却不能吃，摘下时伤口处会流出白乳汁，黏黏的，会将手指粘在一起；海绵一样的外壳，掰开，里面是个空腔，腔壁上有无数紫粉色的小点点，好奇怪。后来在大学的植物学课上才知道那叫“隐头花序”，那木莲果叫“隐头果”。最难忘的便是那木莲藤蔓深处的枯枝上栖息着一种虫子，这种虫子居住在一种蛹状的房子里，将枯枝和“房子”连带那里面的虫子一

金华东俞村作者祖屋的门口。（俞孔坚摄，2003）

起摘下，小飞虫便会跟着房子飞出来又钻进去，旁若无人，非常有趣，那画面至今仍清晰地留在我的脑海中。在这座院子里类似这样的关于生物的奇妙之处还有许多，迷人的困惑一直到大学才得到解答，明白后却顿觉索然无味了。

院子里面有个小池塘，实际上是个小水坑，四方形，约两米见方。很奇怪的是，那池塘四季不枯不溢，下雨时，院子里的水会往里面排；干旱天需要用水浇地时，源源不断的水就会从石缝中流出。里面还栖息着一条大黄鳝，它总在石缝中躲藏。夏天时，我常常在小水坑边流连，蹲在池边看水里天空的倒影和小鱼在石块间来回穿梭。黄鳝最有意思，只要你屏住呼吸，静静地待上一段时间，它那金黄色带有黑斑的头便会慢慢从石缝中探出来，察觉到没有动

祖屋内的天井环廊，作者儿时常通过环廊爬到隔壁的叔伯家。（俞孔坚摄，2015）

静之后，就会慢慢地把身子也伸出来，一旦发现有人，便迅速躲回洞中。妈妈说，那黄鳝已经成精了，我常常有些害怕。终于有一天，早知水池有条大黄鳝的堂兄拿了个铁钩子，上面挂着一条蚯蚓，将黄鳝从石缝中引了出来，待黄鳝上钩后，堂兄便从石缝中把它使劲拖出来，宰杀了，炒了吃掉了。我因此悲伤了好久，那可怖的景象还时常出现在梦魇中。

小水坑的边上有棵棕榈树，那时觉得好高。每年初春时节父亲都会来剥一次棕皮，积攒起来做蓑衣。每割一次，便觉那棕榈树又长高了许多，嫩白的树干便暴露出来，一环一环的，像小孩脖子上的颈纹。但从来不见树干变粗，我非常好奇。后来直到大学时才知道，是因为棕榈树是单子叶植物的缘故。我最喜棕榈树的花，春夏

这里曾是菜园外的水塘，后来盖成了新瓦房，菜园围墙上的霹雳藤早已消失，邻居们聚集在一起吃早餐的水塘也早在20世纪80年代末消失了。（俞孔坚摄，2016）

之际，会像小手一样从棕皮里吃力地挤出来，还戴着淡黄色的“手套”。在花序展开之前把它掰下来，撕掉外套，里面是嫩黄色的小米一样的颗粒，它们紧紧地挤压在一起，是玩打仗游戏时最好的“子弹”。每当看到棕榈花从棕皮中初露，就会很兴奋，迫不及待地要抢在邻居孩子之前把它抢到手。于是，便学会了爬树。而棕榈树是最不好爬的，裤子被划破或刮破是肯定的，还常常弄得皮开肉绽，接下来就是母亲严厉的教训。尽管如此，我总是克制不了自己。童年便在这样无尽的纠结——众多的禁忌和追求快乐的无限欲望中悄然度过了。

后来，院子被盖成了三间瓦房，家里宽敞了，我也不再需要和

作者曾经读书的学校早已荒废。（俞孔坚摄，2016）

爸爸同睡一张床了。而伴我成长，给我带来无限乐趣和回忆的院子也从此消失了！值得庆幸的是，我关于儿童空间的理解并没有因此消失：好奇而探索，幼稚而学习，交流与静处，敬畏与热爱，禁忌与追求……种种人类的天性在此彰显、纠结而共存，重演着人类系统进化的惊险与神奇，开启着个体发育和发展的漫漫历程。我庆幸曾经有个这样的儿时活动空间。

2012 年 4 月 18 日

本文首次发表于《景观设计学》，2012，22（2）：22–25.

城市儿童需要怎样的乐园?

相较于当今城市里的儿童，似乎有很多理由可以说我的童年是“不幸福”的：没有专门的儿童游乐场，没有幼儿园里干净整洁的阅览室和琳琅满目的读物，没有乐高，没有形状各异、机关精巧的机器人玩具，也没有可供打滚攀爬的沙坑与网架，以及颜色鲜艳的滑梯；上学没有父母开车接送，校门口也没有守卫斑马线的警察叔叔……但同时，也有同样多的理由让我感到自己的童年是最幸福的。

在我的童年世界里，乐园没有边界，也没有围栏，它们便是溪滩、树林、田野、菜园，还有迷宫一样的巷弄；我甚至经常翻过邻家菜园的围墙，躲藏在黄瓜架的后面，让玩捉迷藏的小伙伴好半天都找不到。更有意思的是，只要你循着弯弯窄窄的田埂，在水渠尽头的小叠瀑下，一定会看到成群的鲫鱼在水花中嬉戏，只需用簸箕或菜篮子当渔具，便可满载而归；田头的土丘上常常会有田鼠洞，洞口藏在草丛中，我和伙伴们往洞里灌水，直到田鼠从另外一个出口逃出，正好钻进我们布设的口袋；更大的“猎物”是在白沙溪与婺江交汇处的鲤鱼，那正是唐代诗人戴叔伦驻足吟唱《兰溪棹歌》的地方：“兰溪三日桃花雨，半夜鲤鱼来上滩。”不同的是，春雨过后，鲤鱼在白天也会上滩，它们先是像飞箭一样，在水草中逆流穿梭，然后迅速消失在百步之外的深潭里，你必须在此之前将其擒住。一群小孩当然很少有成功的，但在溪滩上捕鱼确实有无限的乐趣，至今还常常在我的梦境中重现。

在五六岁时，我负责照看一对兔子和一只山羊，它们都是我心爱的伙伴，是母亲带着我到五里之外的农家买来的，并幻想通过“鸡生蛋，蛋生鸡”来补贴家用。兔子必须雌雄配对，因此我也学会了如何鉴别幼兔的性别——那是很难的事。每天放学之后，我都要采一篮筐青草喂兔子，沾满水的青草是不能喂的，也不要采水蓼之类的植物，那都会给兔子带来麻烦。后来，兔子长大要下崽了，在家中院子里的泥土地上打了个地洞做窝，那是它们的天性（所以，如果像城里的儿童那样把兔子养在笼子里或者水泥地上，兔子一定很难受，无论将它们的窝布置得如何精巧，对它们来说都是“监狱”。）很快，它们生出了一窝小兔，将小兔拿到集市上去卖，可以换来家里的油盐钱。我的小山羊挑选得不是很好，长得又慢又不丰产，三年了只生出一只小羊羔，爸爸就决定把它连小羊羔一起卖掉了，我很是伤心。尽管如此，每天傍晚放羊的经历却带给了我无穷的乐趣，它总是带着我穿越高高低低的田埂，体验沉浸于自然的快乐：或走入布满荆棘的荒冢高地，探寻神秘的境地；或潜入高坡下的深涧，呼吸清凉的空气；或拨开浓密的柳林，在如毡的绿茵上体会豁然开朗的惊喜。

虽然从没有买过玩具，但我的玩具也有不少，比如到村前水塘边挖一块黄泥，把它捏成坦克的车身和轮子，然后在太阳下曝晒，再把晒干的零件组装起来，操纵它在石板桥上隆隆开动；或用黄土捏出冲锋的士兵，再将水菖蒲的叶子做成剑戟。挑选一根理想的树枝做弹弓并不容易，乌桕的丫杈是最好的，柳树的枝条却不行。用溪滩上的大叶芦竹可以做笛子，但最好是用邻家老宅基上长出来的刚竹，吹起来声音更加清亮。

早春天，盼着棕榈花穗从厚厚的叶片包裹中挤出，那是玩打仗游戏最好的弹药，掰下那粟米一样的花粒装进口袋，鼓鼓囊囊的，有种被武装起来的威武感，随时准备与同伴“战斗”；再用花序的苞衣做成帆船，放到水渠中顺流而下。秋天可以做玩具的东西就更多了，我会跟在大人们身后，等他们剥去苎麻的纤维，再捡拾白花花的麻秆，用来搭建“房子”；我还会爬上无患子树，摘下金灿灿的果实，把皮剥下来交给姐姐们拿去当肥皂，我则只收藏其中的黑色种子，日积月累，收集了好几罐，偶尔分给同伴们，还因此在他们当中获得了相当高的地位。

沿着田埂路去上学，从不用担心被汽车撞上，也从不需要父母陪送。一路上总伴着潺潺的水流声、不时从脚上跳过的青蛙跃入水渠的扑通声，还有灌木中惊起的鸟鸣。邻村的孩子则从另外一条小径跳跃着奔向学校，身影远远地闪动在齐腰高庄稼的绿涛之上……

反观如今城市中的儿童，车水马龙的街道将他们围困于社区之中，高度硬质化的水系更是潜在的死亡陷阱，电子游戏给他们营造了人工的虚拟世界，就连乐园里所谓的“自然”植被也只是光鲜的园艺化品种和整形化的装饰，想找一只天然萤火虫都成了一种奢侈……我不能说这样的环境没有为儿童带来真正的幸福和欢乐，无益于智力启迪或心灵培育；但我可以肯定的是，他们的梦中绝不会有鲤鱼上滩的惊喜，也不会有从棕榈树上掰下花序的满足，更难以明白缘何仅仅两米高差的土地就可以造就一个与周遭环境迥异的清凉世界。

本文首次发表于《景观设计学》，2020，8（02）：4-9.

无边界的儿童乐园

将儿童浸入自然的生态系统之中，培育观察万物的兴趣，获得知识、灵感与美的熏陶，并从中获得乐趣。设计这样的无边界儿童世界，将给景观设计师带来诸多挑战，包括安全性和健康的考量，自然系统本身的丰富性和有趣性的设计等等。图为海口美舍河凤翔湿地公园的实验性景观设计，劣V类的水经过多级梯田的生物净化，达到公共卫生安全标准，再将水汇聚于荷塘湿地，让丰富的生物繁衍，并设计了一套浸入式的体验网络，让儿童可以进入植被深处，体验自然的千姿百态。整个公园又兼具科普教育功能。（俞孔坚摄，2019.07）

在桃花源般的乡村，同伴一起在村旁溪水里捞鱼的场景，让人想到最美的儿时体验。（云南坝美，俞孔坚摄，2018）

能到自然河滩里戏水在河道普遍被渠化硬化的今天已经成为儿童们的奢侈。（徽州西溪南丰乐河，俞孔坚摄，2021）

精读大地

2014年11月28日，应湖南澧县政府盛邀，我带着无限的憧憬和期盼，前往城头山遗址考察并承接其周边的景观设计任务。城头山古文化遗址拥有距今6000余年的历史，是迄今在中国境内发现的年代最早、内涵最丰富、保存最完整的古城遗址，被认为是“中国最早的城市”。我早已从教科书上知道其存在，也心向往之。从航拍影像上看，这是一个镶嵌在田野间的多彩的岛屿，其上阡陌纵横，覆盖着稻田和旱作，周边是高起的土台，外围被水体环护——这是给人以无限遐想的迷人之境。

然而当我从机场迫不及待地直奔现场时，我失望了，眼前的景象让我大吃一惊：一条长四公里、宽六车道的景观轴线，“堪比”香榭丽舍大道；轴线上矗立着一座巨大的博物馆和一个巨大的接待中心，都正在做最后的装修工程；景观大道两侧是五彩花木和整齐的银杏树，其投资数以亿计；还有小桥流水环绕，奇石异木簇拥，用心可谓良苦；再往前行（必须乘车），将至古城遗址，但见一占地近两公顷的广场正在修建，原来的稻田已全然不见，推土机正在挖湖堆山；再绕古城遗址外围，护城河边，那航拍影像上看到的稻田湿地、茅草和树丛，已被奇巧的园林之花木、观赏置石和九曲步桥取代，一条精致的花岗岩路面的车道绕城池一圈。

令人倍感悲哀的是，在过去6000年中，当地农人们为了生存需要的开垦种植并未曾毁掉一座城市遗址，而是在其上一层层覆盖着历史的印记，为之增加了富有内涵的年轮。而这些农民及其住宅却因“与历史环境不符”，被迫搬迁，稻田被改成了花木。富起来的一代，却堂而皇之地在国之瑰宝上，留下了难以弥合的伤疤。然而讽刺的是，这些都是在以“保护古城遗址、美化环境和发展旅游”的名义下进行的。而更令我深感悲哀的是，这样的园林和旅游景观工程不仅仅在此地发生，而是在全中国成千上万个考古遗址上发生着。

可休也！荒唐的考古遗址的园林美化工程；可休也！祖先遗产地上的无知无畏的景观大道和广场工程；可休也！无依无据的仿古工程和古建筑再造工程；可休也！以保护和恢复考古遗址为名的农民搬迁工程。

考古学是通过发掘和分析人类遗留的物质文化和环境数据，包括物件、建筑、生态因素和文化景观，来研究过去人类活动和理解其社会文化状况的学问。在人文地理学家的视野里，景观本身就是人类活动在大地上的烙印，是人类社会及其价值观、审美观和生活方式在大地上的投影。所以，作为一个景观设计师，对待每一寸土地时，我们都应怀着无限的敬畏，轻轻地拂去尘土，显露其历史的年轮，揭示完整的物体与环境及其关系（就像负责任的考古学家那样）；然后用可逆的方法和可分离的技术创造一种可以阅读、理解它的内涵的方式，并将其设计成一种可供人体验的方式。每一方土地都是一个有着富藏的博物馆，都是人类的文化公共空间（源于2014年与博物馆专家盖儿·罗得女士的一次个人交流）。所以说，景观设计学本质上是考古学的一部分，或者说考古本质上是景观设计学的一部分，两者水乳交融，一个告诉我们大地上的含义，一个告诉我们如何去理解和体验真实的大地。

并不是说我们不能在考古遗址上或对周边环境进行创造性的设计，但那种自以为是的景观大道和奇巧园林，除了给遗址及其环境氛围带来不可弥补的损坏外（如果“有幸”这些景观大道和园林被大水淹没而成为覆盖遗

城头山考古遗址（图为没有被园林美化之前的 Google 影像）

历史、文化与斑斓的田园美景相映生辉，一丘一壑，一草一木，都在讲述着或久远或昨天的故事。承载这些故事的景观元素，如被泥水浸泡的层层书页，被叠压在一起，但只要仔细分离、认真辨析，仍然可见那些重叠着的文字和图画。在这里，考古学和景观设计学有了一个共同的对象与目的：阅读大地，解释历史并品味其含义——社会的、文化的、物质的，抑或精神的。

址的又一层堆积），也给后代考古发掘者留下了这代人鄙俗与无知的笑柄；可逆性和可分离的环境解释学途径，才是景观设计与考古遗产地最恰当的结合；当然，那种试图绝对保护遗址、拆迁农民房屋、毁掉良田、企图恢复古代景观或恢复定格在某个时代的景观的做法既没有意义也没有可能，这是对考古学试图揭示场地完整性和历史连续性初衷的背叛，这样的做法并没有比在遗址上造园林和景观大道高明多少。

但希望并没有彻底破灭，当地领导们已经意识到了上述行为的谬误，发现那些矫情的园林小品和恢宏的景观大道及广场，其实不但与考古遗址主题格格不入，也没有产生美感，更不可能带来旅游效益。而摆在我们面前的景观设计任务——恢复当地生产性的稻田和湿地——将是艰巨而复杂的，要远比园林化之前的、田园上的考古遗址的设计艰难得多，那么问题是，早知今日，何必当初呢？！

2014 年 12 月 21 日于徽州西溪南

本文首次发表于《景观设计学》，2014，2（06）：5-7.

画蛇添足的所谓“景观大道”，伪造的历史和作假的“遗产”，给遗产地景观带来毁灭性的破坏。（俞孔坚摄，2014）

岐山脚下的那方神奇土地

早在30年前，我就期望能以周人和秦人的视角，去观察和体验岐山脚下为他们带来发展与繁荣的那片神奇土地。2019年8月，我终于得以怀着无限的思古之幽情，徜徉于这片深邃无底、望不到边的文化景观的海洋之中。作为中华文化定型时期（约为秦汉时期前后）各朝代的核心领地，这里的日月星辰、大地景观，乃至生命万物的信息，都已融入以汉语为母语的人们共同的文化基因中，深刻影响着他们认知、适应、再现和改造自然及创造世界的方式，涵盖价值观、审美观和地理空间与方位的吉凶观等。简言之，这方土地在很大程度上定义了中国的社会和文化形态。

我的此次观察和体验之旅沿四条线路展开。第一条是沿着周族的迁徙之路，即从北方的旬邑南迁至豳州，再到岐山南麓的周原。这是周人作为农耕部落为躲避北方强悍游牧部落而不断寻求庇护的生存之路。我幻想跟随周先祖公刘和古公亶父，仰观天象、俯察地理，相地开垦、卜宅定都。正如《诗经》中《大雅·公刘》和《大雅·緜》所详细描绘的那样，作为部落首领，公刘和古公亶父沿着河流廊道，穿越山间盆地，环顾四周山峦，在找到安全的潜在领地之后，便登上四周高地，俯瞰河谷绿洲，欣喜于获取了丰腴的土壤；再下至平原，沿山泉溪流溯源而上，断定有丰富的水源；再丈量土地，开田地以播五谷，夯土基而筑宫室。这种对农耕生产和生活环境的观察体验及对盆地型领地的偏好，最终通过《诗经》《易经》等古老经典著作传播，成为后世相地术（风水）的基本模式，表达为理想的风水——如左青龙、右白虎、前朱雀、后玄武、中明堂的空间格局意象，又如“利东南、不利西北”的方位吉凶判断。

第二条观察线路是跟随日渐强大的周人，沿渭河一路向东，冲出关中，横扫中原，攻灭大商，定都洛邑（今洛阳），所谓“余其宅兹中国”（见于西周何尊铭文），这也是“中国”二字最早的铭记。正如周文王被囚禁于羑里城而演绎《周易》并将周族在岐山脚下的关中盆地对农耕生活和环境的观察与经验进行整理一样，我们有理由论断“中国”或“中央之国”的领地意象（建立于四周皆有边界的盆地中的都城）即自此形成，而后随走出关中的周族领袖传至中原大地而铭于文。

第三条观察线路是向西沿汧水（今千河）溯流而上，寻找秦人发迹的源头。途经千河与渭河交汇的“汧渭之会”，穿越关山崎岖的峡谷——这是中国地理中从第二级阶梯向第一级阶梯过渡的景观甬道，仅30公里的行程之后，海拔便从900米攀升至2200米，行至秦非子牧马之地。秦非子因精通养马之道，受周孝王之命在汧水与渭水之间肥沃的天然牧场主管牧马，深受赏识，继而获封岐山以西的狭小地带。经过数百年励精图治，秦国以其强悍雄风，取周而代之，完成了一统天下的大业。同时在周朝的“中国”领地意识基础上，更深刻地实现了货币、度量衡、文字、交通工具等的统一。秦人的这条发迹之路也给农耕民族以温顺避让为主要特征的文化注入了坚韧与剽悍之风。其后的汉王朝更是将秦横扫六国的气魄发扬光大，据称此时关山一带牧养的马匹数量达30余万，作战军队借此完成了由步兵为主向骑兵为主的转变，可实现长途奔袭、快速突袭和大迂回，成就了卫青、霍去病等开疆拓土，纵横漠北，却匈奴于千里之外的丰功伟绩。

这处连接关中与西域的景观也为中国文化的艺术形态注入了骨感和俊美之气。事实上，划分中国两大自然地理区域、界定农耕与游牧两种文化的关山，经过无数诗人的描绘，在中国文学中已被泛化为象征远离故土、戎马征战和战火硝烟的符号，表达为“远方”（Far）和“崇高”（Sublime）之意。这种崇高也通过五代后梁山水画家关仝的画笔表达了出来。关仝师承北方山水画派鼻祖荆浩，并青出于蓝，以其“关家山水”独领风骚。其代表作《关山行旅图》冠绝当代，为后世临摹效仿，深刻影响了中国的山水美学。画中山峰迭起、溪谷幽深，栈道险绝、驮马凄凉。这里所表达的“崇高”与陶渊明在《桃花源记》中所表达的理想农耕环境的“优美”（Beauty）完全不同。至此，象征闲适安宁的“优美”和象征为生存而抗争的“崇高”在中国文化中实现了完美平衡。

第四条观察线路是从海拔约500米的渭河谷地一直攀升至海拔约3750米的秦岭主峰太白山。沿太白山的主要溪谷汤峪拾级而上，一路可感受幽谷深处的神秘莫测和生命万物之丰饶。据称峪口汤泉可治百病，所见之草皆可入药。及至山顶，大面积的冰川遗迹（通常为白雪所覆盖）和冰斗湖映入眼帘，其景观与盆地、平原景观迥异。由此俯瞰关中盆地，城郭了然，尽收眼底，大有以上帝之眼瞭望凡尘的感觉。无怪乎《尚书·禹贡》谓之“惇物山”,《汉书·地理志》称之“太乙山”，均是对太白山的丰饶与宛若仙境的表达。据称，岐伯尝味百草即发生在太白山一带，而“药王”孙思邈则长年居隐太白山中，亲自采摘草药，研究药物性能。我个人认为，传说中的道教名山昆仑山即以太白山为原型：高峻非羽仙不可及，更有怪兽神鸟、不死之药、琼浆玉液和王母瑶池等。这无非是周人、秦人及其子孙后代将白雪冠顶的太白山表达为可满足人世间一切欲望的仙境而已。因而，太白山即昆仑仙境便成了兼有宗教理想和世俗欲望的完美表达。

正是周人和秦人对岐山脚下这片土地的认知与探索——包括对其赖以生存和发展的现实领地的观察和体验，以及对美和未来世界的向往和畅想——才有了他们对理想景观模式的表达，进而发展为“中国”这一理想领地的意象，以及对崇高山水和昆仑仙境的艺术表达。而由于周朝和秦朝在中华文化定型时期占据着决定性的地位，对岐山脚下这方土地的景观体验也注定会在中国的社会和文化形态的表达中发挥关键作用。

本文首次发表于《景观设计学》，2019，7（5）：6-9.

周原及其背后的岐山，周民族作为农耕部落得以繁衍的吉地。（俞孔坚摄，2019）

关山牧场，是秦非子牧马之地，孕育了秦人坚韧与强悍的群体性格。（俞孔坚摄，2019）

太白山从渭河谷地拔地而起，巍峨高耸，是“中华龙脉”秦岭山脉主峰。这里的丰饶使它成为占据关中盆地的周人和秦人及其后代子孙的神圣之地。但由于缺乏对这一自然景观的深刻理解和科学规划，多年来的无序开发不免亵渎了这方净土。（俞孔坚摄，2019）

仙境是个慢地方

在离我家乡浙江金华不远处有一座名山烂柯山，传说晋时樵夫王质到山里砍柴，见二童子对弈，便在一旁观看。一局未终，发现斧柄已烂；匆匆回家，但见屋舍早已坍塌，家人及同辈皆已不在，才知自己曾误入仙境——“天上一日，世上千年”。类似的仙境故事在中国古代文学作品中屡见不鲜，最典型的当数陶渊明笔下的桃花源，其中的人们“乃不知有汉，无论魏晋”，生活怡然自得。中国人心目中的仙境其实是现实世界中人类欲望的集成，包括对健康、长寿、和谐社会的憧憬，以及最为理想化的优美山水——仙境本质上正是一个“慢地方”，在那里，“慢”是衡量事物的价值标准，例如《西游记》描绘的仙境中的蟠桃树，长得越慢，品质越高——在现实生活中，文人雅士们陶醉于曲水流觞，即让餐饮缓慢而诗意地进行；哲人们对时间的流逝发出“逝者如斯夫”的喟叹。其实，对“慢”的仙境的向往并非中国文化所独有，据我所知，“慢”也是西方世界所描绘的“天堂”的重要特征，只因为现实世界太快了！

所以，尽管我们还不确定工业革命以来的科技发展和城市化对人类来说是祸还是福，但可以确定的是，它们无可置疑地让一切都变得更快了。“速度快”成为衡量事物先进程度乃至社会发展水平的标志。诸如日起一层楼的建设速度、渠化后直排的河道、不断缩短的食品生产和加工过程等，都意味着这种发展模式和生活方式让人类离其所憧憬的仙境越来越远，这是何其巨大的悖论！

终于，人们发现，快速高效的基础设施在服务于快节奏的城市社会的同时，也使自然系统被切割、被毒化；在快速生长的城市阴影下，是拥堵不堪、雾霾笼罩的街道；化肥和激素催生的食物，背叛了人类对生命和健康的向往。随之，对“慢”的追求开始被唤醒。首先在西方，1986年反对快餐的“慢食运动”在意大利罗马被美食专栏作家Carlo Petrini点燃。随后，作为慢餐运动的延伸扩展，1999年，第一届“慢城”大会在意大利奥维多召开，“慢城运动”（Citta Slow）在欧洲悄然兴起，并于21世纪初开始进入中国。

2010年11月，南京高淳的桠溪镇被国际慢城组织认定为第一个中国慢城，我和我的团队有幸参与了从规划到实施的整个过程。如今中国已有七个“慢城”正在被认定中。这里需要说明的是，尽管中国的“慢城”更多的是地方政府为推动当地发展提出的噱头——与原始的“慢城”内涵相距甚远，甚至南辕北辙——但也在一定程度上说明了中国开始了对“慢”的觉醒与对“仙境”的向往。在中国过去40年间“大干快上”的城镇化背景下，“仙境”仅

南京高淳桠溪国际慢城，利用原有村庄，营造城市人向往的慢生活区，吸引城市居民上山下乡，同时带动乡村振兴。（土人设计，2016）

存在于那些远离城市的乡村中。所以，中国的“慢城运动”实质是当代中国城市居民的“新上山下乡”运动，中国的“慢城”愿景实质上是那个没有城市化的“美丽乡村”。遗憾的是，当今许多乡村建设仍然是“快”的牺牲品：快速路网从城市延伸到乡村，正在摧毁乡间漫道；快速的水泥排水系统正在摧毁几千年来形成的民间水利系统；快速的建造技术正在毁掉质朴的村落建筑和街巷；快速催生催熟的牲畜和作物正在取代自然生长的有机畜牧和农耕……

然而，浪漫的乡村“慢城”毕竟只能是大部分逃避“城市病”的短暂的避难所，我们还需要整理当前生产生活的主阵地：城市。于是，更广泛意义上的“慢城市”概念在这里被提了出来，它既不同于前文所述的浪漫的休闲的“慢城”，也不同于“绿色城市”“智慧城市”等概念。其强调城市应在保持令人适意的运转速度的同时，实现空间高效利用、能源节约、环境优美、人与自然和谐相处的理想人居环境。在建设“美丽中国”的关键时期以及中国城镇化迈入转型提升的重要阶段，设计师和建设者有必要认识到“慢”的深刻内涵，用“慢原则”去规划、设计我们的城市。这些“慢原则”主要包括以下几个方面：

第一，让人流慢下来，通过将快速区域交通和慢行局域交通相结合，构建慢行交通基础设施。虽然发达的交通基础设施是一座城市保持活力的重要基础，但城市不应放任快速道路肆意蔓延。城市一定要强调并保障行人和骑行者的出行空间，让儿童、老人、残障人士也能够安全有尊严地出行。尤其不要让快速交通隔断人与人、自然与人之间的联系，避免沿城市的滨水带、山麓和绿地建高速道路将城与山水割裂。

第二，让水流慢下来，构建与水为友的生态系统。在工业文明的理念下，灌溉、施肥、排水等农业运作都以追求高速为目标。然而，只有让水流慢下来，植物才有时间吸收其中的养分（污染物），地下水才能得到补充，旱涝才能得到调节，土地才能得到有效滋润。慢的水流在景观中可以是蜿蜒曲折的溪流、植被茂盛的湖区、鸟儿驻足的河床、深浅不一的坑塘和湿地，它们是野生动植物的家园，也是诗意环境的生态基底。

第三，让营养流慢下来，打造循环流动的物质链。氮、磷、钾等营养和矿物质是维持生态系统可持续性的物质基础，它们在土地、水体、生物、作物及人类之间循环流动。工业文明下，营养流被线性化、被分离和提取、被加速地生产和使用。而制成的化肥被迅速送到农民手里，撒入田地，其中一大半通过渠化河道直接排入河湖，污染水体。将营养流循环重新建立并利用起来是实现健康高效生态系统的关键。

第四，让建造慢下来，提高建造品质、留住独特的城市记忆。

慢的建造意味着不是拆掉重来，意味着就地取材，意味着工匠精神。但这绝不意味着“修旧如旧”，不是回到过去追求风貌的统一，而是在创造适应于当代人生活需求的同时，留住乡愁。在新旧的拼贴和穿插中，让时间的脚步迷失于交错的材料与空间之中，因此可以让人们在体验时间和空间中流连忘返。

安徽省黄山市西溪南村是一处“慢地方”，它宛如一粒被时代快车遗落的时间胶囊。五年前，这里房屋凋敝，街巷冷清；如今，通过植入研学场所、艺术文创活动空间和民宿，这里已成为中国为数不多的慢生活地区。如何在发展当地经济的同时保护并延续这份“慢”的特质，将考验地方政府和开发建设者的智慧和耐心，它将是探索“美丽乡村”甚至“慢城市”建设的试验场。（俞孔坚摄，2019.04.01）

第五，让生活慢下来，倡导新的生活方式，营造新的城市空间体验。慢城市需要让习惯于忙碌快节奏的人们有机会、有心情去品尝慢慢成熟和加工起来的有机食物，有时间、有空间去读书和品味艺术，聆听清晨的鸟鸣，观察墙角结网的蜘蛛，以及欣赏从树梢飘落的银杏叶。

“人民对美好生活的向往是我们的奋斗目标”，同时，我们应该认识到，人们对美好生活的向往是有阶段性的，也是带着时代的局限性的，是不断发展的。在“快”仍然主导当今人居环境建设的时候，我们切不可忘记人类的终极向往仍然是仙境和天堂，是永不过时的慢地方。

2019 年 11 月 20 日于墨西哥城

本文首次发表于《景观设计学》，2019（6）：4–9.

阅读西溪南

景观是本书，一个村子一本书。有的厚重，有的轻薄；有的深邃，有的浅陋；有的华丽而喜气，有的则委婉而凄楚。徽州的西溪南便是这样一部美丽动人又充满意味的书！

除了我的故乡金华的东俞村，坐落在丰乐河南岸的西溪南村，便是我最爱的景观书。它章节分明，有关于人与自然和谐共生的智慧，有丰富的爱恨情仇故事，有历史的宏大叙事，又有当下的邻里政治，令人百读不厌。

第一章是村北的枫杨林，是大块的文章，作为开篇，这是我在祖国见过的最美的河滩森林了，它是江南地区最适应河水季节性涨落生境的乔木种群。这样的枫杨林曾经广泛分布于大小江河之上，可是，过去几十年，由于无度的水利工程，包括河道的硬化和渠化，它们中的大部分已经消失，美丽的丰乐河上也仅存这片林子了，所以，我倍感珍惜。春汛来临，河水淹没滩地，林在水上，俨然古西溪南村八景之一的“山源春涨”；汛期过后，我每每徜徉其中，深深呼吸着带有蘑菇香味的空气，顺着长长的视景，透过树干编织的幽帘，眺望依稀的古桥、村舍、远山和波光，恍惚如梦境中的徽州，只是梦与现实在这里可以挨得如此的近！

第二章是村庄边的菜园。致密的菜畦，生长着种类繁多的果蔬，有萝卜、青菜、茄子、辣椒、大蒜、洋葱、生姜、大豆、花生，还有蔓生的被齐齐地支架起来的豇豆和黄瓜，它们成条成块地拼接在一起，高低错落却井然有序，如鳞次栉比的村庄瓦顶；采摘的妇女可以在这里隔着豇豆架对话，她们常常互换各自的成果，所以它们是住宅邻里关系的延伸。这里产出的不仅仅是果蔬，还培育着友谊、交流着知识。穿梭其中，就如品读到词语朴实、断句纤巧、娓娓道来却妙曼无限的寻常故事。

高潮篇章便是村子本身。每个房间是一个单词，房间围合成的院落构成了一个个词组，街道串起了院子而成为句子。众多的句子南北穿插，曲折幽深，描绘着神秘的历史故事与当下寻常的生活。我常常陶醉于在村子里迷路的感觉，这种迷路是悠闲的、探幽的，也是快乐的，就像爱丽丝梦游仙境，绝没有慌张与焦虑。每一块带字的墙上的青砖、每一方磨损的石板路面、每一个屋角的“石敢当”、每一阶临水的石埠、每一尊残破的柱础或石臼……都是下一个故事或情节的暗示。一个曾经富甲一方、享誉江南、名士云集、诗画荣欣的千年名村，在悄悄细说着它辉煌的过去和凄楚的经历。

串起上述三个篇章的物质和精神的纽带，便是那水系。作为古徽州地区的故人，朱子的《观书有感》最能表达西溪南的水的精神与形态了：“半亩方塘一鉴开，天光云影共徘徊。问渠那得清如许？为有源头活水来。”村头那林子和梦境、村边那菜园的寻常故事、村中那院子和街道的神秘和凄楚，皆因这充满智慧的水系而灵动了起来。那滚滚活水源自黄山主峰，是新安江上游唯一发源自黄山的溪流。清澈与灵秀自不必说，而经一千多年锤炼的理水艺术，更使西溪南的水系显得精妙绝伦：通过古堨和鱼嘴分水，将水引入村中；进村的水流经一个石关控制流量，旱涝无忧；水口是一组由桥、庙、石埠和大树构成的水口景观，像是一个重重的感叹号；随后，水流进入家家户户的门口，或被引入庭院和天井，或进入方塘，遂成古村的八景之一“清溪涵月”，最后，被引入下游的良田美池，用于灌溉。

景观是本书，一个村子一本书。中国有数以百万计的村庄和田园美景，它们有的存在了千年之久，有的存在了数百年之久，经由数以亿计的人民，世代编写，或用泪水，或用血汗！品读它们，就是品读中国，就是品读我们的祖先，呵护它们，就是呵护自己。如今，它们有的破败了，有的被涂鸦了，有的被铲平了。就像不孝的子孙将族谱毁掉，我哀叹我们这一代不孝的子孙们正将这样魅力无限而意味深远的景观毁掉！

2016 年 11 月 17 日于西溪南荷田里

本文首次发表于《景观设计学》，2016，4（06）：6-9.

西溪南村的建筑及里弄。（俞孔坚摄，2020）

西溪南丰乐河漫滩上的枫杨林让这个曾经凋敝多年的村庄成为当代的“绿野仙踪”。（俞孔坚摄，2021）

旱涝无忧的水圳系统。（俞孔坚摄，2019）

西溪南的菜园：致密的菜畦，生长着种类繁多的时蔬，它们成条成块地拼接在一起，高低错落却井然有序，如鳞次栉比的村庄瓦顶。穿梭其中，就如品读到词语朴实、断句纤巧、娓娓道来却曼妙无限的寻常故事。（俞孔坚摄，2020）

峨蔓的盐田

我曾走过海南的许多地方，而最令我魂牵梦绕的一处景观是儋州峨蔓的盐田。仅在2017年2月至3月间，我就去了两次。它由一群被称为“盐丁”的人开凿并管理了1200余年。而如今，其历史面貌却在自然因素的影响和人为破坏下，逐渐变得模糊不清，如果不加以保护和善待，这处景观将很快消失。

峨蔓的盐田丰富了我对于景观的理解。在荷兰语和法语语境中，景观（Landskip 或 Paysage）的古义是“农夫和他耕种的土地”，这近似于中文语境中的“田园”。而绵延千亩的峨蔓盐田则可以被理解为“盐丁和他的领地”。在这里，海水被引入红树林环绕的海滩，盐丁们巧妙利用阳光和砂石将海水不断浓缩，制成高浓度的卤水。随后，卤水被舀入晒盐台中曝晒，蒸发直至结晶成盐。晒盐台由坚硬的黑色玄武岩凿磨而成，形如砚台；同样由玄武岩构筑而成的储盐房，零星分布于盐田之上；一条由巨石铺就的栈道，蜿蜒穿梭于盐田之中。除了这些与盐的生产直接相关的景观元素外，还有镂刻在岩石上的盐神，盐丁们向它祈祷阳光和高温。最令人叹为观止的是矗立在盐田中央的一座金字塔石堆。因为繁重的晒盐工作需要男丁来承担，所以据说每有一位男孩降生，盐丁们便在石堆上添一块石头，日积月累成了如今的高塔。虽没有玛雅金字塔雄伟，但其背后的故事却远比那些为神灵和君主刻意堆砌的金字塔更富有意味。不远处的盐丁村清一色的以黑色玄武岩为材料构建，菱形石块砌成的山墙敦实而坚固，耐得住最强台风的考验。虽然整个村子建筑风格统一，但每一栋建筑都有自己的性格，甚至从岩石砌块的打磨程度就能看出主人身份的差异。

在峨蔓的海边，盐丁们的居住、生产和生活与周边的自然景观浑然一体，构成了一处完整的文化景观。它是盐丁一族在严酷环境下的生存智慧、人性、情感、社会关系，以及一切人类文化过程的烙印，是阅读和理解其文化的鲜活档案库。

同样是制盐，不同地域的人们却形成了完全不同的技术和独特的景观。在西藏芒康的澜沧江干热河谷内，纳西族的盐民将卤水从河床的盐井中取出，用木桶背到盐田里烤晒制盐。这里的盐田是由木头和泥土构筑的，层层叠叠地凌空架在澜沧江沿岸的悬崖绝壁之上。而潮湿多雨的四川自贡也拥有两千多年的采盐历史，发展出了一套令当代人惊叹的深井开采卤水、卤水蒸发浓缩和煎煮成盐的技术。一座座由竹子搭建的卤水提取塔和一片片由稻草搭建的晒盐棚，构成了蔚为壮观的生产性文化景观。

除却盐文化景观，稻田、茶园、果园、菜园、蔗园、鱼塘，乃至人们的居所，都是人类因适应自然而形成的文化的一系列表达方式。由于不同气候、地理条件所能够提供的原材料不同，人类发展了与各种自然条件相适应的方法和技术，并融入情感、价值观和审美观，形成了富有地域特色的文化景观。它们是生存的艺术，而非设计的景观。

这些文化景观也是人类认识自我、认识种群和民族必不可少的素材。保护这些景观便是保护人类物种的文化多样性，其意义正如保护自然界的生物多样性一般。未来的环境存在诸多不确定性，对这些不确定环境的适应能力，决定了人类生存的概率和生活的品质。因此，对当代景观设计学——由职业设计师主导的、协调人与自然关系的学科和职业来说，过去的文化景观既表明了先人在适应独特的自然环境过程中的生产和生活智慧，同时也为解决全人类正面临的生存问题提供了参考，它们不仅是历史的遗产，更启迪着未来。

2017 年 4 月 1 日于燕园

本文首次发表于《景观设计学》，2017，5（02）：4-7.

峨蔓的盐田

一处独特的文化景观，它是盐丁一族在严酷环境下的生存智慧、人性、情感和社会关系等等以及一切人类文化过程的烙印，因而是阅读和理解盐丁一族的活生生的文化人类学的档案库。保护这样的文化景观既是当代景观设计师的责任，同时也可能是获得当代设计灵感的源泉。（俞孔坚摄，2017）

向农民学习

如何使城市里的公园和绿地无须花费高昂的投入去营建，无须耗费大量的水资源去浇灌，无须消耗大量的能源和劳力去维护，而同时又使之不至于荒芜，仍然能为城市和居民提供服务？出路只有一条：向农民学习。

我这里所说的农民不是在北美大平原上驾驶着现代化机械进行作业的产业化农民，而是靠传统的农耕生产为生的自然经济下的小农。我曾经批判过“小农意识”，包括攀比意识、杂草意识和庆宴意识，但这并不妨碍我们向农民学习其土地的伦理、造田的技术与艺术。这些对于营造今天的城市景观具有极其珍贵的启示意义。

在土地伦理和价值观层面上，以自给自足为基本特征的小农经济的优点（在其他意义上是局限）在于，农民从土地上索取的只需满足自己和全家的生活所需即可，这决定了他们对自然的干预是有界限的，即最少的干预。让土地丰产并珍惜来之不易的收获，使“勤俭节约”成为评价其行为的核心标准之一。小农与土地的关系，天生就是以可持续为核心的，因为传宗接代为自然经济下人伦的第一要义：继承祖上所传的田亩，将遗产不减一分一毫或更多地传给后代，让后代拥有更好的生活，而这正是当代可持续理论的精髓。工具和技术的局限，决定了农民以宜人的空间尺度进行土地改造和管理。以个体和家庭为单位的生产组织过程以及春种秋收的节律适应，决定了邻里合作、亲友合作的重要性，因此社区便得以形成。而所有这些——最少干预、勤俭节约、可持续、宜人尺度、社区感——不正是当代城市景观所应有的特质和功能吗？

当然，若想将这些农民及其农耕生产过程中所体现的优秀特质转译为当代景观营造和管理的具体实践方式，尚需更加深入的、细致的分析。我把这些技术归结为以下几个方面。

填挖方技术。对于农民来说，填方和挖方是同时进行且不可分离的。但在今天的工程规范中，填和挖是分开的，挖一方土和填一方土的工程量需要分开计算。回顾现代的城市景观营造，我们看到多少为了挖湖而运出土方，或为了堆山而运入土方的浪费工程和造作地形。如果我们懂得像农民那样去填挖方、造地形，我们的景观便能更具能效。

灌溉技术。当代的许多城市绿地已经离不开喷灌技术和排涝管道。向农民学习，就是要让我们的城市景观不再需要这样的“现代”灌溉系统。如果能够懂得如何利用自然的降雨来滋润土地和植被，便可以营造出高能效的景观。无论是在天津桥园还是哈尔滨群力湿地公园的实验性设计中，雨水都是天然的灌溉水源，因而，公园的管理成本仅为一般城市公园的三分之一。

施肥技术。城市里的绿地需要施肥吗？完整的营养链在当代城市生活中早已被切断，被农民当作宝贝的有机肥料而今变成了一种城市灾害，对河流湖泊造成了污染。向农民学习，就是要缝合这个被切断的营养链，让施肥的过程也成为净化水体的过程。这样就可以节省化肥成本，污水净化的费用也可以减少。上海后滩公园将黄浦江的富营养“污水”作为湿地植物和梯田作物的肥料来源，不仅净化了河水，也免去了人工施肥，一举而多得。消费型公园便可由此转变成生产型的高能效景观。

播种与收获。不为收获而播种的农民，一定会被看作是不务正业的农民。让土地丰产，天经地义。向农民学习，让城市绿地回归生产，则可以使我们的景观变得更加有意义且更加高能效。当然，景观的“收获”不再局限于食物生产的意义，还包括更综合的生态系统服务的含义。

所以，要实现城市中公园、绿地的高能效，我们有必要向农民学习，回归土地的伦理，回归造田、灌溉、施肥、播种和收获的基本技术。这既是回归，也是创新。

本文首次发表于《景观设计学》，2014，2（03）：5-7.

向农民学习水资源分配的方式：元阳梯田上的木刻分水，按照田亩数量比例刻木分水，将山泉水逐级分配到每一块稻田。（俞孔坚摄，2020）

向农民学习关于土地的节约和丰产土地伦理，利用田埂种植蔬菜。（江西婺源巡检司，俞孔坚摄，2021）

北欧现象

现象学家诺伯格·舒尔茨（Norberg Schulz）根据景观中天、人、地三种力量之间关系的不同，将大地上的景观和场所精神分为三种，即神性景观、经典景观和浪漫景观。在神性景观中，“天”在主导着景观，大地是天的附属，生存环境极其严酷，人则屈服于天，在天地之间，人是渺小而无力的，“神”因此而产生，宗教，特别是单一神教因此而发育。诸如中东的沙漠荒原、世界屋脊的青藏高原便是这类景观的典型代表。

经典景观中，“人”在主导景观，天与地都被打上人的烙印，人在照料着万物，山川万物皆因人的存在而变得有组织、有秩序，诸如山坡上的果园、盆地中的良田，它们都是可知、可控和可期待的。希腊岛屿和地中海一带，便是这样的景观。希腊、罗马文明便在这样的景观中发育，延续为西方经典的文化和文明。在这里人即是神，因此有了希腊和罗马的万神殿。

而我所说的北欧现象，则是这第三种景观：浪漫的景观。在这里，“地”主导着景观，丰富的自然地形，有山冈、湖泊、溪流和巨大的岩石突兀，随时随地而变化；森林、灌木、湿地、草滩、花甸、乱石滩等地表覆盖，会不经意间出现在任何地貌和地形之上，从而使景观在小尺度范围内即可变幻莫测。在这里，自然是亲切的，又是多变的。自然为人类预设了多种可以安居、游憩和远离闹市的场所。因此，对自然的憧憬、向往和青睐是浪漫的，既无在沙漠中感恩上帝赐予的甘霖那种经历，也不可能或不需要像生活在地中海或是中国广大土地上的农民那样，通过改造和组织自然过程（如造地和灌溉）来获得生存的权利。丰富资源和多样化的山水环境，为每个个体提供了生存和生存之外的空间，使多样化的个性发展有了可能性。在这里，统一的意志与单一的神教都没有市场。同时，为取悦于上帝神权和为取悦于帝王人权的纪念性设计，都不会被青睐。这种景观想象是我们理解北欧人的建筑、景观和城市设计的基础。因此，充分尊重自然、巧妙地利用自然、简约和用最少的人工设计获得最大的人的满足感，便是北欧设计的普遍价值取向。丰富多样、彰显个性、不拘泥于任何规范和教条的设计，便是北欧设计景观的景象：浪漫的、谦和的景观。

2011 年 6 月 10 日

本文首次发表于《景观设计学》，2011，17（3）：26-27.

神性景观

阿拉伯半岛萨特的欧拉遗址。（俞孔坚摄，2019）

神性景观

西藏墨脱。（2016）

经典景观

意大利科莫湖。（俞孔坚摄，2016）

北欧浪漫景观

挪威奥斯陆。（俞孔坚摄，2011）

百姓日用即为道

搬罾，卷苲草，打箔仗，夹罱子，戗泥罱，戳篓，旋网，叉汕，出汕，钏子……读《白洋淀百工》让我想起以前读帛书《周易》时所感受到的遥远与陌生，感受到文明之初的洪荒和苍茫。对生活在当代的城市人来说，其描述物件和活动的字和词晦涩得像天书。然而，所不同的是，《周易》中作描写的物件早已湮灭得无影无踪，以至于文字本身和读音都完全没有令人信服的指代，使原本具有重要价值的历史典籍，终究沦为卜算先生们假借以杜撰上天意志的"天书"。即使大学者们毕其一生穷究其意，纵然千百年的典注汗牛充栋，最终也只能是莫衷一是。如帛书《周易》中的"襦"卦，权威学者们解释为"渔网"，然而在另外版本中却是"需"卦，结果该卦的所有卦、爻辞的解释皆天壤之别，对此，我们只能遗憾，两千多年前的人们并没有给我们留下对应的配图、实物和使用者的真实描述，而在案的《白洋淀百工》可以让后世的人们没有这样的困惑，这也正是该书的一个重要意义：它让廿年后，甚至千百年以后的人们，能了解生活在白洋淀的人民的生存智慧和百工的真实形态，以及以此为载体的白洋淀文化和文明的形态。如我查遍了百度词条和新华字典，“钏子”都被解释为镯子，并没有找到如《白洋淀百工》所描绘的作为制作芦苇产品工具的描绘。显然，“钏子”将随着白洋淀人们传统的生产和生活方式的改变，而失去其存在的价值，随之消失的是文字的含义和多彩的文化内涵。所幸，本书的作者将这一濒临消失的工具及其含义，连同其承载的历史、技术和艺术细致入微并准确无误地记载下来，使之成为一种具有白洋淀地域特色的物质和非物质文化遗产并得以传承。

白毛苇、黄瓤苇、黄瓜鱼、黄颡鱼、嘎鱼、麦穗鱼、鳑鲏、柳叶鱼、马根鲢子，还有那飘在苇荡中的渔歌和拖网捕鱼时的劳动号子……《白洋淀百工》中北方大泽的丰饶和绚烂的民风，让我对《诗经》有了更准确的理解，那是“关关雎鸠，在河之洲……参差荇菜，左右流之。”（《国风·周南·关雎》）那是“南有嘉鱼，烝然罩之。君子有酒，嘉宾式燕以乐。”（《小雅·南有嘉鱼》）我因此领略到了五千年文明的基因与智慧，五百里祖泽的诗情和画意。离开了寻常百姓的日常生活，大自然的丰饶便失去意义，美丽的风景便黯然失色，悠远的文脉便失去其根基和记忆。《白洋淀百工》所呈现的是寻常景观的诗意，是真实的百姓生活，是真实的地域文化，也是人与自然和谐共生的美丽。它告诉我们，那些用“徽派建筑”来美化白洋淀民居的所谓“美丽乡村建设”是何其幼稚，那种搬迁当地居民来保护白洋淀的想法是何其荒唐！《白洋淀百工》告诉我们如何善待本地居民及其文化遗产，并使之成为正在建设中的雄安的文化特色的源泉。

打河田，淘埝子，夹按子，扣花罩，拉大绠，打杖子，泡苇牙子，迷魂阵，爬旮旯……读《白洋淀百工》给我一种回到童年的亲切感和悠悠的乡愁。本书以当事人口头采访的方式，真实记述了白洋淀人民的渔猎和工具制作的活动，翔实生动，令人有身临其境之感。书中所描述的一些生产场景是白洋淀地区所独有的，部分是全国甚至是世界范围内都普遍存在的，如各种捕鱼方式，也是我这个来自江南水乡的游子曾经历的，其中生存的技术与艺术唤起了整整一代人的乡愁。中国正处于一个社会巨变的时代，五千年未尝有过。工业化和城市化意味着本书所记述的生产生活方式将一去不复返，这意味着书中所记述的那些亲历的生产生活方式也将成为绝代的遗产。

所谓文化，有一种定义是"人类对自然的适应方式"。白洋淀独特的自然和生态，孕育了与之相适应的具有地域特色的文化，表现为其人民的具有地域特色的生产和生活方式，并集中体现在其使用的技术之中。因此，这百工之中蕴含着自然的规律，技术之机理，艺术之微妙。与书店里满架子空洞的关于文化的高谈阔论相比，我更喜欢《白洋淀百工》这样的著作：它描物精致入微，述事寻常真实，既有人类学的田野考察和"考工记"的准确计量，又有乡土文学的浓浓乡音和故事，它生动注解了明代哲学家王艮的"百姓日用即道"的哲学和论断。

2019年10月5日于徽州西溪南钓雪园

本文是为贾慧献，杨昊，张瑞雪等著作《白洋淀百工》（科学出版社，2019）所作的序。

白洋淀地区（现属雄安新区）的村庄建筑和街道，平屋顶和高门槛是对不确定洪水灾害的适应。（俞孔坚摄，2017.04.17）

以假乱真的“美丽乡村建设”，以风貌美化的名义彻底破坏风貌，中国的许多乡村面临同样的遗产破坏和“美盲”困境。（俞孔坚摄，2017.04.17）

白洋淀上的“迷魂阵”。（俞孔坚摄，2017.04.17）

寻找京杭大运河

中国历史教科书上的京杭大运河是清楚的：世界上里程最长的人工运河，是苏伊士运河的16倍、巴拿马运河的33倍，与长城并称为中国古代的两项伟大工程，开凿至今已有近2500年的历史。

中国地图上的京杭大运河是明确的：北起北京（涿郡），南到杭州（余杭），途经北京、天津两个直辖市及河北、山东、江苏、浙江四省，贯通海河、黄河、淮河、长江、钱塘江五大水系，全长约1794公里。

世界科技史对京杭大运河的高度评价是鲜明的：人类历史上最古老的人工运河，在技术上和工程规模上，中国的大运河都是无与伦比的。

世界文化遗产视野中对京杭大运河的保护是无疑的：从技术或历史的角度来看，中国的大运河具有作为世界文化遗产的突出普遍价值。

然而，当我们用当代人的双脚走近大运河，当我们用当代科

作者行走在大运河沿线的苏州宝带桥上。（李伟摄，2004.07.05）

学的视角去审视大运河，当我们用当代文化遗产的标准去评价大运河时，我们突然发现，这一看似时空分明、价值确凿的人类工程奇迹，却是如此的模糊不清，只能从文学作品和传说中感知它的身影。一位资深的联合国教科文组织文化遗产专家想了解大运河时，却发现，在当代科学的英文语境中，甚至找不到一篇可以引用的关于大运河的学术性论文。关于大运河的一些基本问题摆在我们面前，诸如，如何定义京杭大运河，如何在坐标系统准确标明京杭大运河，判别哪条河道属于京杭大运河，京杭大运河有多宽，边界在哪里，哪些文物属于京杭大运河遗产，都分布在哪，有多少，它们的价值

大运河江南段，苏州宝带桥。(俞孔坚摄，2004.07.05)

到底在哪，如何确认它的价值，该如何保护……原来，作为中国大地上最为重要的文化景观，大运河在很大程度上是文学的，甚至是传说的。科学视野及当代文化遗产保护视野中的京杭大运河是模糊不清的，需要我们去寻找。

正是在这样的背景下，北京大学景观设计学研究院经过多年的预研究后，于2003年申请全国文物保护科学研究课题“中国京杭大运河整体保护研究”项目，并获得国家文物局的支持，正式开启科学寻找大运河的历程。这一研究包括历时30天、师生全程骑车考查大运河及沿线，以及此后延续近10年的重点河段的实证考查和保护规划研究。10年研究成果除了发表大量论文并协助国家文物局编制重要河段的保护规划外，还培养了40多位以大运河为研究课题的硕士及博士研究生。课题组对一些最基本而又最重要的问题进行了探讨。

一、大运河在当代的存在状态。通过对大运河全程的实地考察，并用图像和文字记录，实测100多个不同的河道断面来解剖定格于2004年的大运河生存状态，它将作为未来研究大运河的一个基本物理参照。同时，收录汇总了沿运文化遗产点，并部分考查验证。通过对生存状态的研究发现：大运河这样一条对国土生态安全和民族文化认同具有关键意义的遗产与生态廊道，目前正面临着严重的威胁，如不尽快统一规划、保护、管理和建设，必将成为难以挽回的遗憾。运河及沿线的许多珍贵遗产正在消失和遭受破坏，部分古运河河道地段已被开垦耕种，有的已成为垃圾坑和排污沟，一些世界级的水工设施已遭严重毁坏；以运河为骨架的水系统和湿地系统正面临恶化，千百年的人工和自然过程使大运河与区域水系统形成了一个连续的、完整的、富有生命的生态景观网络，而在近些年的城市建设、市政基础设施建设和水利工程建设等过程中，这一生态景观网络已受到严重破坏，包括污染、截断、河道硬化渠化、水系填埋和覆盖，如不进行系统的规划和管理，大运河虽有形骸却无生命；城市扩张和急功近利的工程正在吞噬国家遗产，许多地方没有真正认识到大运河的生态与遗产价值，而是片面追求眼前利益，开

左：北京大学建筑与景观设计学院大运河衡水段骑行考察。

右：北京大学京杭大运河考察团队在骑行考察。

展各类破坏性的工程建设，包括沿运河的地产开发、粗制滥造假古董开发旅游等，严重损害了大运河遗产廊道的真实性，导致生态服务功能丧失；南水北调工程的历史机遇和挑战，是继京杭大运河开凿以来对以运河为主体形成的区域生态网络施加的又一次人工干扰，这是对运河遗产廊道保护的一次挑战，同时也是一次历史性机遇，如果明智地规划利用，会有利于运河断流和生态功能瘫痪区域系统的生态系统修复及运河遗产保护，从而实现生态与遗产廊道的建立。

二、大运河的完全价值观。课题组从历史、当代与未来的视角出发，提出大运河的完全价值观，认为其具有四大基本价值：作为文化遗产的价值，起到彰显民族身份和促进文化认同的作用；作为区域城乡生产与生活的重要保障，具有输水、航运和灌溉等现实功用的价值；作为区域生态基础设施的价值，是保障国土生态安全的关键性格局；运河还具有作为潜在的休闲通道的价值，是国民身心再生和教育的战略性资源。只有用完全的价值观充分认识运河廊道，并处理好现实的功能需要以及这些价值间的相互关系，才能保护和利用好运河遗产及其相关资源，使之在当代发挥应有的作用。在此基础上，我们提出：以建设遗产廊道的方式，结合南水北调工程和东部生态安全格局及中国南北生态休闲廊道的建设，将保护与利用京杭大运河作为国家战略。任何单一的价值观（如从单一的输水功能考虑）和单一的工程措施，都将给中国大地上这一独特的文化景观和与之相联系的历史文化、生态及社会经济系统带来不可挽回的遗憾。

三、用“国家遗产与生态廊道”概念界定大运河。通过对历史过程的梳理，阐释运河在各历史时期演变进程中构成要素的功能与相互关系，是科学界定大运河遗产廊道构成的重要途径。大运河遗产廊道由自然生态系统、文化遗产系统与廊道支持系统三大部分构成：作为大运河的发生背景，与大运河生态功能维护相关的湿地、林地、农田等区域景观和环境要素构成大运河廊道重要的自然生态系统；与大运河“漕运”功能相关的河道、水源、水利与航运工程设施等水利工程遗产，与历史相关的古建筑、古遗址、运河聚落等运河相关物质文化遗产，及戏曲歌舞、民俗传说等非物质文化遗产，与空间相关的其他非运河类物质与非物质文化遗产构成廊道重要的文化遗产系统；游憩道、解说系统、公共服务设施构成廊道重要的支持系统。这三者是沿运地区可持续发展所不可或缺的基础性自然资产、文化资产和社会资产。整合构成集生态与遗产保护、休闲游憩、审美启智与教育为一体的大运河遗产廊道。

四、大运河保护的方法论。建立国家文化遗产与生态廊道，作为中国生态基础设施的核心骨架来保护和利用大运河，是大运河保护的基本方法论。生态基础设施是城市所依赖的自然系统，是城市及其居民能持续地获得自然服务的基础，它不仅包括传统的城市绿地系统的概念，而是更广泛地包含一切能提供自然服务的城市绿地系统、森林生态系统、农田系统及自然保护地系统。如同城市的市政基础设施一样，区域和城市的生态基础设施需要有前瞻性，更需要突破城市规划的既定边界。以京杭大运河为骨架和主体形成的，包括支流和湖泊、池塘、沼泽等湿地在内的运河区域生态网络，长期参与和影响河域的生态演化进程，已经成为区域生态的重要组成部分，具有重要的景观生态学及区域生态战略意义。在经济高速增长、快速城市化和南水北调工程建设背景下，这一生态网络面临着巨大的挑战和广阔的机遇。在这样巨大的机遇和挑战面前，建立大运河区域生态基础设施，对中国东部广大地区获得健康的生态服务，对中国东部城市带的可持续发展，对遗产廊道本身的保护以及未来居民的休闲和教育需求的提供，都具有非常重要的战略意义。

这些研究只是初步的、基础性的，更深入和广泛的科学研究亟待展开。可以肯定的是，以当代科学和文化遗产保护视野来认识大运河，必将为我们展现出真实而完整的大运河那独一无二之魅力。

在进行科学研究的同时，一系列旨在保护与恢复大运河的景观工程也在兴起。与单纯的研究相比，这些景观工程成为中国社会、经济和政治力量角逐的焦点：对于唯利是图的开发商来说，运河边的房子是个时尚的卖点，运河文化可以被免费而高雅地消费，人们趋之若鹜；对于地方领导而言，运河景观廊道是叫得响的政绩，既可以创造 GDP，也可以获得广泛的民心，何乐而不为；而对于国家和人民来说，大运河遗产廊道的建立是历史记忆的修复，关乎民族认同和国家身份。在这些力量的角逐中，景观设计师被推到了大运河保护与修复的前台。如何在真实性与完整性的遗产保护与恢复原则下，创造性地重现大运河景观风采，并赋予其当代的经济、社会、生态和文化意义，是一项极富有挑战的任务。因此，功兮过兮，对纵跨中国东部的大运河的保护与修复，是中国景观设计学和景观设计行业难以推脱的一份责任。

2012 年 6 月 30 日

本文首次发表于《景观设计学》，2012，23（3）：24-29.

“海绵”的哲学

尽管自以为披荆斩棘地为“海绵城市”的规划建设做了不少工作，但真正使“海绵城市”在今天得到广泛重视的，还是因为习近平总书记的倡导及随之而来的有关部委的积极推动。为了贯彻落实中央城镇化工作会议精神（其间“海绵城市”得到了大力倡导），2014年2月，《住房和城乡建设部城市建设司2014年工作要点》中明确提出，要督促各地加快雨污分流改造，提高城市排水防涝水平，大力推行低影响开发建设模式，加快研究建设海绵型城市的政策措施，并于同年11月发布了《海绵城市建设技术指南》；2014年底至2015年初，海绵城市建设试点工作全面展开，并遴选出第一批共16个试点城市。一时间，“海绵城市”这一概念进入了广大城市决策者的视野。“海绵城市”的概念被官方文件明确提出，代表着生态雨洪管理的思想和技术将从学界走向管理层面，并在实践中得到更有力的推行。但不难发现，我国目前出台的相关实践导则主要围绕以 LID 技术[1]、水敏感性城市规划与设计等为代表的西方国家先进的生态雨洪管理技术而展开，也越来越聚焦于城市内部排水系统和对雨水的利用、管理，并且在具体技术层面的诠释依旧未能摆脱对现有治水途径中“工程性措施”的依赖。

在我看来，“海绵城市”的理念不应拘囿于此。它为在不同尺度上综合解决中国城市中突出的水问题及相关环境问题开启了新的旅程，包括雨洪管理、生态防洪、水质净化、地下水补给、棕地修复、生物栖息地的营造、公园绿地营造及城市微气候调节等。因此，我们需要对“海绵城市”概念有更深刻的理解；否则“海绵城市”建设将很快沦为中央职能部门的权力寻租机会、地方政府新的 GDP 增长点、各类工程公司牟取暴利的借口，甚或将会开启新一轮诸如河道整治、挖湖堆山之类的“破坏性建设”。“海绵城市”的哲学恰恰是对简单、粗暴的工程思维的反叛。这种反叛集中体现在以下几个方面。

完全的生态系统价值观，而非功利主义的、片面的价值观。稍加观察就不难发现，人们对待雨水的态度实际上是非常功利、非常自私的。砖瓦场的窑工，天天祈祷明天是个大晴天；而久旱之后的农人，则天天到龙王庙里烧香，祈求天降甘霖，城里人却又把农夫的甘霖当祸害。同类之间尚且如此，对诸如青蛙之类的其他物种，就更无关怀和体谅可言了。“海绵”的哲学是包容，这对以人类个

① LID 即“低影响开发理念”（Low Impact Development），是20世纪90年代末发展起来的雨洪管理和面源污染处理技术。

体利益为中心的雨水价值观提出了挑战，它宣告：天赐雨水都是有其价值的，不仅对某个人或某个物种有价值，对整个生态系统而言都具有天然的价值。人作为这个系统的有机组成部分，是整个生态系统的必然产物和天然的受惠者。所以，每一滴雨水都有它的含义和价值，“海绵”珍惜并试图留下每一滴雨水。

就地解决水问题，而非将其转嫁给异地。把灾害转嫁给异地，是几乎一切现代水利工程的起点和终点，诸如防洪大堤和异地调水，都是把洪水排到下游或对岸，或把干旱和水短缺的祸害转嫁给无辜的弱势地区和群体。“海绵”的哲学是就地调节旱涝，而非转嫁异地。中国古代的生存智慧是将水作为财富，就地蓄留：无论是来自屋顶的雨水，还是来自山坡的径流，因此有了农家天井中的蓄水缸和遍布中国广大土地的陂塘系统。这种“海绵”景观既是古代先民适应旱涝的智慧体现，更是地缘社会及邻里关系和谐共生的体现，是几千年来以生命为代价换来的经验和智慧在大地上的烙印。我家的多位祖先就因为试图将白沙溪上游的一道水堰提高寸许，以便灌溉更多田亩，而与邻村发生械斗甚至献出生命。这样惨痛的教训告诫我们，人类要用适当的智慧，就地化解矛盾。

分散式的民间工程，而非集中式的集权工程。中国常规的水利工程往往是集国家或集体意志办大事的体现。从大禹治水到长江大坝，无不体现着这种国家意志之上的工程观。这也是中国数千年集权社会制度产生和发展的重要原因之一。在某些情况下这是有必要的，如都江堰水利工程，其对自然水过程的因势利导中所体现出的

建筑适应极端洪涝：东莞谢岗镇黎村的罗公祠，这样的宗族祠堂在珠江三角洲一带数以千计，遍布每个村庄。它们是中国数千年宗族社会稳定的结构基础，亦是构建韧性社区的关键性基础设施。而尤其值得我们关注的是，这些宗族祠堂从房屋选址、布局到结构设计，都体现了抗震、抗风、防火、防洪等生态韧性智慧。图中的门槛被设计成水闸，是应对珠江三角洲一带季风性气候和极端气候的一种弹性机关。相较于当代工业文明下耗费巨大人力、物力、财力建造的防洪堤，这种简单而投入甚微的传统设计具有更好的韧性。（俞孔坚摄，2018）

末端弹性适应

江苏兴化的垛田，适应丰水环境而营造的田园，丰产而美丽。（俞孔坚摄，2020）

哲学和工程智慧，使这一工程得以沿用至今，福泽整个川西平原。但集中式大工程，如大坝蓄水、跨流域调水、大江大河的防洪大堤、城市的集中排涝管道等，失败的案例多而又多。从当代的生态价值观来看，与自然过程相对抗的集中式工程并不明智，也往往不可持续。而民间的分散式或民主式的水利工程往往具有更好的可持续性。中国广袤大地上古老的民间微型水利工程，如陂塘和水堰，至今仍充满活力，受到乡民的悉心呵护。非常遗憾的是，这些千百年来滋养中国农业文明的民间水利遗产，在当代却遭到强势的国家水利工程的摧毁。“海绵”的哲学是分散，由千万个细小的单元细胞构成一个完整的功能体，将外部力量分解吸纳，消化为无。因此，我们呼吁珍惜和呵护民间水利遗产，提倡民主的、分散的微型水利工程。这些分散的民间水工设施不仅不会对自然水过程和水格局造成破坏，还构筑了能满足人类生存与发展所需的伟大的国土生态海绵系统。

慢下来而非快起来，滞蓄而非排泄。将洪水、雨水快速排掉，是当代排洪排涝工程的基本信条。所以三面光的河道截面被认为是最高效的，所以裁弯取直被认为是最科学的，所以河床上的树木和灌草必须清除以减少水流阻力也被认为是天经地义的。这种以“快”为标准的水利工程罔顾水文过程的系统性和水文系统主导因子的完全价值，以至于将洪水的破坏力加强、加速，将上游的灾害转嫁给下游；将水与其他生物分离，将水与土地分离，将地表水与地下水分离，将水与人和城市分离；使地下水得不到补充，土地得不到滋养，生物栖息地消失。

源头分散滞蓄

徽州西溪南竦塘村的陂塘系统，调节旱涝的农耕智慧，是国土海绵的文化遗产景观。据北京大学团队在西南地区和徽州地区的研究表明，受现代大型水利工程及城市化的影响，30% 的陂塘景观已经消失。(俞孔坚，2015)

过程减速消能

让水流慢下来，徽州西溪南丰乐河上的吕堨建于公元527年，至今已有近1500年历史。这样的低堰，在徽州地区有很多，在不破坏区域自然水系格局的前提下，仅仅将水位抬高数尺，便能有效减缓来自山区的激流，灌溉千万顷良田；这样的低堰又与分布在村中和田野上的口口方塘相串联，形成了一个完整的海绵系统，正是："半亩方塘一鉴开，天光云影共徘徊。问渠那得清如许，为有源头活水来。"只可惜，这千年石堰如今被钢筋水泥替代，尽管尚保留了低堰的功用，却少了许多生态与美的价值。（俞孔坚摄，2014.09.13）

“海绵”的哲学是将水流慢下来，让它变得心平气和，不再狂野可怖；让它有机会下渗，滋养生命万物；让它有时间净化自身，更让它有机会服务人类。

弹性应对，而非刚性对抗。当代工程治水忘掉了中国古典哲学的精髓以柔克刚，却崇尚起“严防死守”的对抗哲学。中国大地已经几乎没有一条河流不被刚性的防洪堤坝捆绑，原本蜿蜒柔和的水流形态，而今都变成刚硬直泄的排水渠。千百年来的防洪抗洪经验告诉我们，当人类用貌似坚不可摧的防线顽固抵御洪水之时，洪水的破堤反击便不远矣——那时的洪水便成为可摧毁一切的猛兽，势不可挡。“海绵”的哲学是弹性，化对抗为和谐共生。如果我们崇尚“智者乐水”的哲学，那么，理水的最高智慧便是以柔克刚。

海绵哲学强调将有化为无，将大化为小，将排他化为包容，将集中化为分散，将快化为慢，将刚硬化为柔和。在海绵城市成为当今城市建设一大口号的今天，深刻理解其背后的哲学，才能使之不会沦为新的形象工程、新的牟利机会的幌子，而避免由此带来的新一轮水生态系统的破坏。诚如老子所言：“道恒无为，而无不为”，这正是“海绵”哲学的精髓。

本文首次发表于《景观设计学》，2015，3（02）：6-9.

社会形态与景观韧性

“社会形态与景观韧性之间的关系”是一个非常有意思又极具挑战性的话题。景观是人类活动在大地上的烙印，因此，景观形态亦反映了人类的社会形态。而景观韧性则是指，景观作为一个生态系统，在不确定环境中和外力冲击（诸如飓风、干旱、洪水、地质灾害、环境污染等）下自我适应、自我修复和自我健全的能力，通常表现为生态系统服务（或景观服务）的可持续性。与自上而下的管理模式相比，多中心治理模式更有利于实现公共资源的有效保护和合理利用，也更有利于提升景观韧性。关于这一认识，有必要再次回到中国文化中的“桃花源”来进行论述。

在中国文化中，“桃花源”被视为理想的景观，这里的“理想”具有双重含义：理想的社会治理模式与理想的景观模式。据陶渊明的《桃花源记》所述，一方面，“桃花源”中的村民“自云先世避秦时乱”而来，“乃不知有汉，无论魏晋”。它是一个远离中央集权制和郡县制等政治制度、远离苛捐杂税的草根自治社会。

婺源赋春镇严田村有一千多年的建村历史。村庄背靠群山，东西日月两山拱卫，双溪蜿蜒环护汇聚于前，茂密的水口林作为屏障，将村庄环抱在一个完美的风水气场中，是一个典型的桃花源景观。（上严田，俞孔坚摄，2021）

王村，严田盆地中的一个自然村，其最稀缺的资源是水。村中唯一的水资源通过五口塘分级分类管理，实现了可持续利用，使王姓家族得以在极其有限的生存条件下，持续繁衍达1000多年。

严田村的南宋古井：在古徽州地区的婺源县严田村，有一对兄弟为了在干旱的炎炎夏日里生存下来，经过与大姓家族的协商和交涉，终于在不属于自家的土地上挖出了一眼保命的泉水，拯救了族人。近千年过去了，这眼泉水被完好地保留了下来。严田村不仅完整保留了“桃花源”般的理想景观格局，也留存了丰富的多中心社会治理遗产，包括多处家族祠堂和一处难得一见的“巡检司”遗址，以及无处不在的理学家规和家训。正是这些家规、族规、村规，以及代表国法的巡检司等多重制度的约束，造就了这般“水旱从人，不知饥馑”的美丽而充满韧性的景观。（江西省婺源县严田村，俞孔坚摄，2019.04.04）

这里拥有夜不闭户的和睦邻里关系、童叟无欺的平等人际交往、“村中闻有此人，咸来问讯”的通畅信息交流、“余人各复延至其家，皆出酒食”的物资共享理念；另一方面，这里“屋舍俨然，有良田美池桑竹之属”，在秦至东晋太元年间近六百年的漫长时间里，这里维持着一种人与自然和谐共处的可持续丰产景观，堪称韧性景观的典范。

值得说明的是，虽然“桃花源”是虚构的理想世界，但其原型在中国的秀山丽水之间却并不乏见，在某种意义上，正是这种对于理想世界的初步构想使得中国跨越几千年的超稳定农业文明得以实现。在众多农业文化景观区域中，位于中国东部的古徽州地区尤使我陶醉。在这里，多中心社会治理与景观韧性被展现到了极致！在一个个互相联系的山间盆地中，山林环护的村落紧凑有致地分布在山脚之下，俨然的屋舍掩映在村口的水口林和背靠的龙山之间，留白处则以“良田美池桑竹之属”点缀。阡陌纵横，河渠蜿蜒，塘堰密布，井然有序，千百年来以极其有限的自然资源，维系着一村一族的生存和繁衍。与此同时，各个村落中的祠堂成为不同亲疏远近的族人的议事场所和决策机构，加之“巡检司”这样的官设机构，构成了一个地道的多中心治理社会；土地庙、水神庙、山神庙与道观、佛寺、理学书院则共同塑造着多样化的伦理和精神教化体系。在多重因素的叠加作用下，这里形成了以家法、族规、民间信仰和伦理为主，皇权为辅的社会治理模式，长期维护着这片富有韧性的美丽而丰产的可持续生态景观，使这片东南丘陵中的盆地得以成为远离自然灾害和战乱的“桃花源”。

工业文明的出现伴随着大一统的市场、标准化的技术、规模化的资金流，以及自上而下的单极社会管理模式，也使得中国大地上的秀山丽水逐渐丧失了韧性：蜿蜒的河流被水泥硬化和渠化，调节旱涝的池塘被填平为耕地，溪涧上用于合理分配水资源的片石低堰被更高更大的水泥大坝代替，依赖化肥和农药的单一作物品种取代了丰富多样的乡土作物，大棚温室里铺天盖地地培育着反季节作物……值得庆幸的是，我们已经惊喜地看到，在生态文明理念指导下的美丽中国建设，尤其是美丽乡村建设的作用下，一处处新时代的“桃花源”正在重现！

本文首次发表于《景观设计学》，2019，7（3）：4-7.

社会与生态的基础设施

我常常感叹于“看得见山，望得见水，记得住乡愁”这句话的朴实与深刻。在我的理解中，这是渴望重构美好生态与社会的最得体的表述。

受金华市政府的邀请，2014年10月7日，我与我的团队踏上了故乡金华的土地，开展白沙溪治理和市域内多项规划设计工作。金华市委书记徐加爱念我久别故土多年，特别安排了“省亲”的节目，陪我一起走入古老的东俞村。这座偏僻的村庄顿时异常热闹，场景令人感动。在百年老宅的天井里，在弄堂的台阶上，在村口的平地上，在村中的广场中，在家族的宗祠里，无论是那个曾经欺凌过我的大个子男孩，还是我暗恋无缘、见面红脸的姑娘；无论是“文化大革命”期间迫害我父母的“积极分子”、剥夺过我上学权利的“贫管会”成员，还是在我父母受迫害时出手相助的恩人，这些故乡的人啊，都伸出了热情的手，眼里含着激动的泪花。正所谓相见一笑泯恩仇，浓浓的乡情扑面而来。

乡亲、乡情与乡愁

2014年5月，作者回到金华东俞村，浓浓的乡情迎面袭来，在令作者感动的同时，也使他思考这种乡情的景观基础。（韩辉摄，2014）

我在思考，为什么30多年的离别，刻骨铭心的风雨跌宕，反而使这乡情更加浓烈？这种人与人之间的归属感与认同感何以使恩情未泯？我想，是那共同望过的山，共同见过的水，共同的祖先祠堂，共同走过的弄堂、广场和村门，还有共同躲过雨的亭子、纳过凉的大树……于是，在我的脑海里，便清晰地将我的乡人与故土的景观建立起了不可分割的联系，它是一个网络——一个空间和人的活动相叠加的景观、社会及文化的体验网络。

我所体验的东俞村的社会与生态基础设施是美丽的，是1980年之前的，也是时常在我的梦境中出现的。村的北边是婺江——金华的母亲河，她自东而西，在兰溪与衢江相会，汇入富春江而后进入钱塘江。其江面宽阔，两岸沃野平畴，远山起伏如画，舟帆往来不断，那是乡民们每次去兰溪或金华必经的摆渡河流；沙滩上有成群的水鸟，那是我与伙伴们放养水牛的地方；春汛时节，沙滩被洪水淹没，成群的鲤鱼会跃入周边的水潭和稻田，那正是村民们一起围捕鲤鱼的时节。而夏季干旱时，全村为了共同的命运，人人参与修建提水泵站和水渠。

作为婺江的重要支流，白沙溪发源自南部山区。这条山溪遍布深潭浅滩，河柳丛生，除春汛的少数几日外，溪水在大部分时间里都异常清澈，阳光直透水底，鱼蟹历历在目，那是全村人傍晚共同洗浴、儿童一起戏水的地方。自汉代以来，溪上筑有36道古堰，引出36条水渠，灌溉两岸万顷良田。每条水渠都是沿岸乡民的生命线，对其的分配和使用有着人人遵守的公约；水渠将白沙溪水连同各种鱼蟹引入村中，汇聚成村中的七个水塘，200来户人家以水塘为中心，聚合成几个各有特征的邻里；这水塘是所有日常生活用水的来源，人们还经常借清淤之便，掏干水塘，收获丰富的鱼蟹和泥鳅，共同分享；水塘边的大樟树，浓荫覆盖，是白天集合出工，晚上聚会聊天，孩子们一起分享长辈们故事的地方……我想，正是这些曾经与村民共享的美丽的景观，构成了我的乡情的基础；也正是那些不断在梦中出现的景观，使乡情随时间而日益深长。

也正因为如此，当我看见白沙溪被渠化、硬化，变得面目全非之后，我伤心；当我看见古老的石堰被水泥大坝和橡胶大坝替代时，我痛心；当我看见河床里的柳树被铲掉，沙洲被掏毁，水潭被填平，鱼鳖匿迹时，我悲叹。而所有这些都是在“水利基础设施”建设的名义下进行的。同样的悲伤，是当我看到从白沙溪引入村中的水渠被垃圾淤塞，村中的七口水塘被填埋，村口池塘边的大樟树被伐去，村前的风水林被毁掉……而这一切是在建设“市政基础设施”的名义和发展社会的名义下进行的。真正的基础设施却消失了，那就是作为乡情纽带的生态基础设施和社会基础设施——一个人人依赖的、人人以此为交流媒介，分享喜怒哀乐的景观基础。在这里，我把社会基础设施广义化为人们的体验和分享环境，而把景观理解为一种自然过程、生物过程和社会行为过程的关键性的空间格局，即生态基础设施（景观基础设施）。

我的母亲河——白沙溪，不是一条简单的溪流，而是一个生态基础设施，它为流域内的人民提供了不可或缺的供给、调节、生命承载和文化及审美启智的服务；它也是一个社会基础设施，它是流域内人人分享体验的网络，是那无限乡情的载体。于是，我明白了应该如何去修复她：重构社会，也即重构生态，应从恢复和构建生态基础设施开始。

本文首次发表于《景观设计学》，2014，2（05）：5-7. 原标题为“论重构：社会与生态的基础设施”。

第三篇

新桃源憧憬

生活在中、南美洲地区的食蚁兽在舔食蚂蚁时，总是先小心翼翼地用利爪将蚁穴撕开，使蚁穴不至于被完全破坏，如此一来，它们下次还可以在这里捕获猎物。在舔食行军中的蚂蚁时，它们也总是将蚁群吃一段留一段，使其不至于全军覆没。相较而言，人类似乎普遍缺少克制个体或小群体欲望的基因。因此，从生物学的角度来看，地球迟早会因人类而毁灭。人类发明的所有技术，从农耕时代的锄头，到工业时代的机器和原子弹，再到信息时代强大的计算机网络等，似乎都在推进着这一毁灭进程。

大脚革命与新桃源憧憬

大脚革命是我关于美丽中国建设、空间规划、人居环境建设、设计美学和绿色生活方式的核心理念。1997年至2006年期间，出于对当时生态环境和城市化问题的忧患意识，我将景观和城市规划设计学科定位于解决人类面临的生存问题，继而提出了“生存的艺术”。而大脚革命则明确提出了要实现人类生存、修复地球和建设美丽家园，必须首先进行价值观和审美观的革命，必须破除小脚主义，而走上基于自然的、生态文明的大脚主义。

大脚革命把矛头同时指向农业文明以士大夫的不事生产、罔顾健康和功能的畸形的小脚审美观，和工业文明的唯技术论的小脚城市主义，以及过度依赖钢筋水泥及化学合成物，对自然进行控制、强暴和替代的灰色基础设施以及相适应的生产和生活方式。其中水系统的粗暴和小脚化，是我的重要革命目标，从而建立起崇尚野性、健康、丰产的大脚审美观和价值观，构建生态优先、基于自然的国土空间规划和城乡规划设计，通过生态基础设施的构建为城市和社会提供综合生态系统服务的方法论和技术体系，以及相应的生产生活方式。大脚革命是对以往文明的建设性的否定，从而憧憬生态文明时代的人类家园建设的价值观、审美观、方法论及技术体系和绿色生产生活方式。在这一总体理念下，发展了生态安全格局和生态基础设施规划、国土空间的“反规划”（逆向规划）途径、海绵城市和海绵国土理论与方法、基于自然从传统生态智慧中获得灵感的生态技术等等，以及后来的推动乡村振兴和以绿色生产生活方式为目标的“望山生活”模式。

小脚 / 大脚：中国的传统审美观和可持续性

在将近一千年的时间里，中国的少女们被迫裹脚，以便能够嫁入豪门，成为城市贵族，因为天生的“大脚”是乡下人、粗野生活的代名词。起初，裹脚只是上层王公贵族家庭妇女们的特权，后来蔓延到民间，直至1911年清朝灭亡，坊间仍然流传着这种习俗。著名的文人墨客曾吟诗作画，用尽美艳辞藻赞誉小脚和裹足艺术，这在今日看来是荒谬和施虐。士大夫画家们用三寸金莲、平扁胸脯、柳叶蜂腰、纤手霜肤等病态肢体，勾勒出中国古典美人的形象，这与健康的农村姑娘彻底相反。换言之，很长时间以来，在中国文化中，美丽等同于不事生产、刻意雕琢、病态而丧失机能，而非自然天赋、健康而能劳动。在某种意义上说，中国文化语境里的城市化源于妇女之裹脚和男子离开土地不事生产。这继而演化为中国文化中对成功与社会地位的衡量标准和审美标准。

这种关于高贵和美的定义并不仅仅存在于中国传统文化中。西班牙殖民之前的中南美洲，玛雅祭司和城市贵族们以身体畸形为代价，来维护其特权和社会地位，不惜压扁其头颅，致残其身体，这种手术往往在孩子出生刚几个月就进行。他们“美丽”的特征是突出而扁平的额头、杏眼大鼻，下唇低垂。这在今日和裹脚一样被视作荒谬和丑陋。

千百年来，作为一种优越性和权力的宣言，全世界的城市贵族维持着定义美丽和品位的权力。裹脚以及压扁头颅只是附庸城市风雅、贬低乡野村夫的千百种文化习俗中的两种。这些文化的共同特征是：以背叛天赋之健康、生存之必须、丰产和有用为标准，以区别于芸芸众生为目的。

美国作家，诺贝尔文学奖获得者赛珍珠在她的小说《大地》（1931）中生动地刻画了中国农民阶层从乡村生活走向“城市化”和“高雅化”的过程。故事开始，主人公，老实巴交的农民长工王龙，勤劳耕作，并娶了豪门家的仆人阿兰为妻。阿兰五官粗大，尤其长得一双大脚。她吃苦耐劳，里里外外，持家有方，甚至敢当街乞讨以维持家庭生计；她健康且多产，为王龙生了三个子女。最终阿兰帮助王龙买地置产，使王龙变得非常富有。富起来的王龙开始当起老爷，买下当年东家的豪宅，继而迁居镇上。即便如此，青楼王婆仍称他为“乡巴佬”。于是，从嫌弃阿兰的大脚丫开始，王龙“讲品味”了。他迷恋并娶了青楼中最“美丽”的风流女子荷花。她小脚蜂腰、弱不禁风，不事稼穑，不操家务，更不育子女。王龙完成了他的城市化和高雅化，他的不事生产、以小脚和病弱为美的审美观的演进，正是他成功的衡量标准。这也正是漫长的中国农业社会培育的士大夫内心深处的价值观。我把这叫小脚主义美学。

在中国，与小脚主义美学一同演进的是城市、建筑和园林的所谓“高雅品位”。几千年来，农民凭借祖祖辈辈流传下来的生存艺术，通过不断地试验和失败，管理和营造着具有生命的大地。一代又一代的人们在享受其造田、灌溉、种植艺术的成果的同时，也在不断适应着自然灾害的威胁和后果——洪水、干旱、地震、滑坡以及水土流失。“桃花源”，一个失落的天堂，一片肥沃而和谐的盆地便因此而诞生。生存的需求正是能够赋予大地景观丰产和可持续的根本原因。这片土地因为人类的改造和创造与自然过程相适应而和谐、有序，并因此而美丽无限，所以，中国的美丽田园和国土正是一种宏大的生存艺术。

但当中国变得越来越城市化和“文明”的时候，这千百年生存实验的成果——美丽的乡土大地已经逐渐被剥夺了生产力、自我调节能力、对生命的承载能力以及本身纯然的美丽。就像农村的女孩被迫裹脚后变得残疾一样，在“美化”“高雅化”和“现代化”的名义下，它正迅速地被摧残、被施虐。无用的化妆、对大地机能的致残已经给城市和乡村的建设留下遍地的丑陋与畸形。

极具讽刺意义的是，两千多年来，城市贵族们为了追求小脚

代表士大夫审美情趣的古典文人山水园林。（苏州留园，俞孔坚摄）

主义的闲情逸致不惜挖湖堆山，竭尽奇花异木之能事，在城市中创造了一个个虚假的桃花源——裹了脚的所谓自然。而真实的、丰产而美丽的“桃花源”被帝王和贵族们阉割得只剩下无用的空壳，如同被阉割的太监一样。有用的灌渠和丰产的水塘变成园林里的装饰水景；水池里放养的是畸形的金鱼；良田转眼变成了无用的观赏草坪；绿色的丰产作物和乡土植物被金色或黄色叶子园艺品种和奇异的花坛代替；招摇的牡丹和玫瑰淘汰了蔬菜和草药。为了制作畸形的盆栽，健康的树被致残、肢解、扭曲。“精致”的太湖石被点缀在大街上；就连桃树也只让开花不让结果。像小脚女人一样，这些风雅的城市装饰不事生产，却耗尽大量的物力和财力以维护其生存。它们被浇水、修剪、除草，以及无尽的人工再造。随着主人的日薄西山，大多数历史上的“大花园”都很快地消逝了。少数即使能勉强遗存下来的，也需要高成本的维护投入。

请不要误解我的意思：某种意义上，所有的艺术、音乐和舞蹈都是“不事生产的”——但物种的繁衍却需要生产和再生。我不是说以上的艺术形式都会灭绝，我也无意贬低生活中审美和娱乐的价值，我想说的是，我们居住的环境生态遭受了巨大的破坏，人造的自然环境必须，也必定将需要一种新的美学观，这一美学观要求我们学会欣赏具有生产能力、能够维持生态可持续的事物。我们渴望脱离实用价值的美，但这一心理渴望正在也应当减弱。当今世界，人类的生存正面临着威胁。浪费，不说它违背道德，至少也令人憎恶。事实上有很多具有实用价值的东西可供我们审美。

从乡村到都市以及生存的挑战

人们大批地从乡村涌入城市是近期的一种现象。今日城市中生活的人比乡村还要多。来自联合国的数据，在过去的一个世纪里，世界范围内城市人口的比例从1900年的13%上升到1950年的29.1%，再到2005年的48.6%；并且预计到2030年将达到60%（49亿）。到2050年，超过60亿人，世界三分之二的人类将生活在城市中。在1950年前的两千多年里，中国的城市化是由农业利润来实现的，它的城市化率基本未达到10%（1950年时13%）。直到2007年底，13亿中国人民中有大约43%是城市人口。每年大约有1800万人口移居到城市。联合国曾经预测，到2015年中国的城市和农村人口数将基本相当。

现在大多数城市居民的祖辈都是农民，曾经为了在城市定居而苦苦挣扎。现在他们正急迫地寻求20世纪以前还仅仅由少数城市优越人群所定义的美丽景观。这些城市新居民就像农村的大脚姑娘一样，正迫切地裹起自己的双脚，在身体上和精神上使自己看起来更像城市贵族。当代的中国景观、建筑以及城市设计简单地表达了普通人想要变得高雅的渴望。

在人们蜂拥进城市以前，中国的装饰园林和城镇设计通过典型的欧洲巴洛克景观设计和修剪园艺反映了城市特权阶级的意志。这些高雅空间现在成为新开发的城市居住区和公共空间。后乡土时代，即农民们洗脚上岸进入城市之后，所遗留下来的关于风雅的价值不仅改变了城市，也改变了整个中国大地的景观。原生态和野趣的河流水泥渠化并且沿线装饰上大理石，乡村湿地被喷泉以及硬化和光滑的人工池塘代替，“杂芜”的原生植物被连根拔起，代之以外来的观赏园艺植物，本土地被由整洁的进口草坪代替，这样的草坪在北京和中国大部分地区每平方米每年耗水高达1立方米。

从2002年到2010年，中国将消耗世界水泥总产量的一半和超过30%的钢产量。是否一定要将一个农业国家城市化呢？为什么要浪费大量不可再生资源去破坏和控制“杂芜”的自然，创造装饰性景观以及“形象化”的建筑工程？例如，新奥林匹克广场、极度浪费钢材的鸟巢体育馆、恢宏昂贵的央视大楼，以及耗能巨大的国家大剧院。为了表面的美丽，鸟巢体育馆耗费了4.2万吨钢（每平方米近500公斤），中央电视台大楼每平方米则耗费近300公斤钢材。在2008年奥运会期间，单是装饰性的花坛就花费了上亿美元：使用了4000万到1亿个花盆（邢云飞，华夏时报，2008）。想象一下，如果是4000万棵树而不是花盆，城市的空气污染将会得到多大改善。在上海，几乎所有的地标建筑都有奇怪的装饰性顶戴：有的是莲花，有的是百合花，有的是螺丝起子，还有的像UFO……除了巨大的浪费，这个城市也因为这些艳俗的装饰而变得肤浅了。

现在中国的“城市美化运动”抑或“城市化妆运动”，城市、景观以及建筑的艺术，都由小脚主义美学主导着，在空洞虚假的传统风格或者毫无意义的畸形怪状以及宏伟的异国情调之中迷失了自己。这场美丽名义下的城市化妆运动加速了环境的恶化。中国拥有全世界21%的人口，但只有全世界7%的土地和淡水，662个城市中有三分之二城市缺乏水资源；75%的河流和湖泊遭到污染；在北方，沙漠化日益严峻；在过去的50年中，中国有50%的湿地消失；在许多地区地下水水位每年下降1米。这样的生态和环境趋势绝对是难以为继的。作为设计师我们的价值观是什么？全球和各地的条件都迫使我们接受一种与生存并举的艺术，促进土地与物种监护的艺术，并且为达到这些目标将装饰性视为粪土。我们需要一场美学革命，倡导一种新的美学——大脚美学。

大脚美学：重归作为生存艺术的景观设计学

如同全世界的人们最终承认的那样，人为的气候变化已经带来并仍将带来更多的暴雨、洪水、干旱、病毒、动植物的灭绝，以及其他对人类生存的威胁。来自 Michael R.Raupach 和 Gregg Marland 等人的一项研究表明，从石油燃烧和工业过程中排放的二氧化碳量正以高于早前预测三倍的速度在增长：北极冰盖融化的速度也快了三倍，海平面上升的速度提高了两倍。世界的每个大洲都有河流在干枯，造成水资源短缺。我们正面临着自恐龙消失以来最大的灭绝威胁：每小时有三种物种消失。引用爱因斯坦的一句话，很明显："如果人类想要生存，我们需要一种新的可持续思维。"这将导致那些看起来愉悦和美丽的东西发生转变，尤其是在景观设计方面，在这个为了可持续生态而斗争的关键性职业中，转变更为迫切。

大脚美学的实践

与洪水为友：台州永宁公园——漂浮的花园

该项目示范了我们如何与自然为友，设计结合自然，实现了

浙江台州永宁公园，建于2003年。（俞孔坚摄，2006）

种适应洪水、管理雨洪的生态学途径，向人们传递了雨洪管理的生态办法而非工程性措施，并且发掘了本土植物和寻常景观的美丽。

场地沿永宁河占地21公顷，永宁江是中国东部历史名城黄岩的母亲河。为控制洪水，河道被常规的水利工程裁弯取直。我们成功说服了当地的决策者停止并拆掉了水泥防洪大堤，而代之以生态防洪措施。

首先用水过程分析判别洪水淹没分布；去除水泥护坡，代之以缓解洪水、保持生物多样性的沿河湿地，这些沿河绿地同时提供户外休闲、环境教育以及展示当地历史文化功能。本地草种——多数人认为“粗野的杂草”被用来稳固河堤。在恢复河滩绿地中，布置路网和环境解说系统以帮助人们享受自然并学习当地的历史。成

中山岐江公园，建于2000年。（俞孔坚摄）

效显著：洪水问题被成功地解决了，青蛙、鱼和鸟都回来了；当地的电视台庆祝了“杂草”开花的盛况；成百上千的人来欣赏这曾经被看作“杂芜”的乡土景观。

足下文化与野草之美：中山岐江公园

公园位于广东省中山市，占地11公顷。它建于一座废弃的造船厂之上。造船厂建于20世纪50年代，1999年破产，它在中国的历史上微不足道，并且因此很有可能被夷为平地，以便为城市的发展腾出空间，成为一个伟大的“巴洛克”花园。然而，造船厂反映了社会主义中国令人难忘的50年历史，并且记录了普通老百姓的经历。

设计遵守节约、再利用和循环使用自然和人造材料的原则。原生植物和自然栖息地被保存下来，只有本土植物才能得到使用。机器、码头以及其他工业构筑物得到循环，用于教育、审美和功能性的目的。设计解决了场地的多种挑战，如为满足过洪断面的要求并同时保护河岸上的古榕树，在拓宽河道时保留古树，而形成了独特的榕树岛。

完全不同于传统的中国文人山水园林，该公园于2002年开放以来，已经吸引了无数游客和当地居民。它是市民日常的休憩地，并已经成为婚纱摄影的最佳地点，还曾被用作时尚走秀场地。它示范了景观设计师如何创造出环境友好、充满文化和历史意义的公共场所，但又不会因为关注和保护而将原先的场地孤立。它宣示了当代的环境伦理和大脚美学观：野草是美丽的。

生产性景观：沈阳建筑大学的稻田校园

该项目示范了农业景观如何成为城市化环境的一部分，以及如何通过普通的生产性景观形成文化特色。中国大规模的城市化侵占了大量肥沃的农田。拥有超过13亿的人口和有限的耕地，粮食生产和可持续土地利用是景观设计师不得不面对的生存问题。

大约80公顷的场地构成了沈阳建筑大学的校园。设计和建造的预算紧张，时间紧迫（六个月），但学校仍然希望其景观能有特色。我们提出了生产性校园景观的设想，包括种植水稻以及其他当地作物，同时满足校园的功能。将雨水收集于池塘内用于灌溉，培

沈阳建筑大学稻田校园，建于2004年。（曹阳摄）

育繁殖青蛙以消灭害虫，养鱼以增加土地产出，放羊可以维护草地，避免了割草机的污染。

将学生引入其中是该生产性景观的一部分。每年学校都会举行插秧节和收割节，这使得中国的传统农耕文化得以在校园内延续。对于大学的学生和附近的中学来说，耕作的过程充满了吸引力。收获后的大米被打包成“黄金米”，用以补充校园食堂，也作为礼品送给客人。现在，黄金米已经成为这所大学的象征。

稻田校园引起了大多数城市学生对环境和农业的关注。这说明，并不昂贵并且具有生产价值的农业景观经过艺术化的设计也能成为令人愉悦的社会空间。该项目所倡导的美学是大脚的美学，丰产而美丽。

最小的介入：秦皇岛汤河红飘带公园

以自然的地形和植物为背景，设计师置入了一条500米长的“红飘带”，整合了照明、座凳、环境解读和景观引导功能。在尽可能地保护自然河流廊道的同时，该项目示范了如何通过最小的干预，使景观获得显著的改善。

场地生态条件良好：沿着秦皇岛市的汤河，郁郁葱葱的多种本土植物为不同的物种提供了栖息地，它既不整洁，又没有什么内容，还被当作垃圾堆放场，其中散布着废弃的窝棚、农田灌渠以及水塔。场地上到处都是杂乱的灌木和“杂芜”的野草，既不可达也不安全。政府希望将其改造成公园，为不断增长的城市人口提供休

秦皇岛汤河“红飘带”景观，建于2006年。(俞孔坚摄)

憩的场所。

河流的下游已经被水泥渠化和硬化，并且用装饰性植物“美化”过了，而且这块场地似乎也要遭此厄运。为了避免这种事情发生，设计师提出了“红飘带”方案。在清洁了场地垃圾，使以往杂乱而不可进入的场地上有了一条可以进入的路径，使其为城市提供生态服务的同时，该公园也让当地居民获得了梦寐以求的现代化城市的时尚特质。

天津桥园，建于2008年。（俞孔坚摄）

让自然做功：天津桥园

项目位于天津市河东区，占地22公顷，原是一处城市棕地，土地污染严重，土壤盐碱化严重。周围环绕着摇摇欲坠的各种临时建筑物，在设计委托前就要被拆除。

该地区的景观曾一度布满湿地和沼泽，经过数十年的城市发展现在大多已被破坏。虽然在盐碱化的土地中很难生长植物，但地被植物和湿地植物非常丰富，而且对任何地下水位和 pH 值的微妙变化都会产生不同的反应。

设计的总体目标是建立一个公园，为城市和周围的居民提供多样的自然服务，包括储存和净化城市雨洪，通过自然过程改善盐碱土壤，恢复低维护的区域性植被，提供可持续性和环境教育的机会，同时创造独特的审美体验。

解决的方法可以称之为“适应性调色板”，名字的灵感来源于用于乡土景观中分布的适应性植被群落。设计师首先设计一个简单的景观策略，挖了21个直径10—40米，深度1.1—5米的坑。有些坑低于地平面，有些在小山上，有些是深水塘，有些是湿地，而有些则是干坑。如此就创造出了多种多样的栖息地，同时开启了适应与进化的自然过程。各种植物的种子混合撒播，形成适应性的本土植被，随着季节而变化，每个或湿或干的坑都有其独特的植物群落。由于植被对区域分布不均的水和盐碱很敏感，造就了丰富多样的景观斑块。木平台点缀在坑里，可供游客坐在杂芜的乡土植被中间。沿着小路，形成一个路网和环境解说系统，讲述了自然格局、过程和本地物种。

公园实现了它的核心目标。雨水得到了积存和净化，多样化的乡土群落得以繁衍，植物种类随季节而变化，渲染了本土景观之美，每天都吸引了数以千计的游客。在它开放的前两个月，2008年的10月到11月期间，大约有20万人游览（张凯林、黄伟民，天津日报，2008）；基于生态的“大脚景观”创造出了令人向往的审美体验。

北京的新桃源憧憬

今天，中国的城市和建筑是不可持续的：我们的纪念性建筑、宽阔的道路、绵延无尽的停车场、巨大的城市广场、花团锦簇的景观还有单一目标导向的灰色基础设施，最终将被视作可怕的错误。未来的城市将是“新的桃花源”：城市将是低碳甚至无碳排放的，丰产而节约；雨水不再从市政管道排放出去，而是就地被存储在池塘湿地中，补充地下水；绿色空间里将种满作物和果树而非装饰性的和只开花不结果的观赏花木；稻谷和高粱将在社区和学校的田地里成熟，在收获的季节，动物将与人同乐；建筑表皮将具有光合作用的功能，屋顶将变成可以养鱼的池塘，具备保温、节能和食物生产的功能，地下室将成为极佳的蘑菇工厂。

北京的央视大楼将转变成一个立体农场，结合农业、畜牧业和渔业的复杂系统，在“大裤衩”的洞里，一些风车将可以用来发电；耗能巨大的国家大剧院则很容易转换成一个培育不同水果的热带温室，它的地下室将用来种植蘑菇；鸟巢可以改造成为一个国家级的农贸市场，它那巨大的钢结构可以悬挂盛装甘蓝和各种蔬菜的容器；天安门广场可以被开垦成一大块向日葵花田，收获的种子不仅能制油，市民还能欣赏到花朵每天追随太阳的轨迹；快速公交链接步行的紧凑型社区，社区内人们可以随处骑上代步的共享单车；过时的停车场可以用来种麦子和蔬菜，或者收集雨水用以灌溉和养鱼。

新桃源城市不是乌托邦，而是生态文明的必然，是生存的艺术。

“大脚革命”最早于2009年3月5日在哈佛大学召开的“生

态都市主义”峰会上作为同名演讲内容首次被系统地提出，后来以“大脚革命”为题（*Big Foot Revolution*）发表于论文集《生态都市主义》（Yu，2010）。接着，以《大脚革命走向美丽中国》为主题给包括全国市长班，住建部、水利部、农业部，广东省、吉林省、海南省、河南省、北京市、广州市、西安市、海口市、三亚市、呼和浩特市、延安市、桂林市等城乡建设和管理的决策者，以及在海外大学和各类大会上做了300余场报告。而真正在中国被广泛传播的是2014年的《一席》讲演《大脚革命》，据不完全统计，基于该报告被编辑的各种长度的视频在网上的播放量超过一亿次，其中单日（2020年7月20日）播放量达850多万次。每年洪涝袭击中国城市时，《大脚革命》就被人们重新翻出来传播，使得这一理念在人们对当代城市和工业文明的反思中受到越来越多的认可。

本文首次以“美丽的大脚：走向新美学”（*Beautiful Big Feet: Toward a New Landscape Aesthetic*）为题，发表于《哈佛设计杂志·秋冬季》，2009，pp.48–59.

论低碳美学与低碳艺术

关于如何减少碳排放，实现低碳生活和低碳城市问题，最近已成为人类头号难题，几无良策。阻止温室效应比打倒希特勒还要困难许多。因为这涉及改变人类存在的最基本的生物基因和最基本的信仰问题。

人类天生就是为挥霍而来。动物学研究发现，有许多动物天生就有节制本能，如美洲的食蚁兽在捣毁蚁窝后并不把所有猎物吃掉，而是只吃年龄在140天左右的个体，吃完后就离开再另换一个蚁穴。靠这种吃法，它可以保证自己领地内蚁穴中的蚂蚁群体存活并繁衍下去，从而使自己的生活得以持续。但人类的基因里没有这种节制本能，一方面因为在进化过程中没有经历过资源短缺的生境，相反，从树上下到非洲疏树草原上的那天开始，遇到的挑战都是如何将猎手变成猎物，最终成为顶级猎手，并以无度的猎获为快乐。欧洲人进入美洲大陆时，看到成群的野牛便大开杀戒，并非为了吃肉，而只是割取舌头作为贵族佳肴；亚洲和非洲人曾无度捕杀大象，也非为食用，而只盗取象牙；中国人以熊掌为佳肴，于是，熊成为濒危动物。无度的挥霍欲望使地球上的生物与资源近乎耗竭。同样无度的挥霍欲望，也体现在碳的排放上。穷的时候渴望有一辆自行车，有钱的时候则买汽车，下一个目标是飞机，向美国总统的空军一号看齐，而且新的目标是遨游宇宙；穷的时候渴望有一间筒子楼里的12平方米房间，富的时候，买1000平方米的别墅，并向乾隆皇帝的避暑山庄看齐。这种挥霍欲体现在个人，也体现在集体的行为中，体现在城市，也体现在国家的意志中。穷的时候放个鞭炮，排出少量的二氧化碳，富了则可以满城大放烟火，甚至全国大放烟火；天安门广场上每年两度的花坛布置也是这种挥霍欲的集中表现，上亿盆鲜花，在温室养好后拿出来，摆上十天半个月，便全部废弃，全钢结构的“鸟巢”，畸形的CCTV新大楼，“温室效应”最好的国家大剧院，还有眼花缭乱的烟火，流光溢彩的“亮化工程”，“大手笔”的美化工程等等，都是以城市甚或国家的名义，大行挥霍之痛快，其所排放的碳可谓巨大，却又为何？挥霍的本能罢了。

在一个开放而无限的资源环境中，人类的无度挥霍欲是人类不断进化和发展的动力。但人们突然发现，地球只有一个。于是，无穷的挥霍欲和有限的环境承载力之间便出现了难以调和的矛盾。人们幻想通过科学技术提高满足欲望的效率，来减少碳排放，比如飞机如何更高效，汽车的排放如何更小，房子如何更节能，等等。事实是，科技本身不能解决地球升温的问题。用数学的视角看其实很简单，当一个无穷大的数乘以任何小的一个数时，结果还是无穷大。所以只要人类还有扩展欲望的空间，任何科技或节能、节约的技术都将无济于事，而只不过是饮鸩止渴。正如网速的提高不能减少我

浙江某地，典型粗暴的河道渠化及拦河筑坝工程。（俞孔坚摄，2014）

们办公的时间，马路的宽敞带来的是更多的汽车一样，依赖科技和效能改进不能从根本上解决碳总量的排放。

于是想到宗教。人类唯一的天敌就是上帝或魔鬼。佛教除了烧香拜佛过程中排放些碳外，所有教义和戒律，包括不杀生、吃素等等几乎都有利于人类减少碳排放。而最为重要的是它直接从节制欲望开始，不妥协地申明，人类的所有痛苦来源于欲望。如果人类的欲望从一个无限量，变为有限值，拯救地球就有希望。

当然，宗教并非是改变人类生活方式的唯一出路。所以又想到替代品，那就是美学。先贤蔡元培已就美学代替宗教有高深看法。如果我们的人民能有高尚的审美观，比如认识到生日蛋糕一样的天门广场上的花坛实际上很丑陋，CCTV大楼等华奢的建筑实际上是怪诞而非美，比如烟火和五颜六色的霓虹灯实际上很低级，比如比月饼本身还要重的包装盒实际上很不雅，比如走路和骑自行车比开汽车更有风度，比如小区里种上蔬菜和玉米实际上很美等等。那么，我们离低碳生活就很近了，这个地球的生态系统也会更健康些。

总之，我们必须认识到人类的挥霍本能和无度的欲望是低碳生活的头号敌人，而科技和所谓高效并不是良方。宗教是改变我们高碳生活方式的途径，其替代品是美学，我把它叫“低碳美学”或“大脚美学”。这需要推翻千百年来士大夫们和贵族们所定义的“小脚美学”，倡导大脚之美，野草之美。

本文首次发表于《风景园林》，2010(1)：126.原标题为“艺术与景观——论低碳美学与低碳艺术”。

制止粗暴无度的水利工程
建设水生态基础设施

作者经过多年在全国各地的考察，特别是沿长江多个支流的深入调研，看到江河普遍受到粗暴的水电工程、防洪工程的毁灭性破坏。认识到美丽中国建设首在水系统的生态修复。而大脚革命的首要任务是改变当前以目标为导向的工程。作者曾多次发表文章呼吁，无奈受到利益集团的围攻。后意识到，只有通过中央最高决策者的指示，才能阻止这种行为。为此，再次于2014年4月22日给国家主席和国务院总理写信，建议制止粗暴的水利工程。该信主要内容首次发表于《绿色中国》，2014（21）：34–35. 本书收录时略有修订。

党中央、国务院关于“生态文明与美丽中国”的思想和号召非常英明。“望得见山，看得见水，记得住乡愁”的期盼，朴实而伟大！而当前盛行于祖国大地上的粗暴无度的水利工程，却将使我们离这一朴实而伟大的憧憬越来越远。我走遍祖国大江南北，收集广大质朴的乡亲和有良知的基层干部们的心声，并基于我的专业知识，特希望通过贵刊向有关决策者和规划设计单位及工程单位呼吁：请尽快停止盛行于广大城乡的粗暴无度的水利工程，特别是河道渠化、硬化及筑坝工程，用真正生态的理念和方法，建立美丽中国的水生态基础设施，综合解决水安全与水环境问题。

问　题

总体上，中国极度缺水，同时洪涝与干旱灾害并存。过去（农业时代），为解决耕地与水生态空间的矛盾，水利工程的核心策略一直是筑堤排洪及拦坝蓄水，以至于中国大地上有河皆堤、有河皆坝。河道的“裁弯取直”“三面光”被作为水利工程的规范和标准一直延续到今天。

尽管在特定情况下局部需要这样，但无论是国际发达国家的经验还是我国自己的教训，都已证明这样的防洪治水工程弊病诸多。

其一，水资源流失：在以“排”为主导的理念下，把河道作为排洪渠，使本来宝贵的水资源流失，地下水得不到补充；其二，生态功能丧失：水土分离，水与生物分离，河流的连续性被破坏，大量湿地消失（过去50年，中国一半的湿地已经消失），珍稀物种濒临绝迹；水系的自我调节能力（包括旱涝自调节能力及污染自净能力）丧失；其三，洪水破坏力加剧：渠化工程往往通过加高和加固河堤来实现防洪目的，侵占河漫滩作为建设用地和农田，使洪水的破坏力大大加剧，而快速排洪加剧了下游的防洪压力；其四，美丽与文化资产丧失：河流及其生态廊道是国土上最美丽灵动的元素，也是一城、一镇、一村的遗产廊道和精神文化的载体，粗暴的河道渠化、硬化工程，使这最珍贵、最美丽的生态与文化资产被彻底毁掉，人民的“乡愁”和记忆无处寄托；其五，投资巨大：河道渠化、硬化工程往往耗资巨大，更由于近年来对水利工程的重视，每年数以千亿的投入，很大部分都被不明智地浪费在这样的工程中。

近年来，由于水利建设资金充足、机械发达、利润丰厚，这样落后的水利工程以前所未有的规模和速度，正在大江南北轰轰烈烈地展开，如果不加以制止，千万年来中国大地上最重要的生态和文化遗产，将被毁于一旦！

机遇与危险并存

史无前例的城镇化，给美丽中国的建设，尤其是美丽水系的建设，带来了巨大机遇，同时也潜藏着巨大的危险，包括：

其一，水所需的生态空间并不大。就全国来说，一般年份，洪水所能淹掉的面积只占国土面积的2.2%，极端情况下，洪水能淹掉的面积也仅仅是6.2%。如果我们能对洪水稍微宽容些，人与洪水就基本相安无事。

其二，史无前例的城镇化带来的人口大规模的迁移机遇，可极大地化解水土矛盾，也可极大地加剧人水矛盾。如果说，30年前，当农业收入占国民总产值的80%以上，我们修坝筑堤是为了保护河漫滩上的一亩三分地，因为那是居住在周边的百姓的命根子，那么今天，在农业对国民经济贡献不足10%的情况下，动辄投入上亿的资金来修这样的水泥防洪堤坝，就是劳民伤财了。城镇建设所需国土面积仅占5%左右，在防洪的名义下，许多地方高筑堤坝，向河漫滩要地，来建设城镇（因为其无须征用，可廉价获得），使本来可以利用城镇化来化解的人水矛盾，变得更加剧烈。

其三，前所未有的经济实力。巨额的水利和基础设施投资是一把双刃剑，它为协调土水矛盾创造了条件，而单一工程导向的河道渠化、硬化、水坝工程，也可能给水生态系统带来前所未有的巨大破坏。

策略与建议

上述水利工程问题的原因是多方面的，包括认识问题、条块分割的管理体制、陈旧的技术规范、落后的规划设计理念和方法、部门的利益等等。为尽快有效地纠正目前大规模的错误，挽救中国大地上无数美丽的河流，需要党中央和国务院对此进行干预，具体建

俄罗斯喀山市的卡班湖滨水区，曾经的水泥高墙将湖水与城市割裂，湖水严重污染。设计师破除钢筋水泥的湖堤，改造成梯级水生态净化湿地，再引入栈道和平台，供人们休憩。水质被改善，生物得以回归，风景更加美丽，每当夏天，每天有近五万人流连于昔日死寂的生态滨水带，城市活力得到提升。所以，健康的生态基础设施也是社区构建的社会基础设施。（土人设计，2018）

议如下：

第一，发文制止。避免粗暴的河道渠化、硬化和水坝工程的进一步泛滥，倡导生态治水，此乃当务之急。

第二，改变现行条块分割管理模式。河流水系是一个完整的生态系统，水安全、水生态及水环境问题是综合的，而目前盛行的单一片面的防洪、排洪工程，只能使水系统问题更加恶化。亟待优化现有水利工程拨款、工程组织及考核验收方式。

第三，“反规划”建立水生态基础设施。用生态文明理念，优先考虑水生态空间，整合洪涝安全格局、栖息地保护格局、面源污染净化系统、文化遗产保护格局和生态游憩空间，用系统科学的方法，划定水生态红线，构建美丽国土的水生态基础设施。

第四，尽快在全国范围内对河湖水系确权划界。改变水利部门只管河道的现状，使水利部门从以河道渠化、硬化及大坝工程为核心的工程治水职能，转向以水资源和水生态系统综合管理的职能；从以防洪为目标，转向保障综合生态系统服务为目标来进行体制构建和考核。

我考察过数以百计的城镇，听到过多少人在为他们曾经美丽的母亲河被渠化和硬化而扼腕痛惜；我踏访过数以千计的美丽乡村，那里灵动的溪流正在遭受同样的厄运！建设“美丽中国”“望得见山，看得见水，记得住乡愁”需要从制止粗暴的水利工程开始，落实中央提出的“统一行使所有国土空间用途管制职责”，亟待对河湖水系确权划界，构建中国水生态基础设施！

建议人：俞孔坚

哈佛大学博士，教育部长江学者，国家千人计划专家

北京大学建筑与景观设计学院院长

2014 年 4 月 22 日

复兴古老智慧，建设绿色基础设施

由钢筋混凝土制成的灰色基础设施尽管本意是连接我们所生活的世界，但很多时候却扼杀了人类与自然以及多种自然过程之间的深层联系。而与之相对的绿色基础设施或生态基础设施则凝结着古代农民的生态智慧。20多年来，我试图复兴这些古老的智慧，并把它们与现代科学技术相结合，以解决当今城市的生态问题。由此形成的解决方案既实施简单、造价低廉，又不失美观，并已在中国及其他国家和地区的200余座城市中进行了大规模应用。

灰色基础设施与破碎的连接

人们可能认为，由于脸书和微信等社交工具的迅速发展，以及无处不在的高速公路和管道设施，我们所处的世界在网络层面和物理层面的联系都比以往更加紧密。然而事实并非如此。很多研究已经表明，较之以往，人们与所属社区更为脱离，邻里之间或亲属之间亦愈发疏远。

在物理层面，人们所栖居的景观之间似乎存在着显著关联，例如，马路连接着城乡居民的住所；输电线将发电站与单个家庭相连；排水管道连接起了厕所与污水处理厂；输送饮用水的管道将水库与厨房相连；发达的航运网络使得南半球的农产品能够迅速运抵北半球的冰箱中；高速公路上运载肥料和除草剂的卡车则将东部城市中的工厂与西部山区中种植稻谷的农民连接起来……我们创造了一个紧密相连的世界，但这种联系却是脆弱的：景观基质及其无形的演变过程已变得支离破碎。水、营养物质、食物、能源、各类物种及人类之间不曾间歇的迁移和循环过程已被打破。与此同时，空气、水、土壤、营养物质、各物种及人类之间的隐形关联也遭受了空前的不良扰动。

以水资源为例，在中国，已有超过75％的地表水遭受污染，全国有近一半的城市面临洪水和城市内涝的威胁，存在缺水问题的城市占比高达60%。华北平原的地下水位每年下降超过一米，过去50年间有50%的湿地消失。所有这些影响着城市和景观的问题实际上是相互关联的，特别是与水循环相关的问题，但常规的解决方案却是碎片化的、孤立的和单一的，即只注重修建灰色基础设施。我们建设污水处理厂，清除了原本可以用作农作物肥料的营养物质；我们每年花费数十亿美元建造防洪堤、大坝和管道以控制雨洪，但最终却使得干旱、地下水位下降和栖息地消失等问题更加严峻。南水北调工程修建了数千公里的沟渠，意在从水资源丰富的南方引水到干旱缺水的北方，但却对长江中下游地区的生态造成了极大的破坏；装饰性花园与景观以及农田施肥过度，导致过剩的营养物质流入河流和湖泊，污染了整个水系统。以上问题常见的解决方案依旧是片面的：修建污水处理厂。可污水处理厂净水工序繁复且成本高昂，需要大量的能源（主要来自燃煤）来支持运行，这只会使空气污染和水污染问题更加严峻。

建设绿色基础设施或生态基础设施或许是更为合适的替代方案，它将在人与自然之间，以及多种自然过程和能量流动过程之间建立起更为深层的连接。

农民的古老智慧

人类文化与自然之间永恒的相互依存关系显著体现于农民与农田的联系之中。因此，重建人与自然之间深刻联系的另一种方法即：从农民的智慧，造田、灌溉、施肥、种植和收获中获取灵感。几千年来，这些农业生产活动在有效地维持人类生存和繁衍的同时，也已经大规模地改变了景观。

其中一类典型的农民智慧是采用土方就地填挖平衡的方法造田。作为农务活动的一环，挖方和填方应被视为一个整体，而不是两道分开的工序，这意味着农耕过程中的土方工程都是现场即时行

哈尔滨群力新区，用绿色海绵营造水韧性城市。（土人设计，2011）

为，它最大限度地降低了劳动力成本，减少了现场物料运输量，因此，对该地区自然过程和格局的影响也降至最低。世界范围内几乎所有地区的农民都采用这种方法，将不适合耕种的环境转变为可生产和宜居的景观。

第二类古老的农民智慧蕴含在水资源管理和田地灌溉中。当代农业和城市绿化中的灌溉主要通过埋入地下的管道和水泵系统来实现，灌溉过程既不受周边地形的影响，也不涉及水资源的可利用与否。而传统农耕的灌溉方式却深深扎根于自然过程和格局之中。数千年的农业生产经验使得灌溉成为农业社会中最先进的技术之一。利用重力作用灌溉是一种高超的智慧，在这一过程中，自然与微妙

宁波东部新城生态廊道，通过梯田湿地，将污染和渠化的河道修复成具有综合生态服务功能的生态基础设施。（土人设计，2011）

的人为干预之间的平衡能够将科学知识转化为一种艺术形式或社区建设的互动媒介，甚至是精神力量。

第三类农民智慧是施肥。这是传统农业系统中一个神奇的组成部分，是闭合人类生产和生活材料之循环过程的关键环节。来自人类生活和畜牧养殖的所有废弃物及植物材料都可作为肥料回收利用。但这种养分循环系统在城市化和工业化环境中已遭破坏。以往农民眼中的肥料如今却被定义为河湖“污染物”。

第四类农民智慧来自农业种植和收获实践。与观赏园艺中注重装饰效果的种植和修剪不同，农业种植方法更加注重作物的产量。

在农业种植过程中，首先需要播种，接下来的管理过程则遵循大自然的节律，以求适应于周围的环境和条件。同时，传统农业经济自给自足的性质也要求每个家庭种植粮食、蔬菜、水果，以及可加工成纤维、药材、木材、燃料，甚至肥料等的多种作物。这些作物的产量需与各个家庭的季节性需求成正比，并且不应逾越自然承载力和人的能力范围。而农业活动中收获的意义也远不止于食物和产品的生产本身，它在保育土壤、净化水质、保持土壤健康等方面均成效不凡。换言之，农田是净生产者，而非能源和资源的净消费者。

尽管这并不意味着我们应该放弃舒适的城市生活，回归较为原始的农业生产生活，但传统农民的生产和生活方式中所蕴含的智慧是重塑自然与人类需求之间的关系、平衡自然过程和文化干预的根本基础，它们将帮助恢复人与自然的和谐关系。

复兴古老智慧，建设绿色基础设施

试想一下，如果我们不通过管道和水泵排走雨水，而是借鉴农民在造田过程中运用的古老智慧来打造城市雨水管理系统，营造能留住雨水的绿色海绵，创造多样的栖息地，补给地下水，我们的城市会有怎样的面貌？通过这种方法，城市绿地将变为可用于调节城市环境、提供多种生态系统服务的生态基础设施，赋予城市韧性以应对洪涝和干旱等灾害；人们在城市中即可获取洁净的水源和食物；生物多样性大幅提高；城市居民可以在绿地系统中慢跑、通勤和休憩；房地产价值也会因优美的自然环境和更多接触自然的机会而相应升高。这就是过去20多年里我们在许多城市所做的尝试——将原有城市改造成海绵城市。

试想一下，如果我们不再使用坚硬的混凝土防洪高墙，而重拾农民的古老智慧，在河岸构建由植被覆盖的梯田，以适应水流的起伏变化，我们的城市将会如何？诸如陂塘、低堰等生态友好型举措有助于减缓水流，让自然实现自我滋养；同时，植被和野生动物在多样化的栖息地中繁育生长，并通过生物过程吸收养分！这就是我们在许多中国城市中为修复母亲河所做的尝试。

试想一下，如果富营养化的河湖可以通过作为生活基础设施的景观进行清洁——就像农民回收有机废物一样，而无须利用污水处理厂这类昂贵的设施来去除营养物质，我们的城市将会如何？在获取洁净水源的同时，植被的生长也会更加繁茂，当地的生物多样性将会大幅改善，同时为城市居民开辟大量的休憩空间。如此，城市绿地将成为能源和水资源的生产者，而非消费者。这就是我们为缓解水污染问题而创造的生命的景观。

试想一下，如果工业棕地能够通过自然过程变为绿意盎然的城市绿地，其间借鉴古老智慧构建的陂塘－堰坝系统用于收集雨水（而非通过管道排放）、滋养植被，被污染的土壤也在这一过程中得以修复，那么我们的城市将会如何？与此同时，工业构筑物也将作为文化遗产保留在城市肌理中。由此，一种极具特色的景观应运而生，它既包含生机勃勃的乡土植被，又便于人们触摸过去的记忆。这对城市居民而言有着极大的吸引力，不仅因为它的美丽，也因为它在城市中保留了多样的野生生命气息。这就是我们在工业城市中所做的努力。

试想一下，如果我们将一些城市土地恢复为生产性景观，而不是昂贵的草坪或观赏花园，那么食物将不再需要长途运输便可轻易获得，那时，我们的城市将会如何？让水稻、向日葵和豆类在城市中生长，让太阳和月亮告诉人们播种和收获的时间，让城市居民注意到节律的变化，让年轻人了解作物生长的过程，让庄稼的美丽得到欣赏！这不仅能使我们的城市更加丰产和可持续，而且还滋养了一种新的美学和新的关于土地和食物的伦理。这就是我们在一些中国城市中所做的尝试。

通过重拾造田、灌溉、施肥、种植和收获等古老农业智慧，并将这些智慧与当代科学及艺术相结合，我们能够建立一种新型基础设施——以自然为本的、替代传统灰色基础设施的绿色基础设施——以解决当今城市环境所面临的各种问题，尤其是与水资源管理相关的问题。人类与自然的相处是一门生存的艺术，它应当成本低廉又简便易行、惬意而美好。

本文根据作者在美国艺术与科学院院士大会上的特邀报告整理而成，英文原文发表于2017年《美国艺术与科学学院公报》，简本发表于《景观设计学》，2018，6（03）：6-11.

上海后滩湿地公园，利用河滩营造内河湿地，通过加强型人工湿地系统，将劣 V 类水净化成 III 类水，每天每公顷可以净化 800 立方米的水，同时成为优美的公共空间。（土人设计，2009）

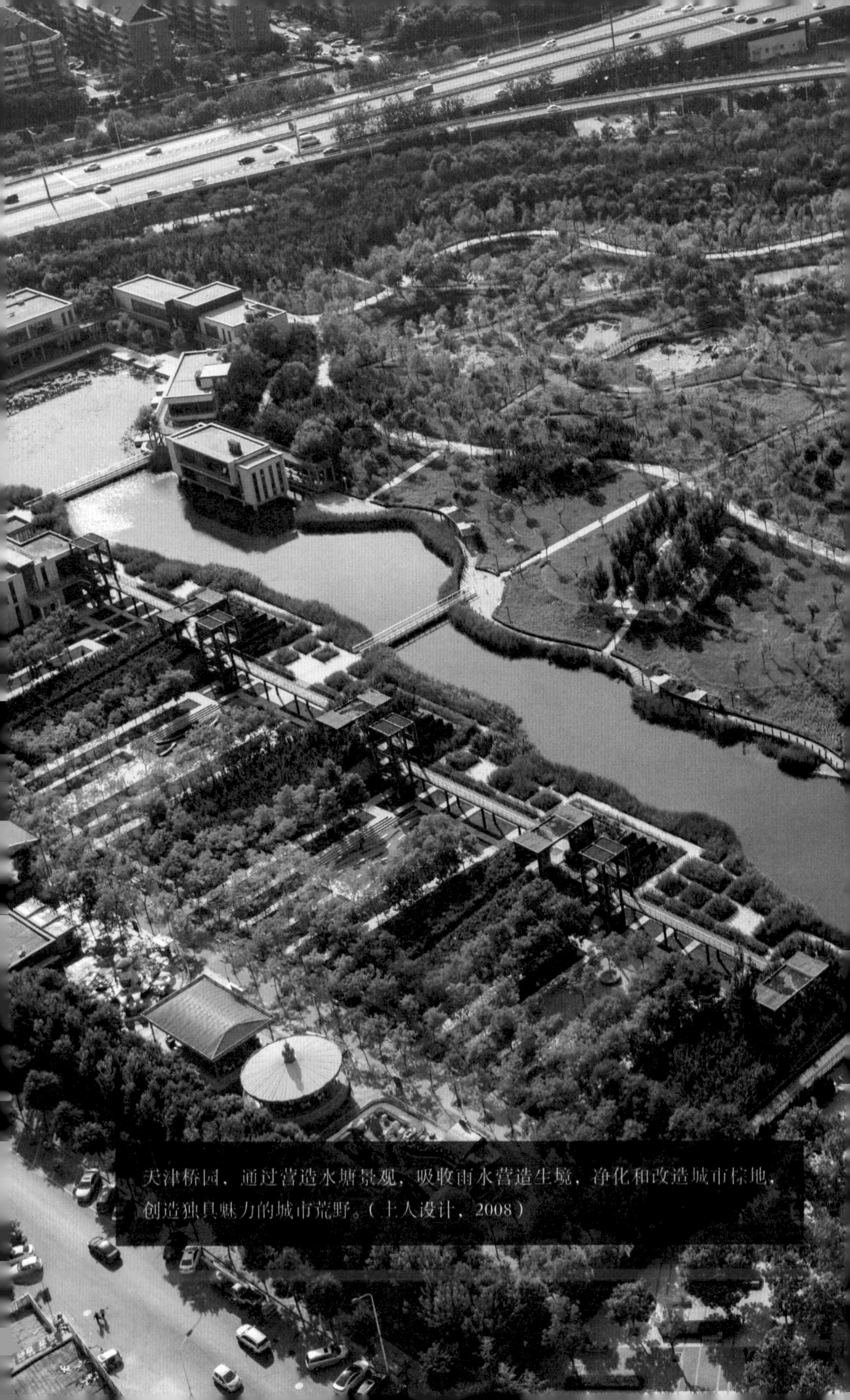

天津桥园，通过营造水塘景观，吸收雨水营造生境，净化和改造城市棕地，创造独具魅力的城市荒野。（土人设计，2008）

“绿水青山就是金山银山”的逻辑

十年前的春节，我与庞伟、李迪华及家眷，三家人一同驱车从广西桂林出发，沿都柳江直至湖南长沙。沿途山水风景绮丽，乡土文化斑斓，如若闯入“桃花源”。“再过几年这些都会不复存在了。”庞伟与我如此私语。在途经广西阳朔时，我读到了孙中山先生的一篇美文《实行三民主义及开发阳朔富源》。那是先生在北伐途中，于1921年11月29日在阳朔县高等小学学堂操场举行的欢迎大会上发表的演讲内容。文中指出，实现三民主义有两条途径，一是“普及教育，提倡科学，宣传三民主义，使人人皆知国为民有”；另一途径则是发展经济，“使国民有强大之财富。开发财富，莫如振兴各种实业。即将阳朔一县而论，万山环绕，遍地膏腴，无知识者以为土瘠民贫，难与为治，不知奇峰耸峙之高山，皆石灰岩层之蓄积，可以烧石灰，可以烧水门汀。石灰为农业之肥料，亦为工业品，水门汀为化学发明之建筑材料，可以修路，可以筑河堤，可以建极高之洋楼，可以做人造之花石。每担石灰石可以造水门汀一桶，每桶四百斤，值银六元。诸君以为阳朔皆不毛之石山，悉属废物，自我观之，阳朔遍地皆黄金也。”孙先生的两大策略在当时都是救民族于危亡的醒世之语，振聋发聩。其第一策至今仍令我辈心生感慨、心存敬畏；而第二策却让我看到了随着时代的发展，人们今天对于“金山银山”认知的进步。显然，从当今火热的旅游形势和生态文明理念来看，把石灰岩峰林烧成石灰卖掉，换成黄金，绝不是富国富民的上策。伟人的认识尚且如此受限于时代，更何况县府官僚及芸芸众生呢？因此，遍布中国大好河山的许多“绿水青山”就是这样被误解为“金山银山”的。所以，如何突破时代和短期利益的局限，深刻理解“绿水青山就是金山银山”的逻辑，事关国家乃至整个人类的可持续发展。

“绿水青山就是金山银山”是人类审美观与价值观的回归，也是人性的回归。其内在逻辑就是生态系统与景观、生态与美、美与艺术、艺术与经济、经济与生态、生态系统服务与自然资源等概念之间的逻辑关系。

从唯物论和进化论的角度出发，人类的审美能力来源于人在大地景观和生态系统中的经验遗传。例如，杰伊·阿普尔顿的《景观体验》以及爱德华·欧·威尔逊的《亲生命性》都揭示了人类无论是对景观空间美的体验，还是对生物个体美的体验，莫不来源于其作为一个物种的生存经验，而这些经验具有审美和情感发育的意义。

在自给自足的传统农耕时代，生态与经济、生态与美、富足与美仍可被视为是统一而非对立的层面，因此才有了阡陌纵横、良田美池、鱼塘桑竹之属、屋舍俨然的桃花源之美，这便是曾经经济富足与社会和谐的评价标准，也是远方的诗意和美景。生态、富足、和谐及美是一回事，人类在设计和创造生态的同时，就是在设计健康的生态系统，也就是在设计美的形式与事物。然而，若以现代经济学中的交易和货币为标准进行衡量，那么桃花源式的经济近乎零。

当第一罐可乐被带到桃花源时，“经济”便产生了，生态、富足、和谐与美的统一便开始被打破——其注定要被颠覆性地打破。人类的物欲以技术和权力为通道无限膨胀，对货币占有量的追求使景观或生态系统被当作资源来开发，在这种认知下，石灰岩峰林无非是石灰矿而已。至此，为美而创造的艺术以及为经济而创造的技术南辕北辙，这导致了前者的空洞和虚伪，以及后者的丑陋和污染。这种生态与经济的割裂、生态与美的分离，以及艺术与经济之间关系的扭曲，便是工业文明和资本主义经济带给我们的副作用，它们注定要在新的文明中消亡。

如果说贫穷曾经被当作我们毁掉绿水青山的理由，那么今天这个理由已然不成立，价值观和审美观的缺陷才是如今丑陋、污染以及贫瘠大地的根源。“绿水青山就是金山银山”是对工业文明副作用的控诉与变革的呼号。它要求我们用生态系统服务的标准来认识和评价景观和生态系统，而非用资源的概念来衡量其价值。生态系统服务是社会和自然、城市与乡村之间的纽带，也是新时代生态经济的衡量指标，它可以实现拥有富足生态系统服务的“欠发达地区”人群与“经济富足”但生态服务匮乏的人群之间的经济交易，共同

阳朔风景和日进斗金的游船，桂林山水的极致。由于时代的局限，当年领袖孙中山先生眼中的金山银山，是要把此类石灰岩山峰烧成石灰来获得的。相对于农业时代的国民认识，这种工业时代的资源利用意识已经超越时代。但幸亏当时没有把这些秃山烧成石灰，否则哪有今天阳朔旅游的金山银山！（俞孔坚摄，2021）

实现人们对美好生活的向往。物欲是人类难以改变的天性，但以拥有什么为荣却是一个文化的概念，其在不同的社会中有着不同的定义。因此，如何使“绿水青山就是金山银山”成为现实，有两个方法：其一，普及教育，以使每个社会成员都认识到人类只有一个地球，拥有健康的地球生态，能够享受自然提供的生态系统服务，便是财富；其二，实践与行动，用生态文明的理念和生态美的价值观保护、修复被工业文明毁掉的家园，调和艺术与技术，创造健康的生态和丰满的美丽，这便是当代景观设计学的核心所在。

本文首次发表于《景观设计学》，2018，6（06）：4–9

美丽中国与生态文明建设顶层设计问题研究成果概要

把生态文明和美丽中国建设作为执政党和国家的长远战略提出来是2012年11月8日的中国共产党第十八次全国代表大会的报告:“建设生态文明,是关系人民福祉、关乎民族未来的长远大计。面对资源约束趋紧、环境污染严重、生态系统退化的严峻形势,必须树立尊重自然、顺应自然、保护自然的生态文明理念,把生态文明建设放在突出地位,融入经济建设、政治建设、文化建设、社会建设各方面和全过程,努力建设美丽中国,实现中华民族永续发展。”无论从哪个方面来讨论,这都是史无前例的。即使是对全球人类和生态系统的可持续而言,也是意味深远的。在此全面启动国家行动的关键时刻,阐明正确的生态文明理念、美丽中国的科学定义以及设计正确的行动路线,对于以设计人地关系和谐的大地景观为核心的景观设计学及城乡规划行业来说,是一个巨大的挑战和机遇,对于一个有生态情怀和担当意识的学者来说极具紧迫感。为此,我们不失时机地利用各种机会，倡导生态文明理念，推动基于自然和生态的城乡建设实践。由此，中国科学院学部数学物理学部常委设立“美丽中国与生态文明建设顶层设计问题研究”课题（2017.10—2019.9），由王恩哥院士和本人共同负责，由本人组织李迪华、吴珊珊、云翃、郑昌辉、洪敏、李蒙、曹佳宁、方瑾、储望舒、林浩文、王立帅、李复、梁艳、李琳等北京大学师生研究团队开展研究，成果体现为由本人主导起草的给国家最高决策机构的建议书。本书收录时略有修订。

本报告以生态文明理念为指导，结合中国当前面临的生态和环境及美丽中国建设所面临的问题，系统阐述了生态文明理念下如何建设人与自然和谐共生的美丽中国的目标、理论、方法和路径。

首先，以目标为导向，即生态文明理念下建设人与自然和谐共生的美丽中国的长远目标：自然通过提供生态系统服务而影响人类福祉，这是人与自然关系的基本逻辑；人与自然和谐共生的本质是自然能持续给社会提供充足的、高品质的生态系统服务，满足人类对生存的需求和“人民对美好生活的向往”；保护与修复自然，使它能给城市和居民以健全的生态系统服务，是人类文明发展的必由之路，也是美丽中国建设的必由之路。

其次，对照目标，以问题导向为重点，剖析了中国生态文明和美丽中国建设所面临的五个方面的问题，并提出了相应的对策。

一是人与自然的空间格局关系不和谐：由于人类活动频仍，在国土开发建设选址和空间布局上不合理等问题频出。城市的盲目选址和盲目扩张使得城市与自然的山水格局和自然生态规律相违背，这便导致了城市所面临的洪涝灾害和地质灾害等风险严重。基于此，如何以自然生态优先来布局开发建设，是实现人与自然和谐共生的首要战略。针对这一问题，我们必须用底线思维和逆向思维，优先构建生态安全格局，并用它来引导和限制城乡开发建设的选址和空间边界。优先保护那些重要的、维护基本生态系统服务的景观要素和生态系统，并将其作为国土开发中不可逾越的刚性底线，在城乡建设过程中真正做到"以水定城""慎砍树、不填湖、少拆房"，从而让城乡居民"望得见山，看得见水，记得住乡愁"。

二是城乡生态基础设施不健全：作为一个自然生态系统，山水林田湖草这一生命有机体本身的健康正在恶化，自然景观正在破碎化，水流、营养循环、能量流、生物栖息地和物种迁徙等自然的生态过程的完整性和连续性遭到损害。因此，如何构建一个健康的生态基础设施，是实现人与自然和谐共生城市的第二大关键战略。针对这一问题，我们要像对待生命一样对待自然，通过健全山水林田湖草自然生命共同体，通过山水骨架保护、蓝绿交织的生态网络建设、乡土生境的保护和修复、文化遗产网络等的构建，形成连续完整的生态基础设施，使城乡大地呈现出"蓝绿交织，清新明亮，水城共融"的生态景象。

三是生态系统服务不足：由于过分依赖基于工业文明的灰色

工程技术，同时由于人类活动带来的自然系统的破坏，导致社会所获得的生态服务的质量退化，城市病频发：城市空气污浊，水质污染，雨涝频发，热岛困扰，生物多样性急剧下降，病毒和疾病频繁爆发，休憩空间的品质低下，生态美学价值不高。所以，如何基于顺应自然、利用自然的生态智慧，通过保护和生态修复，来使城市和居民获得可持续的、高品质的生态服务，满足人民群众对美好生活的向往，是当前紧迫的具体任务。针对这一问题，我们应遵循自然优先理念，充分利用自然所提供的生态系统服务。以国土生态修复为抓手，遵循保护优先、最少干预、与自然为友、韧性适应、变灰为绿、去硬还生、仿生修复、自然做功、变废为宝、循环闭合等策略，重塑健康的水流、能流、营养流和物种流，修复和重建连续而完整的生态过程，使城市中的自然呈现为一种生机勃勃而美丽的生态景观，使城市重新获得免费而优质的生态服务，使城市“满足人们对美好生活的向往”。

四是生产生活方式不健康：背离生态文明的生产生活方式是城市与自然和谐关系的最大杀手。从很多方面来说，生产生活方式的不健康正是造成上述三个方面的有关城市与自然关系不和谐的根源。正如习近平主席指出：“推动形成绿色发展方式和生活方式，是发展观的一场深刻革命。”因此，如何推动生产生活方式的变革，是城市与自然和谐关系构建的根本。针对这一问题，我们需要深刻理解“绿水青山就是金山银山”的科学逻辑，必须像保护眼睛一样保护自然，通过减量、循环、再生途径，使人类对自然资产的消耗和对环境的冲击在自然的生态承载范围之内；必须提倡绿色出行、垃圾分类等生活方式。

五是环境教育有待加强：目前我国政府和专家对提升公民环境意识的紧迫性已经有了共识，然而，相对于生态危机的严重性，相对于生态文明和美丽中国建设任务的紧迫性而言，公民的环境教育还有待进一步提升。针对这一问题，本报告强调把珍惜生态、保护资源、爱护环境等内容纳入国民教育和培训体系，纳入群众性精神文明创建活动。

上述五个方面的问题与解决途径，环环相扣，层层深入，是未来生态文明理念下、建设人与自然和谐的美丽中国的顶层设计。

“实施生态治水策略，努力实现人水和谐共生”的几点建议

水是山水林田湖草沙生命共同体的灵魂。中国最高决策者关于人与自然和谐共生、绿水青山就是金山银山、山水林田湖草沙生命共同体等的论述和理念，为促进人水和谐、推进美丽中国与生态文明建设提供了全新的治水思路。中华文明五千多年来一直在和洪水做斗争，常规水利工程为我们战胜洪涝灾害、发展工农业生产提供了重要保障，但“工程治水”理念对水环境及国土生态系统造成了深远损害。“生态治水”不仅是治水理念的深刻变革，更是顺应自

然的“生存艺术”。我们要牢牢把握好生态文明和绿色城镇化的历史趋势，基于自然、顺应自然，构建更具韧性的水生态系统和国土生态系统，努力实现人水和谐共生，保育秀美山川。

我国水生态及国土生态系统面临的困境

千百年来，400毫米等降水量线与“胡焕庸线”横跨我国东北与西南，深刻影响着我国的国土生态系统。我国降水的水汽主要由源自太平洋的东南季风和源自印度洋的西南季风，而东南季风很难到达西北内陆，西南季风受青藏高原的阻隔，造成南多北少、东多西少的降水格局。加之水资源的过度开发和水生态系统的破坏，我国的人水关系呈现出恶性循环的状态。

旱涝灾害频发，雨洪资源化利用不足。在国土尺度上，我国人口社会经济集中区与洪涝风险区在空间上高度重合。1990—2019年间，东部地区基本每个城市均发生过内涝。在区域尺度上，工农业生产和城市空间扩张，日益挤占天然的调蓄空间。目前城市不透水地表面积仍以每年6.5%的速度在增长。以“百湖之城”武汉市为例，其中心城区的湖泊数量由20世纪50年代的127个锐减至现在的38个。全球气候变暖正在导致城市暴雨频次和强度趋于增多和增强，我国极端强降水事件的发生概率由20世纪60年代的10%～15%增加到近20年以来的20%。三面光的灰色水利工程制造的河道截面，加剧了雨洪资源的快速排放和流失，破坏了自然水系统的韧性，降低了就地调蓄能力和水资源利用率。

长江圩内农田侵占水生态空间，大量农田没有得到充分的利用。（俞孔坚摄，2021）

营养物质大循环被切断，水体富营养化普遍。连续40多年的工业化和城镇化快速发展产生了大量的污染源，导致河流水质恶化，湖库富营养化严重。城镇化的土地利用方式和工程治水理念下的水系整治方式，切断了水体营养物质大循环。2019年，我国地表水、浅层地下水及近岸海域监测断面（井）中，Ⅳ类以下占比分别为25.1%、76.3%和45.7%。107个重点湖（库）中，轻度富营养状态占22.4%，中度富营养状态5.6%。三峡库区77个断面中，富营养状态占20.8%。南水北调东线的南四湖和东平湖、中线的水源地丹江口水库皆为中营养状态。

水生态系统连续性被破坏，生物多样性减少。长期的城镇化土地开发利用不断增加不透水地面，人为按照自然要素的分割管理方式，破坏了土壤—水生态系统的连续性和完整性。河流、坑塘和

滩涂萎缩破碎；河道的裁弯取直，拦河筑坝，渠化硬化等灰色工程措施被过度使用，导致水、土、生物自然元素被分割，土壤水交换阻塞、水体自净能力下降、地下水得不到补充、滨水生物栖息地消失；对水中及河流两岸的生物迁徙和繁殖、鱼类生长和洄游带来毁灭性的生态灾难。以长江中华鲟为例，1998—2017年中华鲟繁殖群体数量呈明显下降趋势，2013、2015、2017年没有观察到野外繁殖。亟待借鉴世界生态治水实践经验，从区域生态系统完整性和国土生态修复的角度，将“水泥河”修复成近自然河道，兼顾上下游、左右岸、地表水和地下水，追求全范围和全过程水系统综合治理。

水文化和美学价值未得到充分保护和利用。河流不仅具有防洪排涝功能，对整个生态系统起着基础性调控作用，还为城乡居民提供了包括审美、启智和生态游憩在内的文化服务。过度的灰色水利工程使河流的自然美丧失，一些传统的水文化遗产未得到应有的保护和利用。“大拆大建”的城乡建设模式破坏了水文化遗产的原真性和完整性；“孤岛式”的水文化遗产保护方式和管理体制难以实现历史文化遗产整体性保护目标；许多散落在民间的水文化遗产（例如陂塘、堰堨）亟待挖掘和保护。水系承载着历史文化、民俗风情，在文化遗产保护中需要给予高度重视。

转变治水理念，努力实现人水和谐共生

常规的治水理念和水利工程用河堤和大坝把水流束缚在管渠系统中，旨在保护河流两侧的优质农田和城市。纵观当代我国人水关系的发展历程，先后经历了工程水利和资源水利，现在推进生态水利的时机日益成熟。生态水利是传统水利向现代水利转变的必经阶段，主张摈弃大型水库、长距离调水、单一目标的快速排泄、河湖渠化硬化、水泥堤坝等灰色工程途径，强调基于自然和顺应自然的绿色工程，倡导生态治水策略，努力实现人水和谐。

所谓生态治水策略，是指基于自然、利用自然，通过源头分散滞蓄、过程减速消能、末端弹性适应，维护和修复水体生态系统，实现雨洪水的自然积存、自然净化和自然渗透，滋润万物，增强水生态系统的连通性和韧性，是以国土生态安全和保障可持续发展为目标的系统治水途径。据此提出三项具体建议：

一是创新治水理念，规划人水和谐共生的海绵国土。不同于诸如大型水库蓄水、以快速排泄为单一目标的河流渠化硬化、以单一防洪抗洪为目标的水泥堤坝等灰色工程途径，海绵国土是海绵城市理念的延伸和扩展，它将国土作为具有自我调节能力、有生命和韧性的海绵系统，以系统规划为手段，构建国土、区域和局域尺度上的水生态基础设施，规划和保护大江大河水生态系统的完整性和连续性，重视、发掘和保护民间水利遗产，划定水生态红线；以源头分散滞蓄、过程减速消能、末端生态适应为基本原则，建立水生态系统的管理机制；尽可能避免灰色工程技术，以修复具有自然积存、自然渗透、自然净化功能的、健康的水生态系统作为治水导向。史无前例的城镇化带来人口的大规模迁移，与水争地的历史可以终结，海绵国土的构建迎来了重大机遇。我国已经由农业国转变为工业国，农业在国内生产总值中的比重从近代以前的90%左右下降到2019年的7%，意味着部分农田可以在汛期被淹没而不会对国家整体经济运行产生重要影响；对部分可能被淹没的村庄也可凭借城镇化下半程的契机，进行人口的疏解和合理安置。同时，巨额的水利和基础设施投资预算，如果能更科学、更明智、更系统地投入国土空间的生态修复，尽可能避免传统的灰色水利工程，则有望在不增加国家投资的前提下，构建出造福万代的国土海绵系统，真正实现人水和谐共生的美丽中国图景。

二是加快构建水生态基础设施，健全山水林田湖草沙生命共同体。水生态基础设施相对于单一功能导向的灰色基础设施而言，是指以水为核心，维护土地生态过程安全和健康、为社会提供关键生态系统服务的基础性结构，包括各种尺度的河湖湿地、广大的农田灌渠和陂塘系统等，从而构建完整连续的水生态基础设施，保障高质量的水生态和生态服务，满足人民对美好生活的向往。构建更具韧性的水生态基础设施有四个着力点：其一，维护和强化河流、湖泊和湿地系统的连续性和完整性；其二，维护和修复河道和滨水地带的自然形态，逐步实现固化河道的生态修复；其三，保护和修复湿地系统；其四，保护和修复微型和分散式的民间水利遗产，包括广泛分布于农田上的陂塘系统、溪流上的低堰、村镇的池塘水系。系统考虑水的复合功能，整合洪涝安全保障、生物多样性保护、面源污染净化系统、文化遗产和生态游憩等功能，形成城乡大地上“蓝绿交织，清新明亮”的水生态景观。

三是基于自然，研发和推广生态治水技术。基于自然的解决方案，着眼于长期可持续发展目标，提倡依靠自然的力量应对环境风险，为协同经济发展和生态环境保护、促进人与自然和谐共生提供了新思路。发展基于自然、顺应自然、利用自然的绿色技术，通过生态化设计，尽可能地减少灰色工程和城镇化对自然格局和自然过程的冲击，保障水生态和国土生态服务功能的可持续性。基于自然的治水技术遵循保护优先、最少干预、与自然为友、韧性适应、变灰为绿、恢复固化河道自然形态、仿生修复、自然做功、变废为宝、循环闭合等原则，开发运用当代生态设计和雨洪管理先进技术，吸取古代治水理水的生态智慧，修复和重建连续而完整的水生态系统，保障国民和后代获得可持续的、高品质的生态系统生产服务，调节服务，生命承载服务及文化服务。

长江流域人水相争的状态

长江流域180万平方公里，其中长江中下游有洪涝风险的圩垸区7.4万平方公里。

上图为南京龙袍镇，典型的圩区。（土人设计，2021）

下图为长江沿岸圩内的城市，与水争空间，临江而不见江。（安庆，俞孔坚摄，2021）

安庆，对岸是江西彭泽县。长江大堤外的农田在洪水来时，成为滞蓄空间。（俞孔坚摄，2021）

长江圩内村庄，侵占长江水域，长期处于高风险的水位之下，这样的村庄完全可以利用城市化的历史机遇进行搬迁安置，或者就地垒台破堤，还地给江。（俞孔坚摄，2021）

如果说，50年前高筑防洪堤坝守护“口粮田”是不得已而为之的生存策略，那么在今天，在保障生命安全的前提下，给水以更大空间，不失为兼顾泄洪与国土生态修复的良策。党中央、国务院提出了“节水优先，空间均衡，系统治理，两手发力”的治水思路，相关部委出台了“水十条”等政策。实施生态治水策略，需要从区域到局地探索人水和谐整体解决方案，通过空间规划、水生态基础设施建设及发展生态治水技术等途径，塑造更具韧性的水生态系统和海绵型国土生态系统。

本文是“美丽中国与生态文明建设顶层设计问题研究”的成果之一，是向中央领导提的建议。经过多次评审和修改，确定将主要的颠覆性建议报送中央领导，本文即为2020年11月3日经中国科学院上报的最终稿。

论美丽城市的三重奏

在新冠肺炎疫情初步稳定后，中国多个部委和全国各大城市政府将城市品质提升行动视为头等大事，逐步推进起来。在刚刚过去的7月和8月，我受邀参与了十多场部级、市级专家咨询会和授课活动，可见，如何建设和管理高品质的美丽城市已经成为实现“美丽中国”愿景及人民对美好生活向往的关键抓手。

如今，城市已成为人类的主要家园，而家园的本质在于人与土地、风、水和生物的生态关系。尽管城市的美丽可以表现在许多方面——诸如社会的公平与和谐、文化的丰厚与多彩、经济的繁荣与活力、生活的富足与幸福、建筑与景观的独特与精美、居民的归属感和认同感——但是，美丽城市的根本是人与自然的和谐共生。没有这份和谐，再亲密的人群也将被迫隔离，正如新冠肺炎疫情肆虐下的居民；没有这份和谐，再厚重的文明、再多彩的文化、再繁荣的社会也可能顷刻间崩塌；没有这份和谐，再宏伟的建筑、再精美的园林也将黯然无光。回望历史，遥远的1900年前，古罗马文明的精华之城庞贝，一夜之间被火山灰吞没，留下的仅仅是烤焦的残垣断壁和仍似在痛苦挣扎的人体遗骸；不远处的2004年，正在美丽的东南亚滨海城市享受幸福人生的20余万名游客，瞬间被印度洋海啸吞噬；最近的2008年，汶川地震转眼便令近七万个鲜活的生命消失，美丽的山城化作瓦砾；以及今天正在泛滥和可能明天即将到来的滔天洪水，威胁着繁华的城镇和欢乐的人群……

人与自然和谐共生，是美丽城市的根本。以此为根本的城市才是可持续的、坚实而有活力的，其所呈现的形态是一种“深邃之美”，即将人类欲望建立在与自然格局与过程的和谐共生之上。这样的深邃之美，需要从三个维度进行构建：一是美的格局，即深邃的结构；二是美的形态，即深邃的外形和风貌；三是居民的行为，即绿色生活。这便是美丽城市的“三重奏”。

其一，美丽城市的深邃结构。城市与自然的关系首先体现在空间上，可以从“自然中的城市”和“城市中的自然”两个方面来概括。前者是上帝视角下的国土景观，城市仅仅是国土空间中一些微小的点，甚至不足总面积的1%，因此既有的美丽城市的首要之功在于择一良好的城址。这一理念在古代山水信仰中被称为“穴”，乃大自然母亲的胎息所在。自然与城市的关系便如同父母之于子女，兼有不可冒犯的威严和难以抗拒的惩罚，及安全庇护等绵绵恩泽——这种恩泽在当代被称为“生态系统服务”。而古代的龙脉、祖山、风水林、水口、护砂等构成的“神山圣水”格局，在当代则被称为“国土生态安全格局”或“生态安全屏障”。在这一视角下，美丽城市的深邃结构呈现为城市选址能否与自然和谐共生，城市能否远离洪涝和海潮、山崩和地裂、火山和海啸等自然灾害，这将决定城市能否长存。

“城市中的自然”则是苍鹰的鸟瞰，和谐的城市与自然的空间关系应呈现为镶嵌在城市基底上的连续、健康的自然系统：山—水—林—田—湖—草生命共同体在方圆几十甚至上千平方公里的红尘世界中铺展开来，包括连续的生态廊道、生机勃勃的湿地与湖泊、充满活力的公园绿地等，它们构成了一个能为城市提供自然生态系统服务的生态基础设施。在这一视角下，城市是否具备深邃的结构，取决于这一生态基础设施是否连续完整（包括能否与区域自然山水格局和过程保持连通），以及是否具有足够空间来维持城市的生态韧性；能否为区域洪水提供充足的调蓄空间而不引发灾害；能否有效降解污染、缓解热岛效应、提供多样的生物栖息地，甚至为城市提供部分水、食物、能源和建材；鸟儿在飞行中，能否找到哪怕只是短暂歇脚的“跳板”；鱼儿在游经城市水域时，能否顺畅地到达上游产卵；地震或其他灾害发生时，人类是否有足够的躲避空间和时间；城市能否为居民提供充足的身心再生机会，例如当他们被隔离时，是否仍能方便快捷地进入自然，并获得自然服务……因此，美丽城市的深邃结构就是一个城市基质与自然生态网络相互嵌合的和谐土地关系，是城市适应于自然的空间格局。那些与自然为敌的斩山没谷、断河筑坝、填湖造城等浩大工程所成就的“美丽”，终究是肤浅的、不可持续的。

其二，美丽城市的深邃外形和风貌。在人们的日常活动范围和视野里，城市是由街道、建筑、开放场所（如广场、自然地和公园等）所构成的活动空间。在这一层面上，美丽城市的深邃之形由自然和人文因素相互叠加构成。例如，山坡上的梯田即是底层的地形、土壤和水文过程的显现，而人类明智的开垦和农作则是适应自然过程和巧妙利用自然力的一种表征。这一深邃就在于这是人类适应于自然的结果，犹如白鹭伫立在田间，只因其适宜生存于浅滩湿地。

这种城市对于自然的生态适应成就了城市空间的深邃之美，也成就了城市的美丽风貌。生态适应的本质是经济学意义上的节约和人类学意义的节制——用最少的能源、物质和人力来建造城市，便可获得街道、建筑和开放空间的深邃之美：蜿蜒起伏的道路、顺地形而错落的建筑群、就地势而营造的河网和湖泊、适地而栽植的树木花草，都是适应自然衍生出的深邃之美。因此，我们赞美旧时重

中国内蒙古自治区呼和浩特市的城市品质提升行动，市委市政府全体班子及全市两千余名干部正在听取专家授课。将人与自然和谐共生、美丽城市设计和绿色生活营造作为关键抓手，强调人民对美好生活的向往是美丽城市建设的出发点，而人与自然的和谐共生是美丽城市的根本。基于这种根本的城市美丽方是可持续的、坚实而有生命的，其所呈现的形态是一种深邃之美，是将人类的欲望建立在与自然的格局与过程的和谐共生之上的美丽。这种深邃之美须在三个层次上构建：美的格局、美的形态和绿色生活，这便是美丽城市的“三重奏”。要实现这样一种美丽，需要一场深刻的思想革命，需要价值观和审美观的根本性改变，这种改变被称为“大脚革命”。（内蒙古自治区呼和浩特市，俞孔坚摄，2020.08.07）

庆的山城步道、吊脚楼和黄葛树，欣赏延安的黄土墙、窑洞和枣树，怀念北京的胡同、四合院和槐树，迷恋广州的河涌水街、骑楼和木棉。然而，当八车道路网横贯重庆，当本地树种被外来树种替代，重庆这座城市也随之失去了深邃之美。只因不理解美的形态，这样的“化妆”几乎在中国所有的城市上演！

其三，美丽城市的绿色生活。城市的美丽还因市民的绿色栖居、绿色出行、绿色消费而深邃。如果说美丽城市的深邃结构中，人类之于自然犹如子女之于父母，敬畏而又依恋；在深邃形态之中，人与自然犹如相爱的夫妻；那么，在绿色生活成就的美丽城市中，人与自然的关系就犹如父母之于子孙——其深邃的含义在于人类作为父母对其后代的责任和关爱，这便是可持续发展理念的本质：既满足当代人的需求，又保障后代人满足需求的可能性。当街道上有更多的人在步行或骑行，而不是被小汽车填满时，城市便多了一份对后代的关爱；当建筑减少了对空调的使用，屋顶和墙面上长满绿色的植被，城市便为后来者留出了更大的生机；当雨水被收集、废水不再排入溪流、垃圾获得循环，城市便增添了一份让后人感激的温暖；当食品能就地生产、包装少去一层华丽外壳、一次性餐具和塑料袋不再泛滥，城市便多了一份爱意。而绿色的生活方式可归结为对物质和能源的节约、循环和再生，表现为对自然资产的珍惜、对生态系统健康的关爱和对其他生命的关照，这终将促进绿色生产方式的发展。

终了，请不要误解，我们绝不是在倡导极端的环保主义或宗教的禁欲主义，更不是反城市主义或出于对过往人类城市文明的怀旧。城市是人类文明的载体，是人类价值观、审美观在大地上的烙印，是人类欲望和自然力之间的平衡。眼前的工业文明和消费主义，向芸芸众生撩拨无度的消费欲望、催生极其浪费的生活和生产方式，并以前所未有的机械和化学力摧毁着自然格局、毒化着自然过程和生命万物；唆使人类凌驾于自然之上，罔顾子孙的未来。于是，城市纵然绵延千里，防护之墙钢铁般坚硬，街道气势恢宏，建筑巍峨壮丽，园林极尽奇巧，也终究浅薄无根，或毁于洪涛剧震、或挣扎于污水浊气。只有在继承过往文明成果的基础上，在与自然的矛盾冲突中不断反思，才能使我们走向新的文明——生态文明；这样的人与自然和谐共生的城市美丽，便是深邃之美、生态之美、（尊重自然和基于自然的）“大脚之美”与可持续发展之美。

本工作得到“国科学院学部咨询评议项目：美丽中国与生态文明建设顶层设计问题研究”的资助，这篇文章也是这一课题研究基础上的一些思考。本文首次发表于《景观设计学》，2020，8（5）：4-11.

美丽中国与景观学的担当

“美丽中国”是一个充满魔力的概念，是一个理想社会及其存在空间的形态。作为一个14亿人民奋斗的“中国梦”，其完整的诠释应该回到2012年11月8日，中国共产党第十八次全国代表大会的报告：“建设生态文明，是关系人民福祉、关乎民族未来的长远大计。面对资源约束趋紧、环境污染严重、生态系统退化的严峻形势，必须树立尊重自然、顺应自然、保护自然的生态文明理念，把生态文明建设放在突出地位，融入经济建设、政治建设、文化建设、社会建设各方面和全过程，努力建设美丽中国，实现中华民族永续发展。”

这个由中国共产党提出来，作为社会主义中国建设目标的伟大理想，今天由美国的大学机构——宾夕法尼亚大学设计学院来主持讨论，是非常有意思的事情，这样的讨论充满挑战却极其令人振奋。发起人在其对外发布的公告说：“其目的是为世界景观设计学的讨论以及在全球背景下讨论中国的景观设计学，尤其是服务于美丽中国建设的景观设计学建立一个平台。”(set the scene by describing the state of global landscape architecture and then the symposium will discuss Chinese landscape architecture in relation to global landscape architecture generally and more specifically in relation to the Chinese government's policy of creating “Beautiful China”) 从这个意义上说，这确是一个非常有意义和值得深入探讨的课题，它需要我们明确设计学科，特别是景观学与美丽中国的关系，在具体的操作性层面上认识它、理解它，并使我们的学术和实践能为之服务。具体地说，我们必须明确三个方面的问题：美丽中国是什么，它与国土空间和景观有何关系？什么样的中国是美丽的，其评价标准是什么？如何来实现美丽中国？景观学的途径是什么？

首先，美丽中国是美好的社会形态及其在大地上的投影。从原始出处中，我们所以看到，美丽中国实质是一种理想社会形态的描绘，可以表述为经济繁荣、政治清明、文化昌盛、社会公平和谐的理想社会形态。显然，这个意义上的美丽中国远远超出了景观学的研究范畴。景观学关心的是物质空间上的美丽中国。所幸的是，景观学的理论告诉我们，物质的景观形态恰恰是社会形态的投影和折射。当然，反过来，美丽的景观影响人们的行为乃至社会形态，即所谓一方水土养一方人，穷山恶水出刁民。战乱频繁、贫富不均、不讲法治的社会，必然是遍地高墙深壑，鸟兽绝迹；一个贪腐泛滥、暴民横行、是非不分、黑白颠倒的社会，必然污水横流，垃圾遍地。有了清明和谐的社会，便会有绿水青山之大地。反之亦然，桃花源的美丽，孕育了桃花源中人的夜不闭户、怡然自得的社会形态。从这个意义上说，营造美丽中国，景观设计学当仁不让。

其次，什么样的中国是美丽的，其评价标准是什么？这恰恰是美丽中国建设能否成功的关键。君不见，遍中国大地的丑陋景观，都是在“美丽”的名义下规划设计和实施出来的，诸如城市中奇形怪状的建筑，令人啼笑皆非的巨型广场和霓虹灯闪烁的“景观大道”，绵延几十公里甚至几百公里的渠化、硬化的河流，偏僻乡村的汉白玉河道和“金水桥”“天安门”，城市大街种满从乡下移栽来的奇花异木、古树名木，节庆广场上的龙形和凤形花坛，等等，不一而足。在美化的名义下，我们毁掉了大地的生态与自然之美，乡村的质朴与丰产之美，城市的文化与生活之美。所以，有了美丽中国建设的号角，我们尚需要有一个关于美的标准的顶层设计，也就是需要有一个主流的审美价值体系，来引导美丽中国建设的实践。中国几千年的封建主流文化中，就有近2000年的以“小脚”为美的士大夫主流审美观，因此，遍中国良家妇女皆以裹足为美。畸形和病态的小脚被作为高雅与美的标准，病态之美因此而泛滥，牺牲健康、不事生产、残缺畸形、表里不一、无病呻吟、扭捏作态。这种审美观注定是不可持续的！因此，必须回归健康、寻常的“大脚之美”，它将还疾病缠身的中国城乡以生机勃勃的健康之美、生态之美、丰产之美、乡土而朴实之美。这样的“大脚之美”正是中国最高决策层所提出的以生态文明建设理念为指导的美丽中国，是一种“深邃之形”，一种将人类的欲望建立在生态和可持续理念之上的美。

这种大脚之美的核心是关于自然所提供的生态系统服务（Ecosystem Services），是人类福祉来源的认识论和价值观。人民对美好生活的向往，本质上是高品质的生态系统服务，包括供给服务、生命承载、调节服务和精神文化服务。它们是人与自然之间和谐关系的纽带，也是“绿水青山就是金山银山”的根本逻辑所在。这一逻辑确立了“人对美好生活的向往—美丽中国—高品质的生态系统服务—安全和健康的国土生态系统（景观）”之间的统一关系。所以，美丽中国的标准就是高品质的生态系统服务，而高品质的生态系统服务有赖于能持续提供这些服务的自然之“大脚”——在国土空间有限的条件下，对维护生态过程具有关键意义的生态安全格局和以生态安全格局为核心的生态基础设施。而这正是中国景观学未来可以大显身手的地方。

第三，如何来实现美丽中国，美丽中国的景观学途径是什么？

规划和设计美丽中国的“深邃之形”——具有高品质的生态服务、人与自然和谐共生的景观，是景观学在美丽中国建设中的首要也是核心的任务。而景观学的本质是人类改造自然、协调人与自然关系的学问。从发生学的角度来说，人与自然的关系都是由于人的出现，改变了自然原有的生态系统。这种改变或是和谐的，或是冲突的，和谐或冲突的程度一方面取决于人类对自然改变或干扰的强度，另一方面也取决于自然生态系统本身的韧性。由此，我们来定义生态文明理念下的美丽及其形态：建立在自然生态系统的韧性基础上的人类改造自然的活动及其创造的形态。也就是说，美丽中国是与自然相适

美丽的变形：意大利奥
(Ovieto) 古城，人工城
自然地形和岩石融为一
水乳交融。(俞孔坚摄，2

美丽的变形：人与自然
在空间上的叠加关系或融
婺源严田的梯田，在自
底上人类用最少的干预
其欲望。(俞孔坚摄，202

应的中国人改造世界的活动及其创造的物质和社会形态。这就回到了“劳动创造了人”和“劳动创造美”这一命题。正是人类为生存而进行的改造自然、改造社会的劳动，才是人类得以进化的根本动力，也是推动人类社会进步的根本动力。从这个意义上来说，美丽中国便是中国人民的“生存的艺术”。

从人类改造自然而创造美丽的角度出发，也就是景观学的角度，生态文明理念下的美丽中国的形态需要从三个层面来营造：美丽的构形、美丽的变形及美丽的行为本身。这三者构成了美丽的深邃之形。

美丽的构型：人与自然的空间毗邻关系而形成的格局。由于人的活动的介入使自然的空间格局发生改变，这种改变首先体现在人与自然的空间关系上，即人与自然之间必须画出一条界限，来表征两者的空间关系。人与自然相互作用的人类生态系统是多尺度的，从一个家园到城市、区域和整个国土，通过跨尺度的自然保护空间的划定，保障自然生态系统结构和过程的完整性和连续性。如河流廊道的边界，自然保护区的边界，明确人类活动与自然之间的分界线，通过这条边界（生态红线、底线等）的划定，确定了人与自然关系的空间格局。美丽的格局就是人与自然的界限是否划得合理，是否各自都有空间，两者的碰撞是否具有韧性和余地。

美丽的变形：景观的第二种形态，它体现在人与自然之间的第二种关系中，即两者在空间上的叠加关系，或是融合的关系。在许多情况下，人类活动和自然之间没法划定明确的边界。如梯田是人类文化的产物，但它是离不开自然基底和自然过程而存在的，它是文化与自然叠加产生的形状。在生态文明的理念下，这种形状是否美丽，取决于人类的文化活动是否适应于自然的地形、水文、营养流和物种的生长规律。也就是人类的改造活动是否与自然过程相适应。在这里，人与自然和谐的形状，也就是美丽的形状就如纸张下的硬币在铅笔涂抹后留在纸上的图案。

美丽的行为：指与资源诉求相关联的人类生产生活方式。尽管这方面并不是物质空间规划设计的核心内容，但无不体现在景观的设计、改造、使用及管理的各个方面。人类为满足自己的欲望而进行的生产生活过程，在更深层面上决定了人与自然的关系。人与自然和谐的行为方式，也就是美丽的标准，体现在通过节制欲望、提高效率和减少污染，来管理人类对资源的诉求或对环境的冲击，另一方面，也通过明智地协调人的活动与自然之间的空间格局关系以及人与自然之间的空间叠加关系来引导人类的生产生活方式和行为。

构型、变形和行为三个层面相互联系、共同作用，构成了一个完整的景观学介入美丽中国建设的操作界面和行动路径。景观作为社会形态在大地上的投影，以及景观对人类行为和社会的反作用，注定景观学将成为美丽中国建设的中坚。也正因为如为此，中国城市科学研究会于2017年发起成立了“景观学与美丽中国建设专业委员会”并提出宣言：“天降大任！景观设计师具有独特的优势，使其能将相关专业联合一起，形成新的联盟来应对复杂生态和环境

美丽的行为

绿色出行是当代城市的一种主要的美丽行为，有益于身心健康，有益于人类环境。（纽约无车日，俞孔坚摄，2015）

问题。我们坚信，只要深刻认识到地球系统的复杂性和整体性，认识到人类活动与自然系统之间需要和谐调理，通过整体功能的协调和艺术的设计，可重建美丽和谐的新桃源：从国土和区域，到城市和乡村。当前最紧迫的任务是国土生态重建、城市修补和生态修复、海绵城市建设以及广大乡村的保护和建设。”

本文应宾夕法尼亚大学设计学院院长 Fritz Steinier 和景观学系主任 Richard J.Weller 之邀，为其论著作序，并发表于理查德·韦勒，塔图姆·汉兹所著的《美丽中国：当代中国风景园林的思考》，ORO 出版，2020，22–29.

美丽的构型：人与自然的空间毗邻关系而形成的格局。在婺源严田村，五个自然村都沿盆地的北侧山脚分布，以溪水为界，使每个村庄都负阴抱阳，溪水缠绕，同时最大限度节约耕地，人与自然得以形成和谐共生的空间格局。（俞孔坚，2020）

三大创新策略综合解决雄安新区的水问题

建设雄安新区是党中央的一项重大决策部署，是千年大计、国家大事。其建设目标应体现“蓝绿交织、清新明亮、水城共融的生态城市”理念，应成为生态文明与美丽中国梦的典范。雄安新区目前面临严重的生境问题，尤其是水问题，包括水资源（干旱缺水严重）、水安全（洪涝风险巨大）、水环境（水质污染严重）、水生态（生态系统退化）等问题，对实现美好城市目标提出严峻挑战，同时也是中国向世界展示其生态文明建设成就及卓越智慧的极好机遇！自然科学基金针对建设安全韧性的雄安新区，启动了2017年第四期应急项目，其中包含了《雄安新区生态安全格局构建及保护策略研究》。该项目这部分研究，通过对新区所在地域的生态格局与过程的历史与现状的研究以及对现有规划策略分析，分别在区域生态安全格局、生态城市形态和生态过程等三个方面，提出了以“开放式防洪，分散式治涝，闭合营养链”为核心的三大综合生态工程策略，来综合解决雄安新区面临的以水为核心的生态环境问题，即格局策略：“海绵国土，城水相依”的开放式生态防洪与水资源管理；形态策略：“多塘串联，水城交融”的分散式洪涝适应街区；过程策略：“化污为肥，营养循环”的闭合式营养链与绿色能源生产。

目前，按照中央的布置，河北省和国家有关部门正在编制，之后需要报请中央审查的有《河北雄安新区总体规划（2018—2035年）》《河北雄安新区起步区控制性规划》以及《白洋淀生态环境治理与保护规划（2018—2035年）》（以下统称《规划》）。基金委组织了该应急项目初步评审，收集专家意见，这部分研究成果可以适时地提供给河北省和国家有关部委以及《规划》编制单位，作为对目前正在编制的《规划》修改时的参考和技术支撑。为此，作者择其要点罗列如下。

挑战与机遇：雄安新区建设目标及其面临的世界性难题

雄安新区的建设目标应体现“蓝绿交织，清新明亮，水城共融的生态城市”理念，成为生态文明与美丽中国梦的典范，使中国五千年的农业文明与世界最先进的科学智慧交汇，成为指导未来人类发展方向的明灯！

但新区面临严重的以水为核心的诸多生态环境问题，诸如水资源问题：连年干旱缺水，白洋淀每年依赖“输液式”补水存活。水安全问题：季节性降雨，旱涝不测；九河下梢，洪涝风险非常严峻。

水环境问题：为华北平原污染汇聚之地，污染严重，主要是富营养。水生态问题：近 50 年来，白洋淀生态恶化，生物多样性大大下降。水文化问题：与淀共生的乡土文化遗产保护不当，文化景观特色丧失。

这些问题的存在给实现雄安新区的建设目标提出了严峻的挑战。同时，必须认识到，水资源短缺、洪涝灾害、水质污染、水生态破坏等等一系列以水为核心的生态问题，也是世界性难题。如何应对这些当今人类普遍面临的生存与发展的难题，是检验和向世界彰显中国智慧的极好机遇，是中国共产党和中国人民向世界展示其生态文明建设之成就的极好机遇！

反思工业文明的问题解决之道

西方工业文明关于城市建设的理念和技术为人类发展做出了巨大贡献，为我们规划设计好雄安新区提供了丰富的经验积累，毫无疑问应该借鉴。同时，工业文明的城市建设理念和人地关系处理方法也留下了许多教训。世界科学家和城市规划界对这些建立在工业文明基础上的方法和技术都有大量的反思。雄安新区的建设，应该对这些教训和反思给予足够的重视，吸取全人类智慧的最新成果，并避免重蹈覆辙。工业文明的关于水问题的解决之道往往依赖和通过强化单一功能的灰色基础设施来解决，诸如更加强悍的、封闭式和对抗式的钢筋水泥防洪设施！更加粗大、封闭式、集中式的排涝管道和水泵；封闭式的跨流域水资源调运；工业化线性的、集中的、精密的封闭式污水处理设施等。这些封闭式、集中式、单一功能导向的工程化模式，往往给自然系统本身带来副作用，导致其自我调节能力和抗风险能力下降，系统的韧性降低，在解决某一问题时，导致新问题的出现，使人与自然关系进入恶性循环。

课题组认为，在解决以水为核心的生态环境问题时，雄安新区的规划应该规避以下几大工业化和“现代化”的陷阱。

水资源：封闭式的、输液式的长距离调水工程。目前有方案从黄河调清水两亿立方，从南水北调中线调水一亿立方，注入白洋淀。这一规划尽管可以解决水资源短缺问题，但加剧了其他区域的水资源短缺问题，会使雄安新区成为广大华北平原上的一个水资源“黑洞”。从水生态文明角度来讲，需要有更科学和可持续的对策对《规划》方案予以补充或替代。

水安全：封闭式的、对抗式防洪排涝工程。目前有方案采用环城高筑200年一遇的防洪堤进行封闭式的集中防洪，成本高，韧性差，潜在风险高；城区设计也体现集中排涝的模式。这些水安全防控模式都不能很好地体现生态文明理念下的人水和谐、蓝绿交织、水城共融的理念。应该考虑生态文明理念下更富有韧性的水适应城市格局和形态。水环境：线性的、工业化的工程清淤和净化模式。目前有方案提出了通过大面积清淤解决白洋淀的污染问题，加上开挖湖区，投资在1000多亿。这种简单的治理水环境工程，不但可能破坏原有的白洋淀生态系统，而且不可持续，投入巨大且无经济回报。需要有基于生态文明理念的、可持续的水环境治理策略！

水生态：排斥人生产生活的单一目标的、为保护而保护的生态保护和修复工程。目前有方案将白洋淀定位为“自然保护区”甚至保护级别更高的“国家公园”，为此，规划搬迁淀区核心地带的八个村庄约20000人口，以修复白洋淀的生态。这种为保护而保护的做法，没有充分尊重白洋淀作为文化景观的历史和事实。文化景观是人与自然长期和谐共生而形成的景观类型，是联合国《保护世界文化与自然遗产公约》里专门定义的一类景观和生态系统。白洋淀作为历史上的蓄滞洪区，其居民的生产生活是白洋淀生态过程不可或缺的组成部分，也是白洋淀文化遗产产生和存在的基础。而未来，必将是雄安新区市民生态游憩活动的主要区域。排斥人的活动而追求生态保护和修复，是没有意义也是非常昂贵和不可持续的。需要有基于生态文明理念的文化景观管理和水生态修复策略！

水文化：没有人类活动的死文化。有方案采用集中和封闭式防洪大堤，以及白洋淀作为“自然保护区”和“国家公园”的定位，将人的活动与淀和水隔离，将城与水隔离，不能体现“清新明亮，水城共融的生态城市”理念，也使具有独特历史文化价值的白洋淀文化景观黯然失色。需要有更能体现人水和谐，并能适应北方地区季节性降雨特征、旱涝交替的地表水文特征的人水交融的设计策略！

基于生态文明理念的三大创新策略

三大创新策略包括开放式水安全格局、分散式水适应街区和循环闭合式营养链。

基于上述认识，课题组通过对区域水生态系统的格局、过程和历史发展进行详细深入的研究，并深入研究和吸取了中国五千年的传统生态智慧，特别是洪泛区水适应性城市和景观策略，结合当代国际先进的生态治水理念和方法，提出综合解决雄安新水资源、水安全、水环境、水生态和水文化诸问题的三大创新策略。

格局策略："海绵国土、城水相依"的开放式生态防洪与水资源管理

基于国土生态安全格局的分析，构建"一心、九廊，一环、四大堤内湿地"的国土海绵系统，实现区域开放式的生态防洪和水资源管理格局，避免城水隔离、田水隔离的对抗式防洪模式，从区域上缓解雄安新区的防洪压力，并将雨洪作为资源来利用，有效地补充地下含水层。节省投资，并以水为主导生态因子，让自然做功，全面改善水生态环境，营造优美的区域大地景观。

"一心"为白洋淀，维持现有白洋淀的低标准防洪堤，恢复白洋淀作为蓄滞洪区和生产性湿地的功能（生产芦苇、莲藕、慈姑和发展生态渔业，具体见策略三）；"九廊"为府河等八条入淀、一条出淀河流生态廊道：两岸河堤去硬还生，恢复其自然形态，退田还

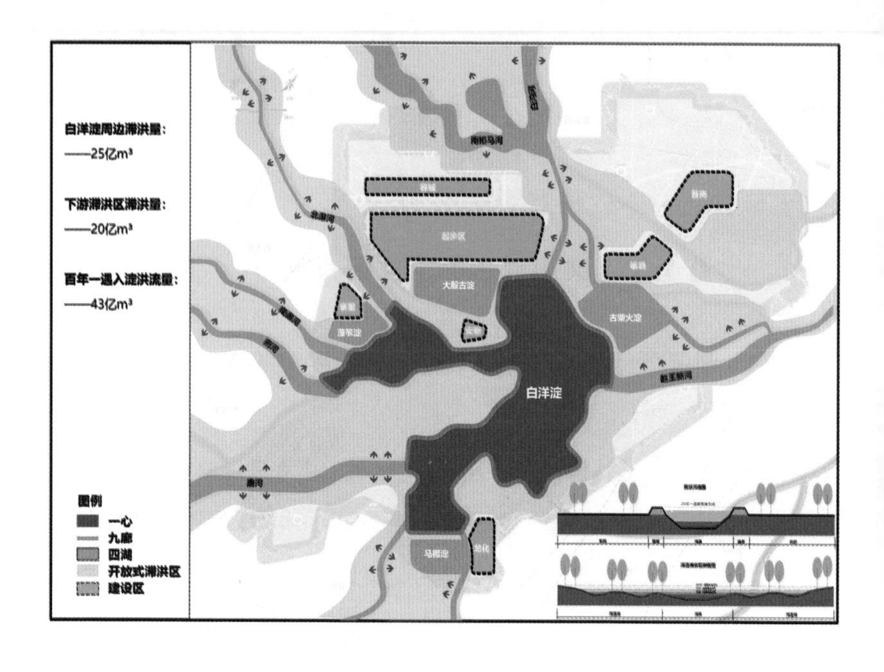

格局策略：开放式防洪与水资源安全格局。

湿（保留其生产性湿地的功能，可以通过生态补偿方式，来解决低概率洪涝带来的粮食生产损失），构建河漫滩生态廊道，由大量荷田湿地及河滩林地构成。根据居民点高程状况，进行差别化防洪，围绕村镇小范围建堤（防洪堤两到三米高足够）。通过让出河漫滩，构建分散式的湿地和林地，形成沿季节性河流分布的“国土海绵”系统，滞蓄雨洪资源，补充地下水，削减洪峰，从区域上缓解雄安新区的防洪压力并使水资源就地得到利用。“一环”为环白洋淀堤内，包含众多生物栖息地与乡土文化遗产，宽度不低于1.2公里的生态公园带。历史上因开垦耕地而侵占的淀区部分，也是历史上的滞洪区，可以作为城市内涝的排泄区和滞洪区，同时可以营造环淀休闲带，湿地广布，林木茂密。“四大堤内湿地”为生态公园带内的四个经过人工修复的湿地，是历史上频繁受淹的、白洋淀的组成部分，后来被围垦在堤内。可以修复其作为调蓄湿地，容量达到一亿立方米。四个湿地都利用原有的低洼地形成，与城镇建设同时进行修复，同时四个湿地与城市相依而生，创造亲水界面，形成具有活力的休闲区。使《规划》提出的南水北调和黄河引水首先进入城区街巷，再进入这四个调蓄湿地，最后进入堤外的白洋淀。这样才能既解决防洪安全问题，又实现水城相依的亲水界面，修正目前《规划》的城水隔离和对抗姿态！

研究发现，在开放式生态防洪模式下，白洋淀及入淀河流廊道周边的低洼地带都可作为潜在的蓄滞洪区，最大滞蓄容量达25亿立方米，白洋淀下游文安洼等潜在蓄滞洪区最大滞蓄容量可达20亿立方米，两者合计45亿立方米。而百年一遇入淀洪水量约43亿立方米。可见开放式防洪足以应对百年一遇的洪水，对于更大规模的区域洪水，亦可通过淀—库—滞洪区联防调控以及重点地区的差别化堤防建设进行应对。

形态策略："多塘串联，水城交融"的分散式洪涝适应性街区

策略的核心是分散式雨洪管理模式，通过就地填挖方平衡，形成多塘湿地，构建街区排涝单元，串联一起，形成韧性的内涝适应性海绵城市形态；同时，考虑宜居性，使外来的净水穿城，构建水城交融的生态宜居城市形态。

第一，就地填挖，多塘串联，构建以街区为单位的洪涝适应

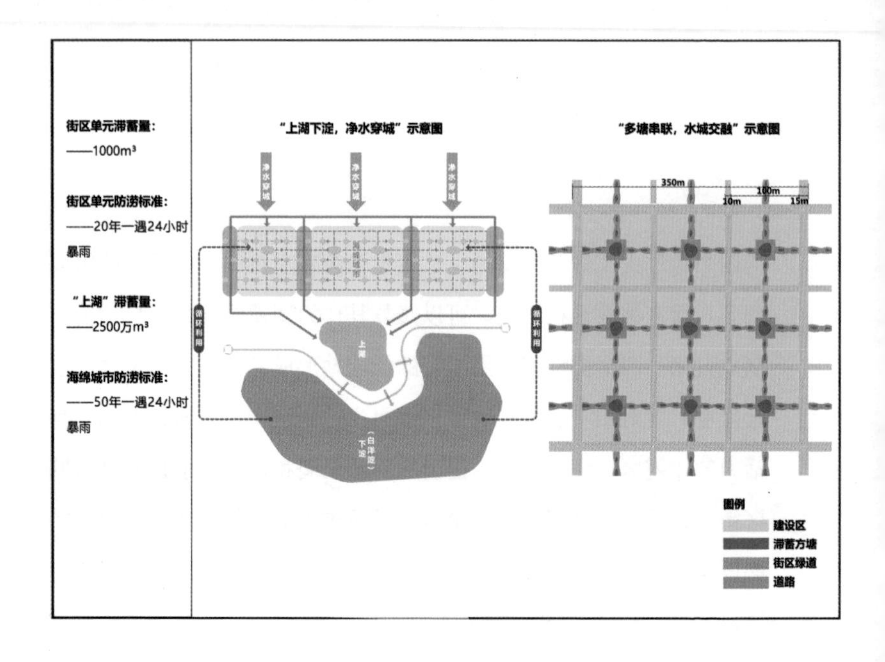

形态策略：就地填挖，多塘串联，构建街区防洪排涝单元；净水穿城，构建水城交融的生态宜居城市形态（注："上湖"指堤内高水位湿地，"下淀"指堤外白洋淀）。

性城市。弃用集中管道排涝模式，避免构建集中式的城市防洪堤，吸取中国洪泛区建城的水中有城、城中有水的传统智慧，建立分散式的防洪排涝系统。通过就地填挖方平衡，使城市组团高地与低洼水塘湿地交替分布，抬高道路交通与建设用地，保障防洪安全；挖土成塘，成为洪涝蓄池和社区活动中心。每个街区可以微至100米×100米的范围之内，其中方塘及低洼湿地占地约30%左右。吸取三角洲地区桑基鱼塘智慧，就地平衡土方，可以大大节省投资。这些土方足以使建筑物和道路分别抬高一至三米。让道路成为分区防洪排涝的界堤，让众多方塘成为内部消化雨涝的滞蓄区。实现街区化的外防（洪）内蓄（涝）的单元格局。同时，将建筑底层架空至

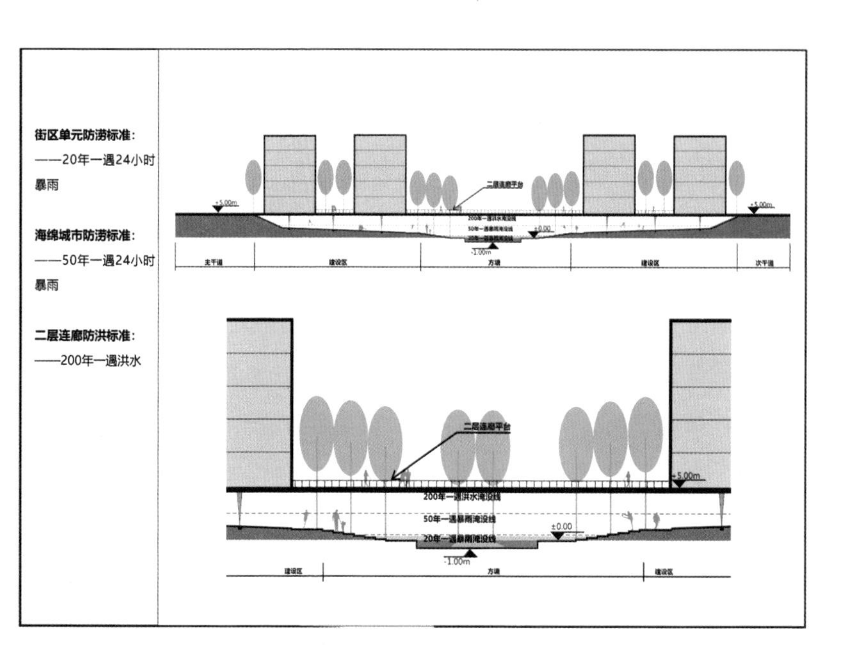

形态策略：将建筑底层架空至12.5米标高，作为社区活动空间，使二层楼板达到200年一遇洪水高度，并将二楼裙房连成第二街道层（吸取白洋淀平屋顶的防洪智慧）。

12.5米标高（架空四米左右），作为社区活动空间，使二层楼板达到200年一遇的洪水高度，并将二楼裙房连为一体，成为城市第二街道层（吸取白洋淀平屋顶的防洪智慧）。

第二，净水穿城，水城交融。在严重缺水的现实下，调水济城是必要的，但水是可以被多次使用的。“南水北调中线工程”与“引黄入冀补淀工程”（如果按已有的方案，每天调水约100万立方米），输送来的清水先引入城区的方塘和街区绿道，使净水常年穿城，再依次进入堤内湿地和堤外的白洋淀。这样，一方面可以大大提升新城的亲水性，另一方面也可以克服新城面临的季节性旱涝矛盾，最终实现“清新明亮，水城交融”的宜居城市形态。初步计算，在“多塘串联，水城交融”的分散式洪涝适应街区模式下，每个街区内部的海绵体至少可消纳1000立方米的径流量，即可应对20年一遇24小时的暴雨；而配合堤内湿地系统的2500万立方米调蓄容积，可从容应对50年一遇24小时的暴雨径流，具有很好的洪涝自适应性。

过程策略：“化污为肥，营养循环”，将水质净化与绿色能源生产相结合的闭合式营养链

将白洋淀的功能定位从“自然保护区”回归为延续千年的“生产性湿地”文化景观，以白洋淀盛产的芦苇为媒介，在利用芦苇自然净化白洋淀水质的同时进行生物质燃料资源化利用，将生态净化与生物质能源生产结合起来。形成水生态修复、环境保护与绿色能源生产相结合的产业链，并再现独特的淀区乡土文化景观。

芦苇在生长时可以有效吸收白洋淀内的营养物质，净化白洋淀水质，而收割后则能作为生物质燃料，为新城提供清洁的、可再生的生物能源，最终形成闭合的物质能量循环，在提升白洋淀水质、节约能源的同时也减少了燃煤使用，降低了大气污染。

据计算，每1000吨芦苇可移除14.7吨的氮和0.72吨的磷，用作生物质燃料可代替燃煤883万吨，减少二氧化硫排放量2.67吨。目前每年可生产芦苇10万吨，如果充分利用，年均可吸收1470吨的氮，72吨的磷，用作生物质燃料可代替燃煤88300万吨，减少二氧化硫排放量267吨。以白洋淀目前的水质为基础，在严控污染排放的前提下，约三年时间，即可通过芦苇的自然净化将目前淀内的

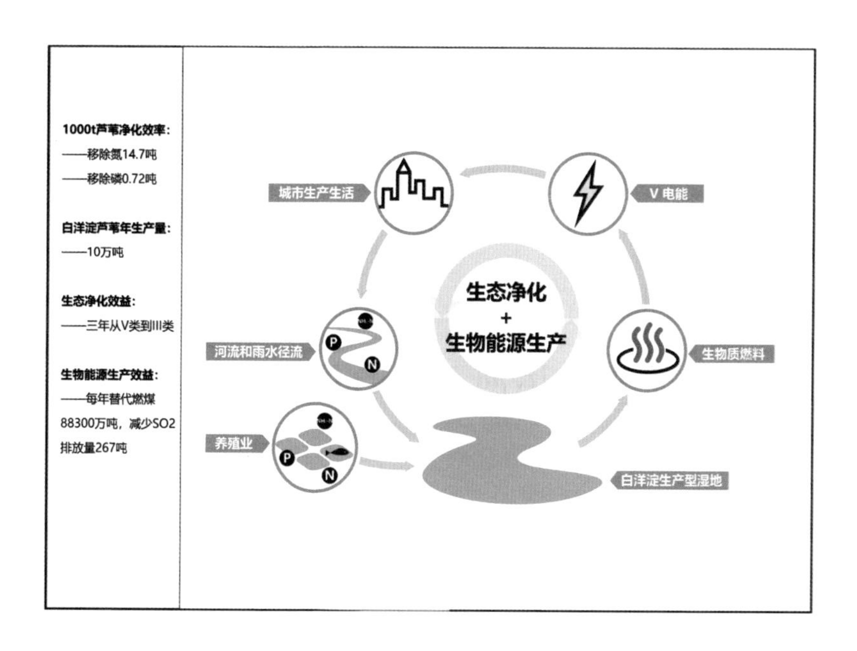

过程策略："化污为肥，营养循环"的绿色能源生产示范基地，约三年时间，即可通过芦苇自然净化将目前淀内的V类水质提升到地表水标准的III类水。

V类水质提升到地表水标准的III类水。这一闭合式营养链模式，也可以通过将污水处理厂与人工湿地相结合，用于雄安新区的城市生活污水的净化，可以大大节约能源消耗。

本文为国家自然科学基金应急项目《安全韧性雄安新区构建的理论方法与策略研究》成果的内容之一"雄安新区生态安全格局构建及保护策略研究"，2018年12月26日，该文作为专家建议提供给最高决策者。主要内容首次发表于《景观设计学》，2018，6（04）：4-12. 收入本书时略有修订。

关于平陆运河工程的几点建议

关于平陆运河，我建议从生态文明和现实及长远的经济发展等诸多因素出发，基于对工程有限的认知，本人提出上上、上、中、下四条策略和建议，供决策者和规划设计单位参考。

上上策：以生态文明理念为指导，以综合生态系统服务为价值体系，评估平陆运河的可行性

孙中山先生在《建国方略》中便提出了打通珠江、西江及北部湾，开通平陆运河的构想，而平陆运河被认为是使这一百年梦想成真的工程。孙先生之伟大，无可怀疑，尤其是其提出的社会理想至今仍令人望尘莫及。但是，具体的关于这一百年之前的交通工程梦想是否还有去实现的必要，是需要每个人尤其是决策者去思考的。

回顾孙中山101年前在阳朔的演讲（孙中山1921年11月29日，

于广西阳朔县高等小学堂操场发表演说："开发财富，莫如振兴各种实业。即将阳朔一县而论，万山环绕，遍地膏腴，无知识者以为土瘠民贫，难与为治，不知奇峰耸峙之高山，皆石灰岩层之蓄积，可以烧石灰，可以烧水门汀。"），提出用阳朔石灰岩峰林来烧石灰，由此实现阳朔的经济发展的思想，如果当时真的用阳朔山峰来烧石灰，今天可就没有最美的桂林了，其带来的损失有多大？那时候所认识的桂林山水的价值和今天的评估价值该有多大的差距？

时至今日，在生态文明价值观下，更有必要重新用全面的生态系统服务的理念来认识和评价平陆运河的利弊，不能简单地从经济价值来衡量建设该工程的价值，而应该从综合生态系统服务来认识不建该工程所造成的综合生态系统服务综合价值的损失（包括土地的生物出产、生命承载、旅游价值、固碳减排、洪涝调节等）。

从市场角度讲，这条运河所覆盖的区域有没有这么大的运量（煤炭、矿石、粮食）？是否可持续？

上策：保留原天然河道，平行开凿全封闭高速运河

如果必须建运河，有无可能优化选线方案。目前选线方案对沙坪河和钦河蜿蜒曲折的河流廊道的水生生态和景观带来了巨大破坏（并非环评报告所说的破坏很少），主要运河和河道都是通过对原来蜿蜒曲折的河道裁弯取直而成，彻底毁掉了原有河道，并裁出57

处河湾，对亿万年来形成的自然资产和千百年来积淀的文化景观以及因水繁育的文化资产带来不可再生的损害，其生态服务价值未曾估量或不可估量。为此，建议在生态优先理念下，另外选线，并做综合的生态和经济投资效益评价，尤其钦江上游段，企石闸至青年闸之间，有无可能不占现有沙坪河特别是钦江河道，在钦江一侧开凿一条全封闭高速运河，这样可以减少旱季和雨季对航运的影响，行成高效、全季候兼有灌溉、防洪功能的运河，同时实现构建生态廊道的初衷——河畅、水清、岸绿、鱼翔、景美的生态景观廊道和游憩廊道。

中策：生态重建之策，修复两条平行生态海绵河道

按照原方案选线，主要运河河道对裁处的57处河湾，或被填埋，或被割裂，生态资产丧失巨大。如果必须按原选线方案规划，可否在封闭的运河两侧，分别开设连续的“辅河”，保留原自然河道的标高不变，在两侧分别串联被裁出的河湾，形成两条近自然、连续的河流湿地廊道。重建生态廊道的纵向连续性，并使原有生态格局和生态过程得到最大限度的维护。

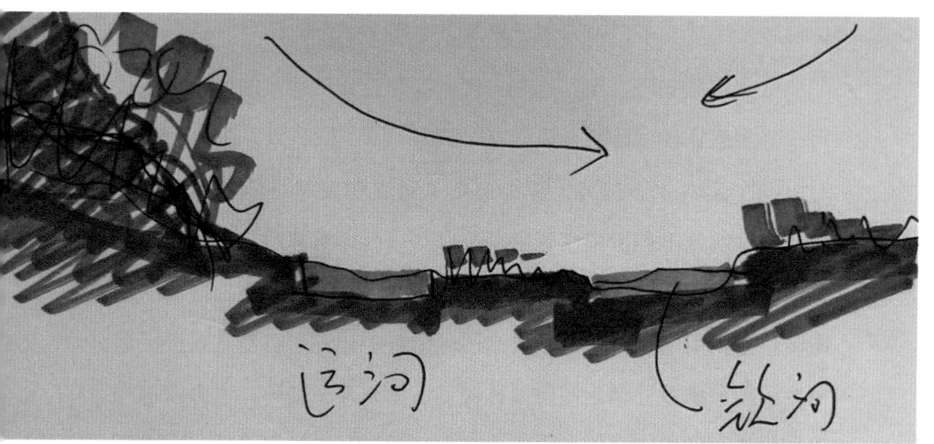

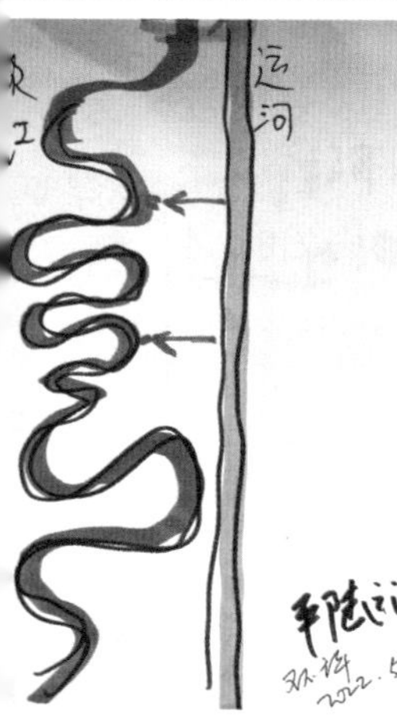

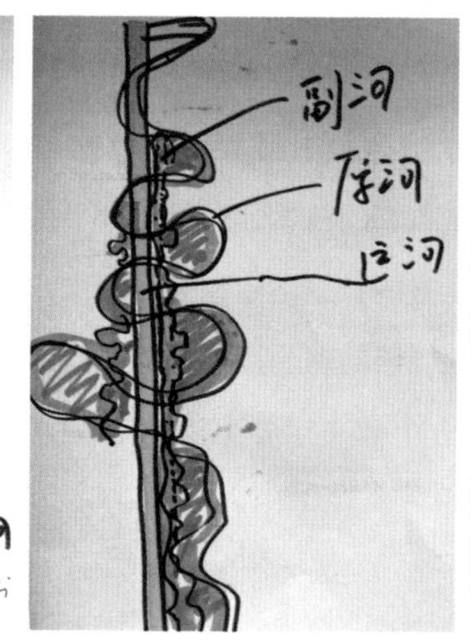

1 平行开掘截面示意图

2、3 平行再造河示意图

4 断面示意图

下策：生态补救之策

如果必须按现有运河选线、现有高程设计，运河的设计只能采用一些生态补救设计：

（1）运河生态护坡，乡土植被重建：建议尽可能不用水泥和钢丝网等灰色工程措施，更应基于自然，沿运河营造浅滩湿地和各种标高的台地，形成丰富生境；用生物方法来护坡、用生物群落来滤波，包括用耐水乔木来形成沿运河绿道；建议用自然方式进行运河两岸植被配置，禁止使用园林观赏植物和外来物种，也可以进行农业生产，形成丰产的乡土农业景观。通过河岸景观设计，形成具有本土自然和乡土文化景观特色的休憩绿道和通勤廊道。

（2）开挖过程的土方平衡：建议就地填挖方来平衡土方，不设堆土区域，学习桑基鱼塘的技术，进行土方平衡，形成农田和不同的乡土生境。避免土方的长途运输和大面积堆方，造成次生的生态破坏和良田侵占，让低碳的理念贯穿整个工程过程中。

但这些都仅仅是一个被决定要上马的工程的生态和景观补救措施而已。

2022年5月31日星期二于西溪南钓雪园

平陆运河是广西境内一条规划中的出海水道，全长约140公里，起点位于横县西津水库的平塘江口，然后沿沙坪河向南，凿通最深50米的6.5公里分水岭，经灵山县陆屋镇入钦江南下至钦州沙井出海。

运河大部分都是在现有的沙坪河和钦江进行改造。2022年5月31日疫情期间，应广西环保厅的邀请，作为专家线上参加了“平陆运河工程环境影响报告书”评审会。这样的水利工程环境影响报告评审过很多，其中包括黄河古贤水利枢纽工程的前期可行性报告的评审和圆明园防渗工程的环境影响报告的评审。得出的经验是，这样的工程一旦决定上马，环境影响评价基本形同虚设，生态环境专家们的书生意气环境美梦都将被无可阻挡的推土机和钢筋水泥碾压得烟消云散。最好的结果是，不同的意见被象征性地采纳，诸如在大坝边修一条鱼道之类，来安慰一下专家对工程带来某种珍稀鱼类灭绝的忧虑之悲情。专家们被请来开评审会，也只是昭告天下“本项目经过顶级专家的评审”，因此，任何关于环境、生态和景观美学价值消失的担忧也就没有必要了。正因为如此，我也就不愿意在各类工程的环境影响的评审会上浪费时间。而本次答应作为《平陆运河环境影响评价报告书》的评审专家，一方面是因为主办方的切切之情；另一方面，本人也确实希望能竭尽全力，为那些没有言语能力的生命，尤其是广西的美景和文化景观发表一下意见；更重要的是，尽管颠覆性的意见已经不可能被采纳，至少这项投资近700亿的巨大水利工程尚在选线阶段，但愿有改进的余地。我也满怀期待，本人在会上所提的意见至少能被考虑，并让一个灰色的、破坏性水利工程，通过科学的规划设计而成为绿色的、建设性的生态基础设施和具有综合效益的再造自然工程。不出所料的是，评审会的第二天，各大媒体便有了头版消息“平陆运河项目环评顺利通过专家评审”，而会上专家们的意见便全然被忽略了，因此有必要将我本人的意见发表于此，也算立此存照。

湖北宜昌运河公园

水陆交界的浅滩可以形成水上森林，可以作为平陆运河水陆交界浅滩带设计的参考。

浙江金华兰溪

扬子江海绵河道景观，在水陆交际的浅滩形成水上森林，可作为平陆运河水岸设计的参考。

生态安全格局与国土空间开发格局优化

2012年11月8日，举世瞩目的中国共产党第十八次全国代表大会（以下简称十八大）在北京召开。此次大会工作报告的重要内容之一是非常具体而专业地表述了国土空间开发格局在生态文明建设中的意义，并使用了“生态安全格局”这样的专业词汇，明确提出其在优化国土空间开发格局中的地位：“国土是生态文明建设的空间载体，必须珍惜每一寸国土。要按照人口资源环境相均衡、经济社会生态效益相统一的原则，控制开发强度，调整空间结构，促进生产空间集约高效、生活空间宜居适度、生态空间山清水秀，给自然留下更多修复空间，给农业留下更多良田，给子孙后代留下天蓝、地绿、水净的美好家园。加快实施主体功能区战略，推动各地区严格按照主体功能定位发展，构建科学合理的城市化格局、农业发展格局、生态安全格局。”

一年之后，2013年11月12日，中国共产党第十八届中央委员会第三次全体会议进一步提出“加快生态文明制度建设”，并指出应“建立空间规划体系，划定生产、生活、生态空间开发管制界限，落实用途管制。健全能源、水、土地节约集约使用制度”，并具体提出应“划定生态保护红线，坚定不移实施主体功能区制度，建立国土空间开发保护制度，严格按照主体功能区定位推动发展”。

其中涉及三个核心概念：国土利用的空间格局（包括城镇化格局、农业生产格局和生态安全格局）、生态红线和主体功能区。这三个概念明确了将国土作为生态文明建设空间载体的定位。而其中有一个关键的学术概念“格局”，尤其是“生态安全格局”。

生态安全格局的概念最早于1995年提出，是景观安全格局的一种。景观安全格局的精髓是把景观中的水平过程（包括雨洪过程、火灾蔓延、动物迁徙、城市扩张、农业开垦等）作为竞争性的空间控制和土地覆盖过程来理解，它们必须有效地克服空间阻力来完成这样的空间覆盖。换句话说，要维护某种过程的安全和健康，必须占据一个关键性的格局，这个格局就称为景观安全格局。景观安全格局研究主要针对中国国土和城市规划建设中面临的重大问题：紧张的人地关系问题，即保护和开发这两类基本的水平空间过程。在这两大类格局之下，可以细分为多种竞争性的控制和覆盖过程，形成包括农业用地、工业用地、城市建设用地、旅游用地等用地类型的格局。

正如围棋中的“金角、银边、草肚皮”所描绘的，无论对白方还是黑方来说，占据“角”和“边”这样的空间位置都至关重要。城镇化格局、农业生产格局、生态安全格局有时是互不相干的，但更多情况下是重叠的，如平原滨水地带，它们既是农业的高产地带，也是城镇建设的关键地段，更是保障生态安全的关键地段。必须强调的是，与围棋博弈不同的是，这场格局间的博弈不是非赢即输的零和游戏，而是以平衡与和谐为目标的多赢博弈。其理论支点是博弈论关于平衡点或者安全点的研究，事实上，安全格局概念本身最初也是受到了博弈论中的“安全点”的启发。

生态安全格局是维护生态过程（如雨洪过程、动物栖息地和迁徙等）的安全和健康的关键性格局，即空间意义上的生态底线，或称为生态红线。由于生态过程在当今快速的城镇化过程中总是处于劣势，因此，确定生态安全格局、划定生态底线（生态红线）就显得格外重要，除了其科学的意义之外，还有环境伦理的意义。相仿，农业用地在中国的城镇化过程中也极易被侵蚀，因此，耕地保护红线也至关重要。好在中国政府对粮食问题一直较为关注，所以有了“18亿亩耕地保护红线”的概念——这一数据的准确性暂且不论，但相对于生态安全格局来说，农业生产格局的保护要受重视得多。

真正使生态安全格局被提升到今天这样高度的是十八大之后新一届政府的认识水平。过去30年的城市扩张带来的一系列生态安全危机日渐凸显，特别是近年来的城市洪涝问题日益严峻，生态危机已经成为危及人类生存的问题。但相较于农业生产格局，生态安全格局或生态底线空间的研究、规划和管理等则相对滞后得多。过去30多年，尽管在达成三个格局的和谐方面，我们已经失去了许多机会，但所谓“亡羊补牢，未为晚矣”，今天来推动关于生态安全格局和生态基础设施的研究仍然具有重要意义。而且，中国的经验将为其他发展中国家及早开展国土生态安全格局研究，以及协调生产、生活与生态三个格局提供借鉴。

本文首次发表于《景观设计学》，2016，4（05）：6-9.

论景观的服务

因受邀参与产业发展与规划咨询，我先后于2017年3月和2019年1月两次登上祖国南疆的西沙群岛，几乎踏遍西沙域内的所有岛屿和沙洲，可以自豪地说，我算是屈指可数的幸运儿。每次登岛归来不久，我即又开始渴望下一次探访。于我而言，这些远在数千里之外、散落在大海上的岛屿和沙洲便是诗和远方。那远方沙洲上须臾的快乐和满足，足以弥补舟车劳顿及漫长旅途中所付出的时间和机会成本。这种快乐和满足便源于景观的功能。

最早在我心中播下西沙群岛之梦的是一篇小学三年级的课文《美丽的西沙群岛》，它至今还保留在小学课本里，但题目已改为《富饶的西沙群岛》。在我看来，把“美丽”改为“富饶”大大损害了文章原有的魅力。我至今仍记得其中所描绘的美丽与富饶：五光十色、瑰丽无比的海水，各种各样的珊瑚和在珊瑚丛中穿来穿去的鱼群；海滩上形状千奇百怪的贝壳，被渔业工人翻个四脚朝天、没法逃跑的海龟；岛上遍地的鸟蛋和堆积达数米厚的鸟粪。文章最

自古以来，人们多为掠夺财富和资源而登上位于南海的小小洲屿，却甚少因其美丽或所提供的景观服务而来。这种服务不需要通过开采砗磲华丽的珍珠质来获得，也不需要通过摧毁珊瑚、攫取美味的海鲜来获得，更无须侵占海鸟和海龟的栖息地以宣示人类的存在来获得。相反，我们只需解放全部的感官，去体验、去享受。景观所带来的精神的、文化的和社会层面的财富是无穷无尽的。面对这美丽的西沙群岛，面对种种可行产业的试探，试问在这小小洲屿上还有比生产爱和美丽中国梦更具价值的产业吗？（南海西沙群岛之银屿，俞孔坚摄，2017.03.14）

后感叹道：西沙群岛必将变得更加美丽，更加富饶！这不正是烙印在每个幼小心灵上的美丽中国梦吗？

这梦伴随我的人生近五十年之久。当我得以登上西沙群岛时，尽管眼前所见美妙绝伦的景致令人倾倒，却与小学课文中所描绘的美丽与富饶相去甚远：海水依旧五光十色，但珊瑚却已经大面积死亡，鱼群也不见了踪影。据专家解释，这是由于渔民滥用氰化物来捕杀躲藏在珊瑚中的鱼类，更有不法之徒不惜以大面积毁坏珊瑚为代价，开挖深埋于礁盘中的砗磲；此外，由于法螺等被过度捕捞，缺少了天敌的长棘海星恣意繁殖，摧毁了大量珊瑚。尽管细软的沙滩仍然绵延于水陆之间，但大部分岛屿已经不再有海龟光顾；至于那遍地的鸟蛋和厚厚的鸟粪，早已变成“久远的传说”——早在1939—1945年间，日本侵略者将西沙群岛上的鸟粪盗运回国，只因觊觎其中富含的磷；小小的几个洲屿就曾被法国、日本先后占领；更有非法渔民为财富而来，海洋生物、矿藏等资源被不断掠夺。

遗憾的是，迄今为止，甚少有个人或团体是因其美丽或所提供的景观服务而来。要获得这些服务，我们无须摧毁珊瑚来开采砗磲华丽的珍珠质、攫取美味的海鲜，更无须侵占海鸟和海龟的栖息地以宣示人类的存在。相反，我们只需解放全部的人体感官，去体验、享受其所带来的精神、文化和社会层面上无穷无尽的财富。将一群穿梭于绚烂灵动的珊瑚中活生生的鱼变成鱼肉所获得的价值，必定无法等同于它们被无数次欣赏、唤起人们愉悦心情和激发艺术灵感的价值。

因而，当被热情邀我上岛的当地领导问及应如何发展岛上的产业，诸如捕鱼、海洋牧场、鱼类标本制作等等时，我大声反问道：难道在这小小岛屿和沙洲上，还有比铸就爱和美丽中国梦更具价值的产业吗？

本文首次发表于《景观设计学》，2019，7（1）：6-7.

景观作为生态基础设施

前不久，受当地政府委托，我对乌江两岸的景观进行了规划设计。带着自幼就在心中孕育的对乌江神秘而美丽的图景的无限向往，我和设计团队奔赴乌江。但眼前所见的情景却让我感到无比失望和沮丧。这条有着无数故事和传说，或凄楚动人或激情豪迈的激流天险，竟然被改造成了一条水泥渠道：高达几十米的防洪堤削平了两岸犬牙交错的岩石；光滑的水泥荒漠替代了茂密的植被和千万生命的栖息地。唏嘘之余，便是对这种人类暴行和无知无德的愤怒和悲哀。近十座建成或在建的水电站、不断延伸的防洪堤工程，正在“基础设施建设”的名义下，将一条中国大地上非常重要的生态廊道捆绑、肢解。这条为中国广大城市和乡村提供过源源不断的生态服务的自然“基础设施”，正走向死亡！而遭受着同样命运的中国名川大河，又岂止乌江！毁灭性的灾难已经或正在降临大渡河、金沙江、澜沧江、闽江、湘江，甚至黄河、长江等无数条孕育了中华文明的千百年不绝的生命之流。

如果说基础设施（Infrastructure）是指为社会生产和居民生活提供公共服务的物质工程设施，是用于保障国家或地区的社会经济活动正常进行的公共服务系统，是社会赖以生存发展的一般物质条件，那么，为什么我们不能保留这些千百年来为人类提供无尽服务的、自然的、免费的且富有生命力的“基础设施”，却要将其毁掉或肢解；却为了获得同样的服务，投入巨大的代价来兴建机械的、灰色的“基础设施”？

为了防洪？北京大学的研究团队揭示，即使将全中国的防洪堤都拆掉，中国可能淹没的国土面积仅占国土总面积的2.8%；而为了保护这2.8%，我们每年投入近千亿元人民币来修建所谓的防洪工程！千百年来，我们年复一年地不断地让全国人民艰辛劳动所创造的价值，付之东流，这难道不值得每个当代中国公民，特别是决策者反思吗？如果说在农业时代，这样的规划是因为这2.8%的土地事关千百万人的生计和生命，是因为中国在20世纪初国民生产总值的90%甚至更多都来自农业，每平方米土地的得失都事关当地人民的兴衰，但今天不再是这样了，农业对这个国家的经济贡献已下降至不足10%，我们完全不必与洪水争地。更何况，天下本无洪水，洪水是不明智的规划和建设所导致的结果。

为了发电？中国水力发电量仅占全国电力总产量的15%。为了发电，我们在国土尺度上，毁掉了地球生态系统中最关键的“基础设施”——河流系统，甚至整个水系统。而更具讽刺意义的是，正是为了水，我们又规划了通过13个梯级式抽水泵站、总扬程高达

65米的南水北调工程，将长江流域的水调往黄河流域。这种巨型的、国土尺度上的基础设施的建设和日常运转，又将消耗多少电力？

为了解决北方缺水问题？殊不知，仅仅北京一域，每年排入大海的雨水就多达40亿立方米，而南水北调工程为北京输送的水量仅30亿立方米。每当夏秋之际，几乎所有城市都惊恐于雨涝灾害。为应对这样的雨涝，我们的城市投入巨资，建造了超大规模的排水管道和排水泵站，恨不得使每一滴雨水瞬间消失。如将降落在北京地域内的水都留下，哪怕只保留四分之三，就没有从南方调水的必要了。而作为巨大的灰色基础设施，南水北调工程对区域的自然和人文过程的破坏——包括对城乡水系统网络，文化遗产，人们出行网络和社区联系等的破坏所造成的生态、社会、文化和经济代价，则远非简单的数据可以估量。

为了解决城市内涝？千百年来先民们对雨涝的适应过程——失败的教训或是成功的经验——最终在古老的中华大地上留下了与当地气候相适应的自然或人工的生态基础设施：珠江三角洲的桑基鱼塘、江南的水网、西南山区的陂塘系统、北方的水淀泡子……它们是文化遗产，是应对洪涝灾害的适应性景观，是最好的生态基础设施，并为世世代代的人民持续提供着免费的服务，包括提供食物和洁净的水源、调蓄雨洪、抗旱防灾、保育生命万物。它们富有诗情画意，且往往成为一方人民之精神慰藉。然而，我们的城市却有意无意地忽视这种生态“基础设施”的存在，挥舞规划的笔杆，开动移山倒海的机械，制定强制性的法规文件，先“一平”抹去土

乌江武隆段两种对待自然过程与格局的方式

图片的左侧是城市和建筑对其友好和适应的方式，将景观作为生态的基础设施，获得免费的生态系统服务，包括对洪水的弹性适应、人居环境气候的调节、审美，甚至生产功能；在图片的右侧，造价高昂的灰色基础设施取代了原有的生机勃勃的景观，在“基础设施建设”的名义下，毁掉了自然景观中生态的“基础设施”，随之消失的是更综合的、人类生存所必需的、可持续的生态系统服务。本来没有必要，或至少不完全必要的防洪工程和水电工程，使乌江与中国的众多江河一样，遭到毁灭性破坏。作为中国大地上的一条生态廊道——维护国土生态安全的关键性生态“基础设施”——乌江正在消失。不幸中的万幸，地方政府已经开始认识到，景观设计师也许可以拯救这段河流。

地上的一切纹理，铺开一张张“白纸”，再“三通”，布置出灰色的“基础设施”——宽广的马路和供水、供电及排水管网。一个系统的、免费的生态基础设施，被置换成一个个功能单一的、昂贵的灰色基础设施，其结果正是我们目前所看到的景象：在自然过程面前，城市丧失了弹性。

为了治理水污染？我的父辈们将人畜粪便当作宝贝收集起来，作为作物的最好肥料。现如今，这些农家宝贝没有施入急需肥料的农田，却被城里人认定为污水和废物，通过排污管道被直接排入河流和湖泊，以至于对水体造成污染。与此同时，农民们也不再使用这些免费的有机肥，转而向那些冒着黑烟、流淌着有毒污水和释放出有毒气体的化肥厂购买高价的无机化肥来维持作物的产量。而在城市的另一端，工程师们发明的污水处理厂，正通过无数的管道，开动昂贵的机器、耗费巨大的电能，致力于脱去那些污水中的养分，全然不在意那电流的源头正冒着黑烟或正在扼杀一条生命的河流。诸如此类的基础设施导致了自然的物质循环和代谢系统的短路。而这种短路，只能使水、土壤及空气的污染进入恶性循环的怪圈。

为了提供交通服务？我们修建宽广的道路，以便让更多的汽车开得更快；我们封闭道路两侧的出入口，建立起中央隔离带，以便维持高速干道这一基础设施骨干的连续和通畅。殊不知，这已经损害了更致密而高效的交通网络和更安全、绿色的交通方式：步行和自行车系统。

请不要误会，我不是无为主义者，更不是在否定人类的当代文明，我是在呼唤更富智慧、更文明和更能系统地整合自然与人文过程的新型的基础设施——生态基础设施。也就是将景观作为基础设施，来系统地解决当代城市的种种病症，包括区域和局地的洪涝灾害、干旱缺水、水和土壤的污染、栖息地和生物多样性的消失、居民日常出行的困难、对自然的疏离、环境体验的枯燥、社区认同感的淡薄、精神世界的匮乏等。这样的生态基础设施和生态化的基础设施将给我们带来新的城市图景：丰产、节约、基于自然系统而不乏人类智慧的创造、弹性的和充满诗情画意的新桃源；这样的新型基础设施将为我们带来低碳、智慧、生态的新生活；这样的基础设施将推动我们创造新的文化，引导我们走向新的文明，即生态文明。

本文首次发表于《景观设计学》，2013，1（03）：5-9.

别让更多的桃花源消失在黎明之前

——桂林成就世界级旅游城市的三项建议

广西桂林、安徽黄山、江西婺源、四川凉山、云南大理、海南岛全境、贵州兴义、西藏全境、新疆吐鲁番等地，都拥有堪称得天独厚的自然与文化资产和气候条件，完全可以成为世界级的旅居目的地。但长期以来，当地单一的观光旅游开发模式使这类优质资产得不到应有的价值体现；同时，粗暴的基础设施建设方式（包括大规模的乡村拆迁和工业化的乡村水利工程等）和粗放的土地开发模式，使大量不可再生的自然景观和乡土文化景观遭到破坏。随着城市化水平的提高，人民对美好生活的需求和审美品位不断提高，旅居生活将成为未来社会的重要产品需求，而那些看似寻常的乡土文化景观资产将成为稀缺资源。

2022年4月26日，中央财经委员会第十一次会议即将召开，研究全面加强基础设施建设问题。在新的基础设施建设高潮来临之际，中国广大具有独特自然和文化景观的区域，有必要规划和建设面向未来世界旅居目的地的新型基础设施，并有必要尽快制定相应的乡村土地利用策略，避免更多的桃花源消失在黎明之前。2022年4月25日，适逢桂林市召开“2022年漓江论坛”之际，笔者向桂林市政府提出“成就世界级旅游城市的三项建议”，旨在请相关决策者抓住即将到来的基础设施建设和正在进行的乡村振兴的机遇，构建面向未来、作为世界旅居目的地的新型基础设施，并制定新型乡村土地利用策略。

桂林打造世界级旅游城市的行动面临重大挑战——既要保护其绿水青山，又要使其成为金山银山。唯一的途径是提高桂林山水这一世界级魅力景观的生态系统服务，将低质量的观光旅游转型为高品质的世界旅居生活产业。这意味着需要构建一种服务于高品质旅居生活方式的新型基础设施——生态基础设施、慢行基础设施，以及促进乡村活化、满足浸入式旅居生活方式的土地利用机制。为此，笔者提出以下三项关键措施和建议。

桂林全域魅力景观网络和慢行系统规划。受桂林市政府委托，探索成就世界级旅游城市的策略：规划以构建美丽景观体验网络为核心，形成浸入式自由行旅基础设施，使桂林从传统的观光旅游城市转变为世界级高品质旅居目的地。

第一项建议，构建魅力景观网络。为兑桂林山水景观的巨大生态系统服务价值，这一魅力景观网络需从宏观、中观、微观三个尺度构建，形成“一心两环”格局：“一心”为桂林城区，“两环”分别是南部的“山水旅居环”和北部的“乡土遗产环”，漓江就是这“一心两环”之间的纽带。同时，这一魅力景观网络可通过以下四

桂林全域魅力景观网络和慢行系统规划

受桂林市政府委托，探索成就世界级旅游城市的策略：规划以构建美丽景观体验网络为核心，形成浸入式自由行旅基础设施，使桂林从传统的观光旅游城市转变为世界级高品质旅居目的地（现状与改造后对比）。

类国土保护和修复措施来实现。国土海绵化：以流域为单位构建水韧性国土，基于自然的解决方案调节旱涝，通过源头滞蓄雨水、径流过程减速消能并在末端建立适应性景观，使国土得以滋润，万物生机勃勃。水系去硬化：河渠渠化硬化是桂林山水景观的大敌，千篇一律的钢筋水泥防洪堤坝使水生态系统和山水景观的价值都遭受了毁灭性损害。田园有机化：对具有独特魅力的乡村地区而言，绿色有机产品生产所能带来的综合生态系统服务价值远远高于工业化产量的大宗农产品，尤其是田园景观的审美启智服务。即使不能在全国范围内实现生态和绿色农业，至少桂林等少数魅力景观区域具有推行开展试点项目的潜力。

乡村遗产保护和活化：过去几十年，大量传统村落被拆迁，可谓一去不复还；同时，残存的村落也面临大面积凋敝。然而，被动保护只能使凋敝加速，唯一的出路在于活化利用，在保护乡村遗产原真性的同时，基于可逆、可辨识的原则，活化利用乡村遗产，使其成为魅力景观的一部分。

第二项建议，游在画中——浸入式体验，构建慢行网络，实现自由行旅。经过一年的研究，我们构想了一个覆盖桂林全域、以“三横三纵一环”为骨架的绿道网络，为全域自由行旅提供一个慢行系统，包括自行车道、水上游览系统、步道、马道，以及一条小火车专用游览线。该慢行系统北至灵渠，南到阳朔，串联起众多重要古镇和古村，使魅力景观能够最大限度地服务于旅居者的需求。在此基础上，重点打造漓江两岸的慢行系统。与服务于传统观光旅游产业，追求快速、大运量、集中式交通组织方式不同，慢行系统是低干扰、渗透式和潜入式的，由景观解说系统和驿站服务系统连接魅力景观节点、文化服务设施和栖居地，可以更好地服务于旅居者自由分散、慢行和浸入式的个体自由活动。

第三项建议，居在画中——活化画卷乡村的诗意生活。这种集诗意栖居、生态优农、自由行旅、研学体验、共享社区五位一体的生活模式，我称之为“望山生活”，亦是桂林全境实现从低质量的观光旅游走向世界级高质量旅居目的地的途径。该生活模式的实施难点在于需兼顾集体建设用地的资本化与社会资本的安全保障，即在保障村里利益的前提下激活闲置资产。采用插队和拼贴模式，可以盘活漓江两岸52个村庄的闲置用地，共计约15平方公里，改造出5.4万张适宜于高品质旅居者需求的床位，每年为广大村民增加营收近100亿（数据来自2021年北京大学和土人设计课题组的调研）。如此，有望在满足城市旅居者对山水画卷般幸福生活的向往的同时，实现漓江两岸广大地区的乡村振兴。

依据上述三大关键策略，终将实现旅游方式的革命性改变，成就桂林从低质量的观光游览地向高质量、可持续发展的世界级旅居目的地的转变。本策略仅要求低成本投入就能够持续提升山水和田园景观魅力，带动当地经济增长，成就乡村振兴和共同富裕目标，真正使绿水青山成为金山银山——这三项策略也同样可为其他具有成为世界级旅居目的地潜力的区域决策者提供参考。

2022年4月25日

韧性国土与水生态系统修复

刚刚过去的7月份（2021年），除了持续变异升级的新冠肺炎在世界各地威胁人类以外，洪涝肆虐的报道成为各国媒体的头版头条。从7月12号开始到7月底，在德国、比利时、荷兰等欧洲最富裕的地区，洪涝已经吞噬了228条生命，其中有184人丧生于有“工程师故乡”之誉的德国，是该国自1962年北海洪水（*North Sea Flood of 1962*, Lamb and Frydendahl, 1991）以来最惨烈的自然灾害，在1962年那场水灾中有315人死亡。在7月20日的郑州洪涝中，遇难300多人。(《河南洪灾牵动人心，死亡人数上升到302人，国务院火速成立调查组》，腾讯新闻）完全颠覆我们认知的是，这样的洪涝灾害并非发生在贫穷落后的国家和地区——那也许是我们常常将抵御自然灾害与人类文明和进步相等同的原因，它们恰恰发生在人类最发达的社会中。遭受洪涝灾害的城市，代表文明水平的地铁和数字系统全面瘫痪，城市的脆弱性暴露无遗。同样令人不解的是，当郑州城市街道和房屋被水淹没的同时，我们却看到城市的许多公园完好无损；许多城市内部河道并没有更大的洪水，而恰恰是城市中与人民生命安全相关的最重要的服务设施，如医院，却处在最低洼的地带，面临最大的风险，如郑州阜外医院。(《宜水环境，从郑州水灾模型推演看城市洪涝风险管理》)

于是，反思之声在业界和外界一并哄然而起。于我而言，最应该反思的是现代城市应对不确定自然“灾害”的韧性的缺乏，是人类整体水生态系统的病态。洪涝对一个具有高度韧性的城市来说仅仅是自然的降雨和水流的过程。人类自以为是、傲慢，自恃有坚不可摧的钢筋水泥构筑的灰色基础设施，如堤坝和大型水库、复杂的人工技术系统等。殊不知，正是它们，将自然过程转变为“灾难”。其实，与水相关的灾害何止是洪涝，伴随工业化、城镇化，以及随之而来的全球气候变化，在世界范围内，尤其在中国，人水关系的主要矛盾日益尖锐，水和以水为主导因子的生态系统安全和健康问题已经威胁到人类及其环境的可持续性！

将水单独从地球科学和地理学中拿出来讨论其健康问题是非常困难的，只因为地球上的任何一类生态系统都离不开水。但水又是一个不得不拿出来单独讨论的存在，人们一开始就试图把关于水的知识单独拿出来研究，探讨其分布、运动以及管理，从而有了水文学（Hydrology）；后来发现水与生物有密切关系，并构成相互作用的系统，即水生态系统（Aquatic Ecosystem），因而发展了生态水文学；接着人们发现人类是不能排除在水之外的，水和人类是相互作用的系统，于是又发展了社会水文学；后来，干脆把研究与水相关的科学统一为水科学。上述关于水的每一个学科，似乎都不能涵盖我所关心的问题，我要探讨的水是系统整体意义上的水，是完全的水；既是地理学和水文学意义上的水，也是有生命的水。它是多尺度的空间存在，从全球和国土，到区域和城市，再到场地和生境；同时，水与大地、城市、乡村、生物和人类及其活动相互作用，构成生态系统。它既表现为水与其他景观元素或生态系统之间的空间格局与过程的关系，也表现为水系统的内部结构和功能，包括物质流、能量流、物种流和信息流的关系。在任何尺度上，人的因素是不可或缺的，甚至是主要的。

唯其如此，我们需要在水之于人类的生态系统服务方面来理解、保护和修复水生态系统，这里的水生态系统也即水系统本身，并从其对人类的自然和文化服务方面，来评价水生态系统的健康状态：水生态系统对人类的安全性；供给服务能力，包括提供干净的水及水产；自我调节能力，即应对洪涝和干旱及环境变化的生态韧性；生命承载能力，包括提供栖息地、支持生物传播、繁衍和迁徙的能力；以及提供审美启智、文化认同、归属感和休憩的服务等。一个病态的水系统，不但不能给予人类以良好的生态系统服务，相反，将转而危害人类的生命和健康。

而要维护健康的水系统，更确切地说是水生态系统，最根本的是给水以自由的空间，正如给生命以自由的空间。只要考察一下历史上最严重的洪水灾害，给生命财产带来最大危害的往往是决堤。典型的例子包括上述1962年德国的北海洪水事件是洪水冲垮了堤坝所致；1975年8月8日的河南驻马店之洪灾，堪称世界最惨洪灾，死亡人数数以万计，是板桥水库等一系列水库连环决堤造成的；中国历史上有记载的、造成巨大生命财产损失的黄河洪水灾难，也都是决堤（包括人为有意为之）造成的。即使是人类大坝坚不可摧，如1963年建成的意大利的瓦依昂大坝（Vajont Dam）算得上是当时世界上最坚固和最高的大坝，但山体滑坡却掀翻了几乎整个水库，近2000人在睡梦中丧命。所谓"压迫越深重，反抗也将越猛烈"，这不但适用于人类社会中的关系，也适用于人与水的关系。要与水谋安全、谋和谐，首要之策是适应和规避水的不可抗拒的力量。道理很简单，水是需要有足够的空间的。虽然人类的文明在一定程度上意味着人类从必然王国走向自由王国，意味着人类通过对自然的控制而获得自身的自由，但同样，剥夺了自然自由，人类也必将遭受奴役之灾，并离灭亡不远。这样说并不是要否定人类文明的成果，而是强调在应对不确定的自然过程时，任何对抗自然力的灰色人工技术和设施，无论其如何坚固、如何复杂，由于其容量、寿命的局限及韧性的局限，最终都只能加剧自然的破坏性，使自然灾害造成的生命财产损失被无限放大。因此，一个健康的水系统，首先是让水有充分的自由空间。

那么，给水以自由到底需要有多大的空间呢？在宏观的国土尺度上，早在2006年，北京大学的研究团队做了一个国土尺度水源涵养安全格局后发现，保护和恢复占国土面积43.6%的山林，国土尺度上的水源涵养将达到良好的状态，对于一个山地和丘陵占了近

70% 的国家来说，这似乎是容易实现的。而通过对洪水调蓄安全格局的分析发现，在季风气候下，每年的洪水淹没区域在0.8%~2.2%之间（俞孔坚等，2009）。因此，这里有一个听起来浪漫却诱人的假设：在国土经历五千年未有的城镇化之机遇背景下，让出这些洪涝频发的国土面积给水，让困扰中国几千年的人水矛盾得以彻底解决。

没错！ 0.8%~2.2% 的国土作为生态蓄洪区，正是河漫滩上最肥沃的土地，它们占平原耕地的10%~20%。这在20世纪80年代以前都是不被接受的，当时以及在此之前，农业占全国 GDP 的80%以上，保护一亩三分地，就是保护一家人的生存机会。但在今天，解放河漫滩不再是个奢侈的假设。仅仅从经济角度来讲，农业仅占了全国 GDP 的8%，而事实上，大量土地撂荒已成为广大农村的普遍现象，间隙性淹没河漫滩和洪泛区的农田不但可以为中国社会所承受，也可以使得贫瘠的土地得以被滋养，农田生态系统得以康复。与动辄以亿元计的灰色防洪工程投资相比，哪个更具经济性不辩自明。而更重要的是，通过释放水的空间，数千年来被过度开垦的国土水生态系统得以康复，土地的肥力得以恢复。或曰：淹没区的数千万人口怎么办？宏观的城镇化机遇，中观的生态优选的新城镇选址和规划、微观的高台避洪策略以及与水共生的农耕智慧，健全的洪涝灾害保险体系的建立，都使赋水以自由空间的战略不但可能，而且可行。泛滥于全球各国的粗暴的大型水工设施，包括拦河大坝、高堤防洪、大型水库、长距离跨流域调水、侵占水域和在低洼地的造城行为等等，都给国土和区域的水生态系统的健康带来巨大压力。

在中观的乡村和田园、城镇和城区尺度上，一个健康的水生态系统体现在如何让水在建成区内有足够的空间以及在合适的地方能就地滞蓄，自然积存、自然净化、自然渗透并补充地下水，保持地下水的平衡，保持湿地与溪流有足够的水以滋养与其共生的生物群落。鉴于缺水乃是世界，更是中国人水矛盾的关键，维持一个能像海绵一样适应季风气候、具有韧性的水生态基础设施，是人工干预下的城乡水生态系统健康的标志。而这正是海绵城市的出发点。

关于这方面的智慧，中国和世界的许多古老文明都给我们留下了丰厚的遗产，包括在高山上造梯田以涵养水土，在平原上挖掘坑塘以调节旱涝，在河漫滩和三角洲的沼泽地带营造桑基鱼塘以利栖居和生产，在沼泽水域上堆土成垛营建水上田园，在城市和聚落中修建水塘沟渎以适应旱涝之变。

从2000多年来黄泛区的水城关系来看，城市中足够的水塘湿地等“海绵体”是城市水韧性的基础设施（俞孔坚，张蕾，2008）。试图用灰色管道构成的集中式排水系统、钢筋水泥深隧工程等设施来治理城市洪涝，都将被证明不但无效，而且是饮鸩止渴，会使城市的水系统健康更趋恶化。在全球气候变化和不确定性增加的未来，依赖这样的灰色基础设施，无疑将置人民的生命财产于灭顶之灾的风险。

在微观的水体和湿地生境尺度上，一个健康的水生态系统体现在生物与水之间的良好生态关系，只有健康的水生态系统，才能为人类提供各种自然和文化的服务。生物离不开水，同样没有生物的水便是死水！通过植物的吸收和蒸腾作用，水分得以循环；通过植物的生长和死亡，水中的营养得以被清洁和丰富；以水为媒，物种得以繁衍和迁徙扩散。湿地之群落、水岸之形态、溪流之水堨、深潭浅滩之变化等等，都是一个健康的生态系统所需要关照的元素。大面积的农田面源污染给国家水网带来的危害，不亚于管理不善的城镇污水系统和工业污染所带来的危害。基于工业文明的钢筋水泥工程和人工化学物质，包括农药、化肥、抗生素、塑料等等都是水系统健康的罪魁祸首，它们正在快速地致水生态系统于万劫不复的境地！

基于上面的认识，维护安全与健康的自然和人类水生态系统，离不开三大关键策略：

一是保障水源涵养和洪水调蓄安全格局，给水以空间，给水以充分的自由，正如给生命以空间的自由，方可以有健康的身体和灵魂。通过水安全格局的规划，划定人—水交往的边界，奠定人水和谐共生的空间格局；二是提高水系统韧性，即海绵国土，包括海绵城市、海绵田园、海绵地球，核心是源头就地滞蓄，过程减速效能，末端弹性适应，通过海绵国土的构建实现水城相融；三是修复水生环境和生境，去工业化，变灰为绿，去硬还生，消除人工合成化学物质的危害；重建水与田园、生物及人的和谐共生关系，使水生态系统蓝绿交织、清新明亮。

病入膏肓的中国水生态系统：从山脚的溪流到海滨的沙滩的富营养状况。大面积的农田面源污染给国家水网带来的危害，不亚于管理不善的城镇污水系统和工业污染所带来的危害。基于工业文明的钢筋水泥工程和人工化学物质，包括农药、化肥、抗生素、塑料等都是水系统健康的罪魁祸首，它们正加速水生态系统陷于万劫不复的境地！图为渤海湾海滨沙滩，来自陆地的面源污染导致水体严重富营养化，这片曾经丰饶的海湾，而今已经被判定为生态学上的“死海”。（俞孔坚摄）

图为婺源大鄣山脚下的山涧小溪，最终将汇入长江，河道为水泥堤坝所困，两岸湿地消失，水面上漂浮着各种除草剂和化肥的塑料包装，此时，雨季刚刚过去，泉水从山林下来仅仅穿越不到2千亩的田园，水体却已经被来自农田的农药和化肥严重污染，大量敏感的水生生物已经绝迹。(俞孔坚摄)

这三大策略都是基于自然的途径，从空间到生境，系统治愈水生态系统。听起来像是对工业文明的否定。没错！但不是回到传统农业时代或渔猎时代，而是在批判吸收以往文明成果的基础上创造新的、生态的文明，如此，也只有如此，水生态系统方可健康而美丽，国土方可健康而美丽。以此健康而美丽的国土生态系统方可滋生一个健康、繁荣的社会，即所谓“生态兴，则文明兴”。

2021年8月12日于江西婺源巡检司村

2021年8月12日（星期四）下午14点30分，自然资源部召开线上专家研讨会，主题：气候变化与韧性城市规划（以郑州市国土空间规划为例），议程：郑州市自然资源和规划局结合本市国土空间规划编制，汇报气候危机形势下城市空间的安全问题和面临的风险挑战，提出韧性城市规划应对措施。专家围绕主题发表意见和建议。部领导包括副部长庄少勤，国土空间规划局副局长谢海霞，国土空间规划局专项规划处处长郭兆敏等。专家包括北京大学教授俞孔坚，同济大学教授戴慎志，南京大学教授翟国方，北京工业大学教授马东辉，黄河水利委防御局二级巡视员陈银太，中国地质调查局城市地质调查工程首席专家葛伟亚，中国水利水电科学研究院总工程师程晓陶，深圳市城市规划设计研究院主任规划师赵广英。会上俞孔坚提了三个建议，一是要有大视野：全球气候变化，旱灾可能更严重，另外，国土的农业面源污染非常严重，所以，必须系统治理，不能只考虑排水，自然资源部的首要策略是基于国土，构建海绵国土，把水留下，把水土和水净化，补充日益枯竭的地下水；城镇化带来五千年未有的机遇，抓住人地关系大调整的机遇，改变防洪策略，在保障生命安全高于一切的前提下，让出部分农田给季节性甚至百年一遇的洪水；生态文明是价值观，意味着用生态和基于自然的方法，改变传统治水理念，去工程化，去灰色是生态文明的时代主题。二是改变方法：生态优先，反规划，逆向规划；区域、城市、田园都要考虑海绵国土，以基于土地和基于自然的解决途径来解决洪涝和干旱问题。三是技术创新：生态技术，变灰为绿，更富有韧性，更可持续。这些意见得到庄少勤的认同，并在其总结发言中得到多次强调。本文为会后发给庄少勤副部长的文字稿，该稿以“构建和修复一个健康的水生态系统”为题，发表于《景观设计学》，2021年第4期。

生态修复：一场改善中国城市和实现美丽中国梦的“运动”

在中国，当某种全国性、系统性且与人民生活密切相关的不良状态发生时，似乎都需要通过一场全民性的、自上而下的行动，即“运动”来迅速解决或制止某种错误行为的蔓延。而离开中国的城乡现实背景，我们则难以理解“海绵城市建设”和“城市双修（城市修补和生态修复）”等全国性的、运动式的行动。从这个意义上来说，生态修复运动在中国的发生是积极的，也是必要的。我们需要关注的是，在这样的运动中，景观专业人员应当处于何种立场、发挥哪些作用。

中国的海绵城市建设和城市双修运动均源于中央政府对于蔓延的城市病的警觉。当全国一半以上的人口都居住在城市之中，城市生态和环境问题所引发的百姓的普遍不满，将成为影响社会安定和国家安全的重大因素。因此，在住房和城乡建设部的推动下，一场全国性的城市双修运动就此展开，海南省三亚市被设立为首个试点城市。本人作为这场运动的见证者和参与者，有必要对中国现阶段的生态修复过程做出客观记录，以供后人在进行相关研究时作参考。

2012年11月8日，在中国共产党第十八次全国代表大会上，首次提出“美丽中国建设”这一执政理念，强调“把生态文明建设放在突出地位，融入经济建设、政治建设、文化建设、社会建设各方面和全过程”。

2013年7月20日，习近平总书记在致生态文明贵阳国际论坛年会的贺信中指出：“走向生态文明新时代，建设美丽中国，是实现中华民族伟大复兴的中国梦的重要内容。”至此，美丽中国建设与实现中国梦的关系被清晰地描绘了出来。

2013年11月15日，习总书记在对《中共中央关于全面深化改革若干重大问题的决定》做出说明时指出：“山水林田湖是一个生命共同体，人的命脉在田，田的命脉在水，水的命脉在山，山的命脉在土，土的命脉在树。用途管制和生态修复必须遵循自然规律……由一个部门负责领土范围内所有国土空间用途管制职责，对山水林田湖进行统一保护、统一修复是十分必要的。”至此，生态修复成为美丽中国建设的必要工作。

2013年12月12日，中央城镇化工作会议要求：“城镇建设要依托现有山水脉络等独特风光，让城市融入大自然，让居民望得见山、看得见水、记得住乡愁。”“城市规划建设的每个细节都要考虑对自然的影响，更不要打破自然系统。为什么这么多城市缺水？一个重要原因是水泥地太多，把能够涵养水源的林地、草地、湖泊、湿地给占用了，切断了自然的水循环，雨水来了，只能当作污水排走，地下水越抽越少……解决城市缺水问题，必须顺应自然。比如，在提升城市排水系统时要优先考虑把有限的雨水留下来，优先考虑更多利用自然力量排水，建设自然积存、自然渗透、自然净化的海绵城市。”在这里，海绵城市建设被作为城市生态修复的关键措施提出。

2014年2月，《住房和城乡建设部城市建设司2014年工作要点》一文中明确提出：“改善城镇人居生态环境，切实加强城市综合管理，预防和治理‘城市病’，推进城镇化健康发展”“加快研究建设海绵型城市的政策措施”。随后，共计16个城市入选第一批海绵城市建设试点城市。至此，作为中央意志的贯彻和执行部门，住建部展开了实质性的行动。

2015年4月11—12日，住建部时任部长陈政高考察海南省，并在三亚提出了开展“生态修复，城市修补”的设想，与时任三亚市委书记张琦达成共识，将三亚作为试点城市。张书记表示，城市双修是三亚最大的民生工程，将举全市之力，做好试点工作。至此，生态修复被落实为改善人民生活和实现美丽中国梦的全民运动。

2015年12月20—21日，中央城市工作会议强调，“坚持以人民为中心的发展思想，坚持人民城市为人民……城市发展要把握好生产空间、生活空间、生态空间的内在联系，实现生产空间集约高效、生活空间宜居适度、生态空间山清水秀……要大力开展生态修复，让城市再现绿水青山。”住建部在三亚等地的调研和预热得到了中央的支持，为全国性的生态修复和海绵城市建设铺平了道路。

2016年12月10日，全国生态修复城市修补工作现场会在三亚召开。历经一年半的三亚城市双修试点工程验收，三亚红树林公园、东岸湿地公园等城市生态修复项目亮相。三亚市生态环境状况得以改善，土地经济价值显著提升（以东岸湿地公园为例，其带动周边房地产价值在一年内提升了150%）。会议之后，全国各城市的政府决策者参观了三亚城市双修项目的成果，并将学习经验带回各地。紧接着，一系列城市双修项目陆续建立，一场全国性的城市双修运动就此展开。

剖析三亚生态修复试点和全国的生态修复运动，我们可以看到，在中国现有体制下，中央执政为民、实现美丽中国梦的国家意志，如何由一个城市的试点经验转化为千百个城市具体的民生改善运动，并通过国家机器，将亿万人民动员起来，使城市不良状态迅速改变。而在这一过程中，景观专业人员应采用正确的理念和方法来引导和帮助决策者，确保这个善意的运动尽可能地走在正确的轨道上。

2017年9月17日于G70高铁上

本文首次发表于《景观设计学》，2017，5（05）：4-9.

三亚生态修复成果：东岸湿地公园

场地原状：垃圾遍地、污水横流、市民绕道而行的城市消极地段。（俞孔坚摄，2016）

经过一年半的生态修复，而今已然成为最受市民青睐的休憩场所，同时承担城市绿色海绵的作用，消纳方圆数平方公里范围的雨水，城市品质大大提高，一年内，居民房产增值了150%，居民生活质量明显改善。今天，这里已经成为三亚市民和外地游客的休憩天堂，居民的房地产已经增值了500%。尽管房地产的增值在当前的中国非理性，但它从一个侧面反映了生态修复给居民带来的社会和经济效益。（俞孔坚摄，2021）

栖息地与生物多样性

20多年前读爱德华·奥斯本·威尔森的《地球上的生命》，其中的一段话让我热血沸腾，他说："在人类干扰遍布地球的今天，景观设计将发挥至关重要的作用。在那些已因人类活动而发生巨大改变的环境中，只要我们对地球上的林地、流域、水库，以及其他人工坑塘和湖泊进行合理巧妙的设计，生物多样性仍可以在很大程度上得以保持。我们笔下的规划不仅要考虑经济效益与美学，对物种和种族的保护也应纳入考量。"他的话一直在鼓舞着我发展景观设计学和修补地球的信心，提高了我对景观设计学的认识，并指导我的规划设计实践。

关于生物多样性，学界的共识包括三个层次：基因的多样性、物种的多样性和栖息地的多样性。

在基因层次上，生物多样性体现在单一物种的个体差异上——世界上没有两棵杨树是一样的，尽管杨树被认为是最普通的树种。人类自身便是基因层次多样性的最好例证：近60亿人，同样没有两个个体是一样的。正是基因层次的生物多样性，给了每个物种适

设计的自然栖息地：只要设计师能悉心关照地球上的生命，给它们创造各种生境，它们便会加倍报答人类的关怀，给人以无私的生态服务。图中是作者设计的一道低维护生态墙，受田埂上生物多样性的启发，利用屋顶雨水灌溉室内墙体，两年时间内，就自然繁衍和茂盛生长了近20种植物，包括近十种蕨类。它们适应于微妙变化的光照和湿度条件，能够净化空气、节能并提供美和诗意。（徽州西溪南钓雪园生态墙，俞孔坚摄，2021）

石墙上的生物多样性：即使在每一寸土地被开垦的田野和乡村，稻田侧面的田埂上和村舍的石墙上，只要没有消杀一切的除草剂，仍然可以看到顽强生长并繁衍着各种生命。（元阳，俞孔坚摄，2021）

应多变环境的潜在能力：物种适应和生存的潜力。人类在基因层次上对生物多样性的毁灭，莫过于克隆技术：它可谓是釜底抽薪，斩断了生物多样的基础，使物种失去适应环境变化以及病毒侵扰的能力。尽管我并非现代技术的恐惧者，但对于克隆这样的逆天之术，实在没有好感！

在物种层次上，生物多样性最容易被大众理解：地球上生活着数以百万计的物种。但在这个层次上，人类剿灭生物多样性的历史却也由来已久。其他物种之于人类的实用性抑或危害性，以及人类对其的好恶态度，往往成为剥夺物种生存权利的理由。象牙、犀角、鱼翅、熊掌都是灭杀那些物种的理由。最高效的灭杀物种的"大规模杀伤性武器"，诸如农药、抗生素、火焰喷射器，它们往往因为人类要灭某种"害虫"，如水中的钉螺（血吸虫的寄主）、田间的蚂蚱、土里的地鼠和天空的麻雀，而被大量施用，滥杀无辜——这种种都是我亲身经历过的。儿时记忆中那万物竞自由的丰饶乡土大地，已经变得死寂！与此同时，人类对其所好的物种却关爱有加，出于美好愿望，科学家们提出所谓的"旗舰物种"的概念，期望通过优先保护如大熊猫等"可爱的"物种，唤醒公众对所有生物及它们生存环境的保护，促进人们保护生态的观念的提升。然而，就在我们不惜成本保护大熊猫的繁衍及其栖息地的同时，与大熊猫处于同一长江流域里的，也许更具生态价值的生物多样性保护，却没有获得应有的重视！

栖息地是生物生存和繁衍的场所，其多样性是物种和基因多样性的保障和基础。栖息地是地理单元内各种环境因素的总和，每一种因素的微妙变化都会对生物的生存造成影响。当今地球上的人类活动已造成了栖息地的巨大变化——堪比恐龙灭绝时代的全球性变化！全球范围的气候变化、区域尺度的城市扩张、粗暴无度的水利工程和大型灰色基础设施的建设、日益机械化和规模化的农业生产、原始森林的大规模砍伐、能源作物如油棕的大规模种植……都在以惊人的速度毁灭着大量的生物栖息地！

理解了生物多样性消减的原因，我们便可以回到威尔森的憧憬中去：景观设计将在未来的生物多样性保护中发挥至关重要的作用。如此，景观设计学必须立足于以下几大基本原则和策略。

一是设计遵从自然，首先通过规划途径，建立国土和区域的生态安全格局，在人地关系日益紧张的背景下，通过判别和保护关键性的栖息地，用最少的土地最大限度地保护和改善生物多样性。二是在栖息地的生态修复和大规模城乡绿化中，尽可能地使用本土的原生物种，避免外来物种和园艺栽培种的泛滥。三是对水利工程、交通基础设施工程、农业及林业活动，以及城市开发建设，景观设计师必须承担起生态化设计的重任。所有这些人类活动并非注定就是生物多样性的杀手，古代水利工程中的陂塘系统、有机农业系统、可持续的林木采伐管理、与山水相适应的城镇建设等经验都告诉我们，通过科学与艺术的结合，优秀的景观设计可以使人类活动不加害于其他生命的栖息地，反而有助于生物多样性的保护与栖息地的共享。

本文首次发表于《景观设计学》，2016，4（03）：6-9.

海岸带景观

海岸线（带）是最清晰而又最不确定的景观。据《圣经·旧约》记载，上帝在创造了昼夜、空气之后，在第三天创造了海洋和陆地的分界线："神说，天下的水要聚在一处，使旱地露出来。事就这样成了。"

于是，世界就一分为二，水聚为海，旱地为陆。在中国的"五行"中，水、土被认为是完全对立和相克的两种元素。因此，当两者在空间上相遇时，一条清晰的边界产生了，这便是海岸线。每一条海岸线在世界地图上都清晰可辨；且对许多生命来说，这条线更是明确的生命底线，跨越它，便意味着死亡。

很久以前，我就有一个梦想——沿海岸线徒步行走，一只脚踏在水里，另一只脚踏在陆上，就这样走遍祖国的海岸线。渐渐地我发现，这个梦想太遥远。因为在现实中，海岸线是随潮涨潮落而变化的，正如人不能两次踏进同一条河流，人也不可能两次踏上同一条海陆分界线。我们在地图上看到的海岸线，在现实中却是一条难以界定的海陆过渡带，一条非确定的线。如果从学术定义来认识这条带，其宽度可达几公里，甚至上百公里不等。

海岸线（带）的不确定性还体现在其处在海洋与陆地之间不间断的、此消彼长的变幻之中：海水的侵蚀和搬运带来海岸线的流变；火山爆发带来的熔浆塑造出新的海岸线；黄河入海口每年都向海洋延伸数公里；地震和海啸会瞬间摧毁防波堤，将陆地与海水的边界重新划定……这些都使得海岸线更加变幻莫测。古人用“沧海桑田”一词来描绘这种变化，可谓再生动不过！

海岸线（带）是地球上一条虽丰富多样但也异常脆弱的景观带。这里是海陆两种元素交融“相生”，而非“相克”的交错带，其处于一种精妙的平衡状态中。这种交错和平衡体现在水量、盐分和营养物浓度有规律的变化之中，以及海陆之间空气的流通、温度的变化和降雨量的分布之中。因而产生了与之相适应的独特而丰富的生物群落：在潮间带繁衍生长的红树林；随潮水涨落而迁移的贝类生物和鱼类；在陆地产卵、海里生活的海龟；以及在海陆之间穿行的海鸟。正如海龟会在相同的繁殖季爬上同一海滩来产卵，也会因为微妙的水温和夜光的差异调整其上岸的时间，海陆之间这些看似变幻莫测的状态，实际上处于一种以千万年为计量单位的动态的平衡之中，其微妙程度超乎人类的想象。

海岸线（带）是最浪漫也是最危险的景观。我常常幻想这样的场景：因为气候和环境的巨大变化，一群直立人离开可怖的草原，选择沿着海岸带走出非洲，沿途星空皎洁、水面如镜、沙滩平坦、视野开阔、气温宜人，食物丰富且容易获得。这种久远的对于海岸带的偏好，在人类的基因里烙下了深深的印记。海岸带景观往往与海滩、阳光联系在一起，是浪漫的代名词。这种浪漫产生于人们对未知彼岸和海底世界的憧憬，爱情、财富及长生不老是与海洋相关的永恒主题，如安徒生童话中的美人鱼、中国神话中的海底龙宫。但这种浪漫的泡沫往往被现实的残酷打破——在2004年的圣诞节假期，印度洋海啸吞噬了在热带海岸享受浪漫假日的20余万人的生命。而年复一年的热带风暴所造成的生命财产损失，每年都在以惊人的速度增长。

放眼当下和未来，由于全球范围内的气候变化，海岸带景观不仅面临着更多的风险和悲剧，其最值得珍惜的特质也在不断被损害。沿海防波堤早已打破了自然状态下海陆交融的微妙平衡，成为海水与陆地间“你死我活”的边界，大量环境敏感型生命已不复存在；来自陆地的污水和垃圾源源不断地倾入大海，使海陆交错带中的生命逐渐沉寂；六车道的沿海快速公路，将原本充满想象的、变幻莫测的海岸带变得清晰明了、索然无味；千篇一律的海滩度假酒店更是扼杀了人们对于海岸的浪漫憧憬。

如果说人类只有一个地球的话，那么人类也只有一条海岸带！让我们珍惜海岸带的不清晰和不确定性，懂得其稀有和脆弱性，善待其丰富的自然和生命存在，多留下一些浪漫的远方！

本文首次发表于《景观设计学》，2017，5（04）：4-9.

海岸带是水与土聚会的地方，是人类的诗和远方。（夏威夷，俞孔坚摄，2018）

错误的滨海大道：将人与大海割裂，城市也丧失了黄金地带的价值

沿海岸修建近百米宽的车行道，几乎是所有滨海城市的悲剧，往往设置六车道甚至十车道，隔断了城市与海的联系，切断了人与其他生命在海陆之间的自由流动，使最有景观服务价值的滨海带毁于一旦。烟台、青岛、厦门、珠海、北海、深圳……无不如此，几十年之后人们必然后悔这样的做法。2020年，笔者带领的团队在北海廉州湾新城的城市设计国际方案竞赛中获胜。其中提出取消快速海景大道，改为慢行滨海休憩走廊。无奈，这一最重要的建议却被阉割。廉州湾海景大道还将被拓宽至60米，这将彻底割裂城市与海的联系，留下无尽的遗憾。只能在此留言，以备后人查阅。（俞孔坚摄，2020）

秦皇岛滨海湿地

这里的鸟类保护地，是一处重要的候鸟栖息地。2008 年之前，这里的浅海区域被滥用开发，游客赶海与鸟争食、争滩涂；垃圾遍布，污水由河流排入，面源污染由雨水带入海里，海岸富营养化严重。设计者通过清除建筑垃圾，沿海岸营造海绵状绿地截留地表雨水，修复了滨海盐沼湿地，并科学划定保护区。目前候鸟的栖息地生态已经大大改善，鸟类数量显著增加，这也使这一海岸带成为观鸟圣地，促进了旅游业的发展。（俞孔坚摄，2017）

回归生产

20世纪90年代初，我父亲来北京看我，这是他近20年后再次从浙江的乡村来到北京。晚上畅谈一天参观后的感受。本以为北京这快速发展的20年会给他带来惊喜，他会赞美广场之大、建筑之雄伟、马路之宽畅、花坛之艳丽，可想不到他的第一句话就让我大吃一惊："这马路边、小区里和公园的地也太浪费了，这么多的空地怎么都种上花花草草的呢？要是都种上庄稼那得能养活多少人啊。"他哪里知道，他的朴实观点要是在大街上表达，会招来多少鄙视与嗤笑：农民，一个地道的农民。但我理解，且有同感。时间再倒退回六七十年代，那是我记事的时候，我印象最深刻的事是父亲经常被"贫管会"（贫下中农管理委员会）拉到村里的大会堂去挨批斗，我被作为"孝子贤孙"在台下陪斗。批斗的理由是父亲开荒种地，在乱坟堆里种大蒜，在路边种大豆之类。还偷偷在凌晨把鸡放到刚收割完的稻田里吃收割时掉下的谷粒。于是辛辛苦苦种的大蒜和作物被连根拔起，鸡被打死，就像今天销毁盗版光碟和缴获毒品一样。批斗他的干部质问他为什么要这么做，父亲的回答是："我看到那撂荒的土地很心疼，看到掉下的谷粒很觉可惜。"现在听起这故事来很觉荒唐，但在当时叫"割资本主义尾巴"，是政治思想斗争。

时过境迁，在农村，土地的节约、集约与丰产被当作先进与美德来倡导和鼓励。可我的父辈们哪里知道，在城里，他们的"土"资本主义在当代却遇到了"城市"资本主义的鄙视与质问，甚至惩罚和批斗。被迫安置到小区楼里的"城市化"的农民们在小区开荒种菜，却遭到类似当年父亲的遭遇，只不过没有了体罚和大会的批斗，但鄙视的声讨仍然刺耳。结果当然是拔掉庄稼，以"美化"的名义，种上草坪和奇花异卉。于是，丰产的庄稼被娇艳的奇花异卉取代，满街跑动的是变形的哈巴狗，水池里养的是驼背的金鱼……更可悲的是，即便是以生产为正道的广大乡村，随着城市化的推进，在"建设新农村"的口号下，让朴野"高雅化"的运动正在轰轰烈烈地进行着，以非生产的无用装饰代替丰产的田园景观。苏州园林的奇石、金水桥的汉白玉，还有彩叶绿篱大行其道。再过20年，或者更短的时间，我们就会发现，这同样是荒唐的。

在中国文化中，同样也在其他文化中，以非生产性为高贵、以非生产性为美的文化源远流长。原因之一是生产性是自然之道、是普通与寻常之道，也是千万年的自然演化与人类进化赋予生命与人类的生存与繁荣之道。而少数统治大众的贵族与士大夫为维护其优越地位，必须通过其与众不同的生理与文化特征来彰显其特殊性，

于是，畸形（有别于普通的健康形态）和“非生产性”（有别于普通的丰产功能）便成为他们所追求的特质。原始社会的“羊大为美”的价值观，在两千多年的中国封建文化中早已被颠覆，并流毒至今。于是从人体开始，一直到城市与景观的设计，“非生产性”与畸形便成为定义美与高贵的最重要的标准之一。从中国妇女的裹脚文化，到当代模特们为求瘦弱而患厌食症并且死亡的时尚文化；从玛雅贵族的头颅畸形手术，到北京、上海和迪拜城市中盛行的奇形建筑之风尚。我看见以非生产与畸形为高贵和美丽的传统不但没有因为时代的进步而停止，甚至被发扬光大，而这种少数人的传统俨然成为城市化大众的追求，其代价便是地球生命系统的大破坏。

因此，回归景观或土地的生产性就是回归生存与健康的艺术，就是回归自然之道，就是回归寻常之道。这需要一种新美学与新的价值标准，需要颠覆既有的价值体系和审美观。如此，城市才会可持续，土地才会有新生。奥巴马夫妇在白宫毁掉花园草坪种菜便是对新价值观的追求。

州鹿鸣公园，
复被抛荒的
地。市民酷
这片营建于
市中的丰产
田园。（土人
十，俞孔坚
2015）

于是，我憧憬未来城市的途径：未来的城市是新桃源城市或新田园城市。确切地讲是低碳或零碳的城市，是生产性的城市，更是节约型的绿色城市。雨水不再通过市政管道排出，而是被留到城市的鱼塘中或补充地下水；街道上的绿地里长满庄稼和果树，不再是只开花不结果的园林花木；

稻谷和高粱在社区和学校的绿地中生长、成熟，在成熟的季节里，鸟兽和人类共同在那里收获并欢庆丰收；建筑是由能够进行光合作用的表皮构成，屋顶用作养鱼池，不但保温节能，而且生产食物；城市地下室是巨大的蘑菇工厂，繁育最富营养和健康的蘑菇。

当代一些巨型建筑和城市空间及大马路将被改造成新田园景观，在供人们凭吊20世纪荒诞建筑和城市景观的同时，为新田园城市提供绝好的生产和游憩场所：比如CCTV大楼是一个立体农、牧、渔业的复合系统，大裤衩的洞里会安装几个风力发电机，利用其风动效应；国家大剧院则利用其无比的温室效应，被改造成巨型热带、亚热带温室，生产各种瓜果，地下室种蘑菇；鸟巢是国家菜市场，其巨大的钢构可以用来悬挂各种容器，形成空中菜园；天安门广场可以改造为向日葵田野，在生产油料的同时，让全国人民有机会体验朵朵葵花向太阳的意境；交通工具是高速干线，连接一个个紧凑型的步行社区，那里只需要随处可见的共享单车来解决最后一公里的交通问题。当今大量的停车场可以用来种植小麦和菜园，或挖成收集雨水的鱼塘。

这种新桃源城市是生态文明的标志，不是乌托邦，而是生存的艺术。

2010年2月28日于燕园

本文首次发表于《景观设计学》，2010，9（1）：22-23.

论“公园”

如果说景观是社会意识形态和价值观在大地上的投影，那么公园就是公民社会发展到一定阶段的产物，是民主、自由和平等的社会理想的物化和载体。公平性、公共性以及满足人的身心再生和自由的需要是公园的本质。

从发生学的角度来理解，公园有以下三个源头。一是乡村的公地，往往是村落的宗教礼仪场所或必须共享的资源集聚地，如西方教堂前的广场和草地，或中国村落中的宗祠和寺庙前的场地，围绕水井、水塘和大树的场地。在这里，不同的家庭和个体可以公平地利用场地，平等地相互交流，儿童们可以平等地一起玩耍。但是，在一个不平等的社会里，即便是在这样有限的“公地”内，实际上人们的交流和使用空间的权利也并不是完全平等的，其公共性是有局限的。因此，公地是否名副其实，实际上依赖于社会本身的公平性。

美国波士顿公共花园（Public Garden，1837年建成）被认为是美国最早的公园，从名字中可以看出花园的公共化，后来的城市绿地直接被称为公园（Park）。（俞孔坚摄，2006）

虽然公园是舶来品，但公园性质的社区公共空间一直存在于中国的广大乡村和城镇，图为婺源赋春王村的祠堂公地，村民共同拥有的聚会和休憩场地。（俞孔坚摄，2021）

公园的另一个源头是私家领地的开放或公共化，尤其是贵族狩猎的场地开放给大众，使私家花园变成公共花园，所以形式上仍然是私家园林，但服务的对象变了，诸如英国的许多早期公园、法国的凡尔赛宫以及欧洲许多贵族和皇家园林开放成公园。较起真来，中文的“公园”一词，往往被望文生义地理解成“公共花园”，因而在中文语境中，对公园的理解往往不充分。

城市被认为是公民社会高度发展的结果，公园的内涵因为城市的发展而得到最完美的体现。因此，公园的第三个来源是规划的城市绿地，它们被有意识地作为城市规划设计的重要内容，甚至是核心内容来规划建设，并成为城市的中心或社区的中心，纽约的中央公园便是其典型。类似的，在美国城市快速发展时代规划建设起来的城市，几乎都有一个同样性质的中央公园。西方世界的价值观，特别是美国的立国之本——平等、自由和民主——在公园中得到了最充分的体现。

除了在汉语文字上“公园”一词不能充分表达“Park”的完整内涵外，中国的城市公园从一开始就是带着歧视和不平等来到半殖民地中国的。上海滩上“华人与狗不得入内”的“公园”给中文语境中的“公园”开了个坏头，强化了中文语境中的“园”而剥夺了“公”，也同时暴露了西方资本主义和殖民主义的虚伪。即使民主的新中国已成立60多个春秋，中国的城市“公园”在很大程度上仍然摆脱不了围墙中的“园”的概念。

记得2000年应邀设计广东中山岐江公园时，在我们提出要建

广东中山岐江公园设计方案模型征询公众意见。方案采用无围墙的开放公园模式，将公园完全融入城市肌理之中，是新中国最早破除公园围墙意识的项目之一，得到了市民的支持和推动。（土人设计，中山市规划局提供，2000）

一个没有围墙、融入城市生活、对接城市街道的设计方案后，竟然遭到许多专家的反对。诸如管理困难、“园不像园”的质疑，差点使方案夭折。好在中山市民和当地决策者受惠于孙中山先生思想的熏陶滋育，故有敢为天下先的传统，一个没有界线的真正意义上的公园得以建成。虽然，公园的免费开放已在各地城市中普遍实行，但对于公园作为公民社会价值观的体现的认识，尚需进一步提高。在中国数以千计的公园，特别是“中央公园”的建设中，“造园”和“造景”的意识仍然主导着规划设计和管理，而公园作为城市中最平等、最自由的场所和人文关怀却有待彰显。

时代在变，城市公园，特别是中央公园的功能也需要改变。我们除了要将“公园”真正从造景的“园”转变为公共的“场”（Common），以体现当代城市作为公民社会发展的最高阶段的形式和载体外，当代公园必须对当代城市所面临的生态与环境挑战做出应答。诸如雨洪管理、栖息地保护、都市农业等问题，都意味着中央公园的形式将会与经典的奥姆斯特德（Frederick Law Olmsted）式的疏林草地景观有很大的不同。因此，在规划城市公园方面，当代景观设计师的工作将比以往更加富有挑战，也更加令人激动。

2012 年 3 月 2 日

本文首次发表于《景观设计学》，2012，21（1）：22-23.

共享城市

过去20年，我买过不止十辆自行车，都已经不知去向了。虽然偷盗一辆单车算不了大罪，但要看管好一辆私人拥有的单车，却绝非易事。渴望绿色出行的每一个城市人，几乎都有同样的烦恼。今天，几乎在一夜之间，这种烦恼不复存在了！因为，在我居住的小区门口和在北京大学校园的每一个门口，都有源源不绝的单车供我随时使用。这些单车色彩鲜艳，设置简单，扫码即可骑行，一年下来的消费可能也足以买一辆属于自己的漂亮的自行车了，但那也意味着承担监护的麻烦。

当拥有变成负担，而使用成为目的时，共享便成为优选。尽管人性注定我们或多或少把拥有什么和多少当作身份的象征，但社会的发展却已经悄悄地不断向“共产主义”的时代接近。城市化和城市本身因为共享的需要而出现：我们共享空气和水、共享街道、共享市政管网、共享广场、共享花园和公园，还有共享的语言和行为规则。共享的程度，在某种意义上说是衡量城市化的程度或者在某

共享单车突袭而来，亟待城市景观的设计和管理快速适应。图片显示的是一种普遍的、充满讽刺意味的景象：一方面，无处不在的单车占据了连绵数里的步行空间，这显然是城市管理者的懒政造成的，如视单车停放为城市累赘，干脆将它们置于偏僻的角落，结果导致大量闲置。另一方面，城市园林绿地仍然坚守自己的“领地”，并消耗着城市的稀缺资源，而不是提供共享城市所需要的更多的服务，这既是对设计和管理技术的挑战，更是对价值观的挑战。(俞孔坚摄，2017.06.08)

种程度上可以说也是文明程度的一个衡量指标。“城市化”也因此可以被理解为“共享化”。今天的城市可以被看作共享的资源，而互联网则是开发这种资源不可或缺的工具。我们可以共享的资源已经从汽车、别人家的厨房，甚至到电影明星的卧室。

如果说“城市化”更确切的定义是人的文明化，或者是一种文明的、技术化的生活方式，而并非代表传统城市的高楼大厦，那么，国土尺度上的城市化或者“共享化”便不可避免。因此，最近在海南提出了“共享农庄”的概念，这也就可以理解为城市化一个高级阶段的到来：城市文明的一种高级形态，它把高度城市化的人与最优美宜人的自然环境嫁接在了一起，来实现中国最先“城市化”了的士大夫们探寻的近两千年的“归田园”梦想。

而我最想说的是，共享城市或更确切地说是共享生活方式对景观设计学和景观设计行业意味着什么。这并不是一个全新的问题，因为从某种意义上说，景观设计学和景观设计师这个职业是共享城市的产物，是为了让工业化时代的城市居民，能共享满足身心再生需要的理想环境而孕育的学科和职业。记得近15年前，我在构建城市生态基础的“十大景观战略”中，就提出了多条与当今共享需求相关的战略，包括打通围墙，开放专用绿地，建立连续的自行车道网络，溶解公园，溶解城市和将农田纳入城市，等等。现在看来，虽有些超前，但今天都已经在实现之中。这并非因为我神机妙算，只是我顺着人类文明进步的轨迹，看到了这个学科和专业必须要适应的社会进步的趋势。今天，随着新的共享资源的不断被开发，景观设计学显然将面临一些新的课题，包括如适应共享单车的停车空间的需要，以及如何满足未来共享自动汽车的使用方式的需要，如何设计共享农庄和共享田园，等等。共享生活方式为景观设计学的发展开启了并且还将不断扩展着光明的未来。

2017 年 6 月 10 日于景德镇紫晶宾馆

本文首次发表于《景观设计学》，2017，5（03）：4-7.

步行上班

难得的一场大雪覆盖着冬日的枯黄，好纯洁的世界。小区里往日的微地形已全部隐没，勤快的住户和物业管理人员忙碌着扫雪。我则踩着前人留下的脚印，花了四分钟便穿过了小区。早起的猫狗们在雪地上留下了一串串脚印，根据脚印的大小和深浅，以及周边雪的状况，你甚至可以分辨出是矮矮的长毛京狗还是帅气的金毛，在主人遛狗时我大都在路边见过它们。出了小区，便可踏上沿河的小路了，河道已经渠化，水泥倒梯形好危险！但河边的柳树依然美丽，树枝间是深浅不一的积雪，很像卡通画，昔日的俏丽妖娆，此时显出浑圆的憨态，五分钟的路段很快就过去了。

接下来必须过马路，这是最头疼的，必须眼观六路，尽管步行的指示绿灯已亮，但不耐烦的小汽车和公交车，仍然会开足马力，带着一身的雪泥，从身边傲慢地轰鸣而过，有的司机还带着优越感的眼神，回望你一下。下面的路段则是我步行上班途中最差的了，右边是六车道的大马路，左侧是大院的围墙。但即便如此，我仍然

可见美丽的风景：马路对面高高的圆明园围墙里有老态的杨树，树杈上有多个鸟窝，三五只喜鹊俯冲下来，追随着我大声欢叫。嗤嗤的雀声从围墙边的连翘丛中发出，它们在找寻没有被雪覆盖的草籽。路上的汽车吃力地爬行于雪水之中，行进的速度就像蚂蚁，长长的队伍已堵了一路，我不免对车里的人们产生了一些怜悯——不知他们还将花多少时间待在封闭的车厢里啊！这段路我花了八分钟。

下面一段是最精彩的了，先穿过清华西北门，再沿玉泉河边的便道穿过清华园，总共需要十分钟！进入校园的第一醒目标志是历史久远的天文观测塔，高耸在浓郁的侧柏林之上，渲染了浓浓的学院氛围。玉泉河侧的便道使用的人很少，踏雪的感觉非常好，听自己的脚步将蓬松的积雪压实，发出带有磁性的咯吱声。尤其喜欢这一步一个脚印的感觉，回头看是一条连续的轨迹，异常鲜明。就在河的北边，是一座校园殡仪馆。这里经常会有送别亲友离世的聚会，室内响着哀乐，外面是难得有机会聚在一起的亲友们，都带着白花，三三两两聚在一起，或追忆或感慨，但都很轻松的感觉，并无其他殡仪馆常见的那种凝重。今天也不例外，又是某位德高望重的老人离世了。这段路的经历，总让我对生命的认识又深刻了许多。

在上班的路上可欣赏到最细微的景，比如树上的菇。（俞孔坚摄，21.08.20）

穿越清华园的路沿着渠化的玉泉河。（俞孔坚摄，2009.09.20）

下雪天走路最惬意，每当此时，人走得往往远比汽车快。（俞孔坚摄，2010.01.04）

继续沿玉泉河前行便可出清华西校门，需要穿越第二个红绿灯路口。若是在暑假，这里是最拥挤的，来自全国的青少年旅行团把西门口小广场挤得严严实实，门卫用喇叭高喊着“进校园必须出示清华的证件”！我则往往趁乱从人群中穿过，又随人群快速穿过马路，再过三分钟，我便可到达我的办公室。就这样，我的步行上班路程总共花了30分钟，约三公里。因为下雪，今天步行算是比较艰难的，平时天气好时，还可少花些时间。但即便是雪天，我仍然有一天中最美丽的体验，只因为我步行上班。

春天步行上班最难忘的体验是路过毛白杨树下时，那花穗打落在头顶的快感，于是我常常离开两点一线的路径，故意绕道到大杨树底下。我曾经有另外一条绝佳的步行上班线路，沿路都是高大的杨树，大致有40年树龄，春天遍地都是落下的杨花穗，人们习惯称之为“毛毛虫”。夏天时，在杨树荫下疾步行走，有一种畅快淋漓的感觉。秋天步行上班则是我的最爱。大概在一两个星期内，我都能踩着金灿灿的树叶，有种小时候在田里收获的感觉。因为搬家，这条曾经洒满金色的上班之路的美妙经历就成了永久的回忆。

2011 年 2 月 10 日成稿于上班途中

本文首次发表于《景观设计学》，2011，15（1）：20-21.

农民和他背后的地球

在低技术下，自给自足的生活方式、节制的欲望以及对土地和山林之神的敬畏，对水的节制意识，都通过每个农民的在地劳动，创造了难以置信的宏大的梯田景观。早在工业文明和大机器来临之前，通过锄头这种简单的工具以及每个农民个体的日常劳作，地球的面貌早已经完全不是自然状态的了。得益于低技术以及人地和谐（哪怕是被迫的）的价值观，地球面貌发生了根本性的改变并持续了长达数千年之久。而工业文明开启以来，无节制的消费主义以及人地对抗的价值观，加上势如破竹的工业化机器和破坏力，如果没有上帝的管控或者没有人类价值观的革命性改变，地球的面貌（主管视野的客观呈现）必将走向万劫不复的境地。（元阳，俞孔坚摄，2010）

论全球视野与地方行动

最近坊间流传一则笑话：如果北京城所有人同时朝一个方向吹风，一定可以把雾霾吹散！另一个传播更广也更久远的笑话则调侃了中国庞大的人口数量：如果13亿中国人同时从椅子上跳下来，肯定会发生地震。对此，我们大可一笑置之。但如下说法却应当被认真对待：如果每个人都尽可能步行或骑自行车上班，冬天在室内多穿衣服而把供暖温度调低5℃，夏天打开窗户通风降温而非使用空调……尽管这些举动十分微小，但日积月累，全球将缩减至少三分之一的能耗；如果每个人都能切实贯彻“光盘行动”，节约每一粒粮食，那么全球将节约至少三分之一的耕地，整个大地景观将发生根本性的改变。类似的“如果……那么……”还有很多，例如，如果每家每户和小区里的雨水都能被有效收集并就地利用，如果每个农户的生活污水都能转变成肥料，如果每亩田地中的肥料都能被就地吸收而非排放到河水中，那么我们的国土、我们的地球将会更加美丽！

很早以前我就曾读到，生活在中、南美洲地区的食蚁兽在舔食蚂蚁时，总是先小心翼翼地用利爪将蚁穴撕开，使蚁穴不至于被完全破坏，如此一来，它们下次还可以在这里捕获猎物。在舔食行军中的蚂蚁时，它们也总是将蚁群吃一段留一段，使其不至于全军覆没。相较而言，人类似乎普遍缺少克制个体或小群体欲望的基因。因此，从生物学的角度来看，地球迟早会因人类而毁灭。人类发明的所有技术，从农耕时代的锄头，到工业时代的机器和原子弹，再到信息时代强大的计算机网络等，似乎都在推进着这一毁灭进程。

值得庆幸的是，伦理、法规和审美等方面的价值观可以约束人类的行为，并在全球视野和地方行动（或个体行为）之间建立联系，而这只有在高度文明的社会中才能实现。此处的全球视野是指科学与文明一族对于世界的客观而全面的认知，及其对全人类未来的关切：全球气候的变化、水资源的匮乏、生物多样性的锐减、能源过度消耗、粮食危机……这些都影响着人类及其生存环境的可持续性。对此，唯有通过环境和生态价值观（包括环境和生态伦理、相关的保护法规、生态美学等）来判断和影响每个人、每个局域的地方行动。这些价值观最终将引导人们日常的在地行动，如是否践行绿色出行，是否减少空调的使用，是否将雨水截留而非直接排放，是以当地的野草为美还是以引种娇贵的奇花异卉为美……

生态文明和美丽中国（或美丽星球）的视野，是代表人类最高文明和科学成就的全球视野。在这样的视野下，必须有适宜的价值观与之相适应。否则，再发达的技术也只能让全球视野日趋并加速黯淡。

本文首次发表于《景观设计学》，2018，6（01）：6-7.

第四篇 设计科学与艺术

经过艰难的抉择，我释然了，因为我在纷繁与迷雾中寻找到了作为景观设计师的良心，这种良心常常因为迷恋于自我表现而让位给奇特的景观，这种良心常常因为追求商业利益、迎合领导和讨好甲方而迷失；这种良心常常因设计师的技艺和能力的局限而变得模糊；这种良心也常常因为讨得世俗的一时欢愉而被放弃……

终于释然了，因为我因此而懂得如何去设计，通过设计其管理和改造的方式，来延续这片独特的地域文化景观的演绎过程，来维护这一被围困于都市中的农业遗产的真实性和完整性，并使其适应新的自然和环境，产生新的价值，以满足新时代对它的需求……

一次景观伦理的心路历程

近一个月以来，我一直处于万分纠结的状态之中，有几夜辗转难眠，不为其他，而是因为一片果园，一片幸存于大城市版图中的绿洲：广州“万亩果园”。困扰我的不是因为我和我的同事们没有能力将这方土地设计成一处令世人惊叹的新景观，也不是因为当地政府没有财力或能力在这方土地上再建一处辉煌的城市景观；相反，是因为作为设计师，我们太容易将这里改变成我们自己想要的景观；作为甲方，他们也太容易就能改变这里的一切。困扰我的是关于如何对待这片土地的基本问题：景观的伦理问题。

“万亩果园”曾是珠江三角洲著名的水果之乡，水网纵横，荔枝、龙眼、杨桃等岭南果树密布其中。其间分布多个村落，地处果园中心地带的小洲村闻名遐迩，街道水巷穿插如织，古木浓荫，老宅依稀。几百年来，与珠江潮水同呼吸，与四周果园相共生。近年来，由于城市的扩张，果园被不断蚕食；由于大气和水环境恶化等环境污染问题的不断加剧，严重影响果品的质量和产量；而由于生产成本的增加和利润的减少，果农们放弃果木管理，转而将土地和住宅出租给外来务工人员，以谋得更好的生计，百年果园面临危机。在此背景下，广州市政府决定将果园收归国有，作为广州“南肺”，统一管理。

在斥巨资成功收归国有的一片欢呼声过后，政府却面临着一个更为棘手的难题：如何对待这片没有了果农的果园？如何改造并提升这片大都市中心的农业景观，使其既能适应城市发展的需要，又能保留其作为果园的特色？如何认识日益扩张的城市和日益增长的城市人口，不仅是当代人，还有未来的城市居民，对这方土地的期待？最根本的是，城市包围中的“万亩果园”到底有着怎样的价值？生产价值，环境调节价值，生物栖息地价值，游憩、科普与美学和文化体验价值？为实现这些价值，我们将如何通过设计来改变它，使其在保留旧有价值的同时，创造新的价值？

痛苦的思索之后，我释然了，因为我在景观伦理的天平上找到了平衡：我不忍心砍掉在这里生长了几十年、上百年的荔枝树，去挖湖堆山，创造出一片全新的开阔的湖面和美丽的水景或人工湿地，而这正是部分人喜欢、曾有过经验并博得喝彩的途径；我也不忍心毁掉这朴实无华的沟渎阡陌，将其改造成精于奇巧的小桥流水、奇花异卉、铺陈白玉怪石、点缀亭台楼阁的所谓园林景观，而这正是设计师们最擅长与最热衷的，也正是万亩果园一期工程中所采用的方法；我也不忍心忽视几代人、十几代人在这片珠江三角洲大地上所付出的艰辛与智慧的烙印，而正如许多保护主义者所提倡的，放任果园，任凭其衰退演变，这或许能创造出一个难得的城市自然生态系统，但却失去了一处难得的农业遗产景观和都市人迫切需要的休闲体验。

经过艰难的抉择，我释然了，因为我在纷繁与迷雾中寻找到了作为景观设计师的良心，这种良心常常因为迷恋于自我表现而让位给奇特的景观，这种良心常常因为追求商业利益、迎合领导和讨好甲方而迷失；这种良心常常因设计师的技艺和能力的局限而变得模糊；这种良心也常常因为讨得世俗的一时欢愉而被放弃……

终于释然了，因为我已明了，这片果园是地域文化景观的代表，是地域的农业遗产景观。它是当地人与珠江三角洲在自然过程中交互作用的产物，是当地人民和社会对珠江地域自然过程和格局相适应的文化表达，是几代人甚至几十代人的艰辛和智慧在大地上的烙印，它赋予了广州和广州人独特的个性；它曾经，而且还将为世代生活在这方土地上的人民带来福祉和文化认同，并承载这方土地上人们的喜怒哀乐、爱恨情仇。

终于释然了，因为我因此而懂得如何去设计，通过设计其管理和改造的方式，来延续这片独特的地域文化景观的演绎过程，来维护这一被围困于都市中的农业遗产的真实性和完整性，并使其适应新的自然和环境，产生新的价值，以满足新时代对它的需求。未来的万亩果园，将是一处生机勃勃的都市农业景观：通过果园认养和都市农业管理过程，延续果园的生产性景观；向农民学习，通过果林的间种技术，形成更为丰富的岭南百果之园、百蔬之园、百花之园；通过简单的填挖方技术延续珠江三角洲桑基鱼塘的农业传统，在浓密的果林基质中，通过光和水的调整，营造丰富的栖息地斑块，形成闹市中的百鸟之园、百兽之园和百蝶之园；在上述新果林景观的基底上，再引入一个都市游憩系统，包括自行车和步行栈道，以及空中游览道，使都市人能够充分体验这一新都市生态农业景观的丰产、健康与美丽。

如何对待广州万亩果园这样的农业景观，如何将乡村的果园变为城市的绿地？城市需要什么样的绿地？是恢复自然的湿地、建造市民公园、深挖地面形成美丽的湖景，还是在城市中保留一片果园？如何让没有了果农的果园得以持续并丰产？寻求这些问题的答案，成为当地政府和设计师面临的一个难题。这个难题既不是设计和工程上的技术问题，也不是投资和建设中的经济问题，而是更深层次的景观伦理问题：如何对待我们脚下的土地，如何对待由土地和土地上的物体所构成的整体系统，如何认识景观的历史与特质及其与人类的关系，如何理解景观作为人类和社会对环境的文化适应，以及人类和社会的自我属性的表征。最终，这成为有关人类和社会的价值观的伦理问题。景观伦理是对人类伦理的延展，是社会文明的标志。因此，如何对待这样一片城市中的农业遗产景观，能够反映出一个社会的文明程度。

2012年初，广州市委市政府提出推进新型城市化发展的口号，并以建设“以花城、绿城、水城为特点的生态城市”为具体目标。2012年7月3日，中共广州市委在南沙召开理论学习中心组（扩大）推进新型城市化发展务虚会，会上作者做了近两个小时的专题报告：“大脚革命走向生态城市”。

接着，于2012年7月17日、18日再次受广州市委组织部之邀，同时给从化区、白云区和荔湾区三个区的所有副处级以上干部授课，8月9日又受海珠区政府之邀给全体区乡镇级以上干部授课，总共三千多名干部听课。“用丰富的实践案例，将‘反规划’与大脚革命和大脚美学理论娓娓道来。从玛雅贵族畸形的头颅到中国的‘三寸金莲’的畸形审美观；从昂贵的、劳民伤财的水利工程到化妆式城市绿化和政绩工程，俞孔坚教授对中国当代小脚城市的现状及成因进行了剖析和抨击。他指出：由于长期受中国小脚城市主义审美观和美国巨物主义消费观的影响，过去30年中国的城市建设进入了误区，形形色色的‘裹脚布’使我们的城市和乡村都被裹成了‘小脚’。俞孔坚教授认为我们需要改变价值观，需要一场革命——大脚革命！如此才能走出目前中国所面临的城市与环境的困境，真正走向生态城市，再造秀美山川。”（许涛，2012）

此后，受海珠区、从化区、花都区政府的委托，开始参与海珠区万亩果园湿地以及从化湖、花都湖、天河智慧湖的设计任务。发现：领导要求这些项目都挖湖造景，大部分情况下都要毁掉原有的果园和丰产农田，与我倡导的生态城市、海绵城市及丰产的城市理念相违背。领导们又不断施压，因为当时市委最高领导给每个区的死任务是“一区一湖”。为此，作者经历了痛苦的内心斗争，并多次向包括市委书记在内的领导去信，苦苦相劝，希望不要盲目挖湖，保护乡土果园的丰产良田。最终没有忍心为迎合领导的意愿而毁掉荔枝林去挖湖，当然，除了在天河智慧城实现了广州首个海绵城市案例以外，土人设计也一度被拒绝继续参与这些工程的实施设计。本文首次发表于《景观设计学》，2013，1 (02)：5–7. 收入本书时略有修订。

附文

本文是当时给广州市委领导的“莫要毁掉从化荔枝林来挖湖”的建言（节选）。

承蒙各区县重视，我已实际参与到天河、花都、从化的具体建设项目中。本次特别想向您汇报的是从化区荔枝公园（原从城湖公园）景观设计方案。

……

我看到流溪河滩两岸几十年养育的丰产而美丽的荔枝林带、那种生气勃勃的果乡田园，它正是我们美丽城乡的脚本。它应该作为广州美丽城乡的写照之一……

我满怀信心地设计了荔枝公园的方案，我们在此提出了“最小干预、最小投入、最佳参与、最优效益”的建设战略，并采用“上下”战术，“上”是通过在荔枝林上构建艺术化的空中环廊与栈道系统，将人与林地有机融合，最大限度地减少对荔枝林的破坏，又最积极地吸引人的进入；“下”是通过将河滩塑造成柳叶小岛，减少大挖大运，同时增加水网情趣，一举两得，提升多重林下与滨水体验空间。同时在场地中融入休闲、娱乐、科普、生态、劳作、展示、运动、健身等多种功能于一体、城乡精神于一体。

保留荔枝林、生机勃勃的河道、精致的栈桥、考究的栈道。追求艺术与田园的对话，是本次方案的目标，希望也是美丽城乡的目标。

特将本方案呈报给您，希望能得到您的批评与指正，以便我们能进一步在实施中落实您的思想，加快建设进程，衷心感谢！

冒昧之处，请望海涵。

俞孔坚

北京大学建筑与景观设计学院院长

土人设计首席设计师

2012年11月18日

广州万亩果园

在迅速扩张的城市边缘地带，这片曾经养育了一方人民的果园得以幸存。它被政府购置，并将很快成为城市的绿心。图为作者考察万亩果园。(土人设计，2021.03.25)

2012年7月至8月，多次给广州各级领导三千多人授课。（许涛摄，2012.07.18）

实践研究：创新知识和方法的范式

2020年6月9日晚，一场中美国际线上研讨会持续了近两个小时。这是“实践研究”系列讨论的第一场，旨在揭示大学和规划设计机构如何通过研究，就具体实践问题实现理论、方法和技术创新，并促进相关应用与推广。

本次研讨会由麻省理工学院终身教授、著名景观和生态学者安妮·惠斯顿·斯本发起。她曾深入研究美国生态规划的开创者伊恩·麦克哈格在宾夕法尼亚大学和他本人创立的WMRT事务所进行的实践研究（包括其著名的创新性实践研究成果《设计结合自然》），以及两个机构间的互动关系。她亦非常好奇中国的相关实践研究如何进行，并为此于麻省理工学院设立了专门的研究课题，重点探讨过去20年间北京大学建筑与景观设计学院和土人设计的实践研究，以及这两个机构之间如何互动并进行知识创新，以解决中国城镇化过程中出现的紧迫问题。受斯本教授的启发，我回顾了“北大－土人”实践研究的模式以及遇到的种种挑战，由此总结了三点思考，与读者分享。

第一，为什么要做实践研究？当我们面对全新而陌生的问题，且缺乏成熟的解决方案或技术支持时，针对性研究便十分必要。例如，由于文化背景、社会制度及地域条件的不同，中国城镇化进程中出现的一系列城市问题，均难以从其他国家的经验和教训中直接找到可靠的预测模式和可借鉴的解决方案；同时，现存的理论方法繁多，但哪种方法更适用于当下中国所面临的具体问题亦不得而知。在某种意义上，这便是“摸着石头过河”，只有通过实践研究才能得到真正有用的知识和解决实际问题的方法，在不断的尝试中积累经验，最终解决问题。

第二，谁来做实践研究？一般而言，院校教师、科研机构的研究员、学生，以及在实践一线的规划设计师是实践研究的主体。但事实上，国内现行的学术考核方式并不鼓励实践研究，而是片面追求论文引用，对实践的理解偏差使得学者更倾向于做学究式的研究，从故纸堆里去寻找课题，热衷于申请由政府设立的所谓“纵向项目”，而较少考虑由企业资助的、用于解决实际问题的“横向项目”。在成果评定中，直接与社会实践相结合的研究课题或多或少会受到忽视。事实上，在“以文章论英雄”的大学里，从职位招聘开始就已经注定了实践研究的弱势地位，也奠定了院校的研究氛围：脱离实践的空泛研究不仅于解决当下的实际问题毫无益处，也使学生们在毕业后无法快速适应社会需求。长此以往，学科和专业的创新能力和解决问题的能力便每况愈下，学科也将失去其存在的意义。

在中国的城镇化和市场化的大潮到来之前，规划设计机构原本有着非常深厚的研究传统，为解决城乡发展过程中的症结开展了大量名副其实的研究，因此常被称为“规划设计研究院”。后来，越来越多的研究院所改制为公司，进入市场；与此同时，在巨变的社会经济环境中，新问题层出不穷，对知识创新和模式创新的需求也随之增加。然而，模式套用之风大行其道，诸如“一轴N廊N中心”“南扩、北控、东拓、西优”的盲目照搬充斥于大江南北各个城市的规划中，“跨江发展”“向海发展”成了套路，滨江大道、滨河大道蔚然成风。建筑与景观设计行业中千篇一律、自欺欺人的规划设计招投标、恶劣的低价竞标，以及近20年不变的低取费标准，导致规划设计人员鲜少能够投入足够的时间精力对实践中的问题进行深入研究，由此造成行业内劣币驱逐良币、从业者薪资和企业利润低下的状况，整体上使一个具有研究性的实践行业退化为“廉价劳动力”主导的生产性行业。在自然资源保护与城乡规划系统内，专业和行业难以适应国家行政机构的调整和国家需求的重大转变，亦暴露出过去数十年来实践研究的严重缺位。

第三，面对当前的不利状况，如何推动实践研究和知识创新？首先，我们希望高校及研究机构能够认识到实践研究的价值，并由此改变各种有损于实践研究积极性的“指挥棒”——事实上，此次新冠肺炎疫情已经无情地揭示了中国实践研究的窘境，也迫使有关部门名义上取消了唯论文和引用率为导向的评价体系；其次，少数有情怀的学者对社会问题异常敏感，且富有研究热情，他们利用自身影响力引领后辈积极开展实践研究，这些努力和尝试应该被鼓励；再次，随着市场机制逐步发挥作用，实践研究将使研究性规划设计机构具备持续的竞争优势，使他们可以有更高的取费用于长期创新和研发，用更高的薪酬吸引优秀人才，以形成市场选择下优胜劣汰的良性循环。正如恩格斯百余年前所言：社会一旦有技术上的需要，则这种需要就会比十所大学更能把科学推向前进。因此，规划设计实践的充分市场化是实践研究最终获得重视和可持续发展的真正动力。

苟日新，日日新，又日新。实践研究是面对动态的社会和自然挑战，不断创新思想、理论、方法和技术的必由途径，对于景观设计和城乡规划设计学科而言尤其如此。说到底，规划设计实践本身就是针对某一个或一组问题，寻求最优解的研究过程。而“原型研究”作为一种创新知识和方法的范式，即为实践研究的一种。面向未来挑战的原型研究成果将不断拓宽景观设计学科的发展路径，为设计师及相关领域的学者提供更具前瞻性的设计思路和更有弹性的工作方法，以促使我们更好地适应充满不确定性挑战的未来。

本文首次发表于《景观设计学》，2020，8（4）：4-9.

中国的乡村振兴是一个需要通过实践研究来寻求途径和策略的大课题，目前为止尚没有可以推而广之的模式，涉及农民的生存和发展、农业的效率和品质提升、农村的宅基地产权，以及生态和文化遗产保护等多方面问题。为此，连续多年，北京大学建筑与景观学院的团队致力于这方面的实践研究，并在徽州建立了可以长期观察的望山生活实验基地。图为学院师生在徽州西溪南的实践研究场景。（北京大学，2020）

为谁设计

景观设计既是人类社会发展的产物，也是推动社会进步的媒介。城市化和工业化使现代景观设计成为有别于传统造园的职业，也因为职业社会化分工的需要，而出现了“景观设计师”这一称谓，这一职业更是伴随着工业化过程中社会对公共空间特别是公园（如纽约中央公园）的需求而产生和发展的。“公园”的源头最早便是社区的公共交流场所，如宗庙前的草地与广场，村落中的广场和村头的空地，以及私家花园的社会化和公共化。

在这里，不同肤色、不同财富拥有者、不同权力拥有者和不同生理及心理特点的人，无论大人或小孩，男人或女人、残疾或健全，都将得到一视同仁的对待，有不可剥夺的使用权，人们在这里共享大地与天空。在这里，人与人得以平等地交流，获得身心再生和教育感化的机会，人性因此得以升华，真善美因此得以发扬，社会因此走向公平、进步与和谐。人类社会的最高理想也

南昌鱼尾洲公园

昔日的粉煤灰场和严重污染的鱼塘，经过生态修复，成为水上森林，是一方可以调蓄雨涝的绿色海绵，修复了鸟类栖息地，同时为市民提供了浸入自然的休憩场所。（土人设计，2018）

便最有可能在公共景观的设计中得以体现。因此，从一开始，社会关怀、人文关怀便成为景观设计职业和景观设计专业的灵魂与价值核心，也是评价设计作品的最重要的标准。

景观的社会性体现在设计师对芸芸大众的关怀、对现实社会的忧患与对未来社会的改良之心。高墙壁垒的园林，无论其构思多么奇巧，都注定了它对社会的漠视与消极自私的本性，因而只能是失意士大夫退隐的场所；远离大众、晦涩不堪的诗情画意，无论其多么美丽动人，最终也只能是艺术家孤芳自赏的颓废角落；挥霍社会财富而为当权者个人的政绩服务的所谓公共景观，包括大而无当的广场和展示性景观，无论其有多豪华美艳并蛊惑人心，都注定了其巧取民意却有违社会良心的本质。因此，景观的社会关怀应体现在如何使景观实现真、善、美的和谐与统一。同时，景观的社会关怀从来就离不开景观对社会所处的自然环境的关怀。陶潜所描绘的桃花源是一个农业时代的理想社会，是儒家与道家社会理想的最高境界，更是一个农业时代的理想环境的表达，在这里，人与人、人与自然都和谐相处。今天，在一个高科技得到发展的城市时代里，我们的社会理想又有了新的内容：自由、平等基础之上的和谐社会，已成为文明社会的标准；同时，后代与当代人享有同等的自然环境与资源的可持续思想，以及其他物种与人类同样具有生存和发展的权利的环境伦理，已成为景观设计的社会关怀所不可割裂的内容。

因此，景观设计是为这个社会的每个人，为当代的我们也为未来的他们，为人类，也为其他与我们共享这个唯一地球的所有生命。

2011 年 4 月 19 日于意大利热那亚阿斯托利亚酒店

本文首次发表于《景观设计学》，2011，16（2）：20–21.

论“丛林法则”与“戒权所”

近日，我与城市规划界的几位朋友在绍兴讨论有关水城规划的问题，参与者包括盖里·汉克、哈里·多德森、张杰、杨保军等。当谈到权力对城市建设的干预时，有人引用了“把权力关进制度的笼子里”的说法，期望在新形势下，城市的规划建设能在更加理性、更加科学的轨道上运行。中国城市规划院的杨保军为我们转述了一个故事：因为老虎听到丛林中的动物对自己常有不满意见，于是便做了个笼子，把自己关了起来。大家得知后都欢天喜地。老虎心想：这群傻瓜，也不看笼子的钥匙在谁手里。这个故事虽然颇具调侃性，但却令人深思，这便是“丛林法则”和关于丛林法则的干预。

当我们将丛林看作一个生态系统的概念时，有几个关键点值得我们去探索，包括特权和食物链、个体利益和种群繁荣、竞争与互利、种群的多样性与和谐共生、自组织与可持续性等。根据达尔文的理论，千百万年以来的物竞天择，形成了丰富多彩的丛林世界。由于竞争，每个物种都进化出了各自的能力以获得生存和繁衍的机会。多样化的生存方式，使这个世界充满竞争却和谐共荣，并不断积累着负熵，促使整个系统走向进化。这一进化过程的背后有一只无形的手，那就是物竞天择法则。如果一个外来物种（包括人）突然入侵，借助没有任何制约的特权“践踏”丛林规则，将导致繁荣和谐的丛林面临毁灭。生态学方面的研究早已证明了这一点——人以特权者的身份介入，使世界丛林岌岌可危。然而，把老虎关起来，甚至将其赶尽杀绝，这本身就是对丛林多样性、和谐竞争与共荣世界的破坏。

这种自然生态系统的“丛林法则”及其干预规律，早已被广泛应用于对社会系统的认知之中。引申至学科和行业的发展中再恰当不过。原本学科和行业的发展有其自身的“丛林法则”，个体为追求自身的最大利益和最佳发展而发挥各自的能力，最终将惠及整个学界和行业的繁荣与发展。学术和专业的能力及贡献则以创新和质量为准绳。在一个健康的社会生态系统中，同行即利益共同体，也就是丛林中的种群和群落，为了群体的利益，对每个个体的贡献设定公认的衡量标准，从而形成公平、公正的价值体系和行业文化。然而，过去几十年以来，不论是出于正当（如让发展成果更多、更公平地惠及全体人民）或不正当（如谋求部门或个人私利）目的，有形的权力之手一直在试图代替无形之手，操控设计学科和行业的发展。于是“权力寻租”泛滥各个角落，个体的创新得不到尊重和认可；相反，对“丛林法则”之外的特权的追求，却成为许多个体的努力方向。与各个行政级别对应的“长”们被等同于行业权威，于是，为追求“长”而奋斗，唯“长”是从，便成为行业内个体们忙碌的归宿，哪管学术立场和对真理的坚持？学会和行业协会被等同于部、局之类的政府机关，并归属于某某部委管辖，“长”们也便成为退休干部的第二职业，哪有学术尊严和地位？学会、行业协会的会费都变成供那些“长”们出国“考察”的经费，哪有能力为广大会员的共同进步而服务？行业的奖项被贴上了（政府）权力的标签，于是，买通奖项管理人员便成为行业内心照不宣的“潜规则”，哪管学术追求和业务创新？就连一个从业者的资质——公民的基本权利，也要从掌权者手中求得。历经千苦万难，或有幸最终获得，便感激涕零，三呼“谢主隆恩”，或不愿卑躬屈膝极尽苟且之能事，有些行业佼佼者，也最终落得无照经营之窘境。敢怒而不敢言者，何止千万！

本文首次发表于《景观设计学》，2014，2（02）：5-7.

在市场化背景下，如何规划设计和建设我们的城市，成为新时代的关键议题。2014年3月22至23日，绍兴水城规划理念国际研讨会召开。来自国内外的多位专家为绍兴水城的传承与发展建言献策。专家们形成了基本共识：应吸取中国大城市建设的失败教训，谨慎使用权力，回归土地，尊重自然、尊重人的生活需求，建设微小城市的集合，而不是大一统、体现权力的单一中心的大城市。但美好的愿望能否实现，关键在于政府如何行使权力。政府应该做市场不愿意做、但对维护公共利益又是不可或缺的事情，包括保护和建立水生态基础设施，而非忙于招商引资，建设巨大的、宏伟的形象工程。图为专家们在绍兴老城八字桥上，左起：米凯利·波尼诺、周筱红、刘健、俞孔坚、哈里·多德森、杨保军、盖里·汉克、李叙勇、谭纵波、两名学生、张杰、赵明。（清华大学摄，2014）

论景观设计学

此文为应译林出版社杨欣露编辑之邀为其主编的牛津通识读本《景观设计学》(*Landscape Architecture*)中英文对照版本所作的序。主要内容首次发表于俞孔坚，李迪华所著的《景观设计：专业，学科与教育》(国建筑工业出版社，2003)。

首先，*Landscape Architecture* 更贴切的中文译名是“景观设计学”，鉴于中国教育体系中学科的分类现实，愿意谬用“风景园林”也无妨，留给后人正之。但本序言内容按照国际学科发展共识来讨论，以正视听，以开民智。

当下，全球气候变化日益严峻，城镇蔓延，洪涝风险和水土污染威胁人类生存，生物多样性日益丧失，整体人居环境的不确定性不断加剧。试问世界上还有哪些学科和职业比规划和设计安全、健康和美丽的人类家园更重要？“牛津通识读本”系列介绍的景观设计学正是这样一门古老而崭新的学科，它以人与自然的和谐共生为目标，通过综合协调人与自然、当代人的活动与历史文化遗产的关系，将科学与艺术相结合，在满足人类物质欲望的同时，追求人类精神与审美的富足的美好家园。“牛津通识读本”系列是牛津大学出版社的重点项目，英文原版自1995年起陆续面世以来，在全球范围内已被译成近50种文字。丛书主题广泛，涵盖宗教、哲学、艺术、文化、历史、商业、经济、法律、政治、社会、心理、科学等领域。丛书作者多为国外大学或研究机构的知名学者，对相关领域均有较深入的研究，被誉为真正的“大家小书”。

要读懂该系列中的《景观设计学》这本小书，需要理解文艺复兴以来西方现代学科的发展和分类规律，需要理解从农业社会的自给自足和经验主义，到工业社会社会化的职业分工及科学体系的建立，再到当代系统科学，尤其是生态系统科学的发展对学科和专业发展的影响。需要理解农业时代的贵族小范围的造园（Gardening）如何走向工业化时代面向大众开放的风景园林（Landscape Gardening），再到城市和大地上景观的科学规划和设计（Landscape Architecture）。由于中国的现代学科体系源自现代西方，所以，有必要首先搞清楚的是中西文语境下的一些基本概念，特别是本书的一些关键专业术语和概念（俞孔坚，李迪华，2003）包括：

Landscape：景观（当Landscape用来描绘自然风景画时，被翻译为“风景”，即Landscape Painting，Landscape Art，尤指宽广视野下描绘的山水、森林等自然景物）

Scenery：风景，景致

Garden：花园

Gardening：造园

Horticulture：园艺

Landscape Garden：风景园，风景园林（中国传统的山水园林。因为早期的西方花园Garden源自园艺，主要用植物来营造，当山水风景被引入园林时，特别是受中国的文人山水园林中假山水的影响后，英国人便在“花园”前加了Landscape用来描写有山水和自然风景的花园，而后又融入了源于风景画的画意园林，并将花园外的风景与花园内的园艺融为一体。）

Landscape Gardening：风景造园，风景园林营造

Landscape Architecture：景观设计学（包含Landscape Planning和Landscape Design两个分支。国内往往误译为“风景园林”，与Landscape Gardening相混淆。Architecture实质是设计学，如Computer Architecture.）

Landscape Design：景观设计（具体的设计，指明如何做，更多取决于设计师的科学和艺术修养。）

Landscape Planning：景观规划（在什么地方干什么事，划定边界，取决于科学分析和决策过程。）

Landscape Urbanism：景观都市主义（景观而不是建筑决定城市的形态与布局。）

12.Landscape Ecology：景观生态学（研究生态系统之

间的空间和生态流的关系与变化）。

Horticulturist：园艺师

Gardener：造园师

Landscape Gardener：风景造园师

Landscape Designer：具体的景观设计者

Landscape Architect：景观设计师（注册的职业设计师，以区别于Designer，景观规划与设计师。）

关于景观的含义

景观，无论在西方还是在中国都是一个美丽而难以说清的概念。地理学家把景观作为一个科学名词，定义为一种地表景象，或综合自然地理区，或是一种类型单位的通称，如城市景观、草原景观、森林景观等（《辞海》，1995）；艺术家把景观作为表现与再现的对象，等同于风景；建筑师则把景观作为建筑物的配景或背景；生态学家把景观定义为生态系统或生态系统的系统（如Naveh，1984；Forman and Godron，1986）；旅游学家把景观当作资源；而更常见的是景观被城市美化运动者和开发商等同于城市的街景立面，霓虹灯，房地产中的园林绿化和小品、喷泉叠水。而一个更文学和宽泛的定义则是“能用一个画面来展示，能在某一视点上全览的景象”（《韦氏英语大词典》，1996）尤其是自然景象。但哪怕是同一景象，不同的人也会有不同的理解，正如迈尼希（D.W.Meinig）所说“一景十解”（*Ten Versions of the Same Scene*，1976）：景观是人所向往的自然，景观是人类的栖居地，景观是人造的工艺品，景观是需要科学分析方能被理解的物质系统，景观是有待解决的问题，景观是可以带来财富的资源，景观是反映社会伦理、道德和价值观念的意识形态，景观是历史，景观是美。

作为景观设计对象，本书所强调的景观是指土地及土地上的空间和物体所构成的综合体。它是复杂的自然过程和人类活动在大地上的烙印。景观是多种功能（过程）的载体，因而可被理解和表现为风景、栖居地、生态系统和符号。

风景：视觉审美过程的对象。

栖居地：人类生活其中的空间和环境。

生态系统：一个具有结构和功能、具有内在和外在联系的有机系统。

符号：一种记载人类过去、表达希望与理想，赖以认同和寄托的语言和精神空间。（俞孔坚，2002）

既然景观是一种综合体，我们就要考虑如何设计美的景物，如何设计人与自然、人与人和谐的社区，如何设计健康的生态系统，如何体现文化含义。因此就诞生了一门叫作景观设计学的学科，它的前身是Landscape Gardening，即造园。19世纪末工业化导致了景观设计学和职业设计师的产生，工业化的最大特点是职业的社会化，因此就产生了系统地整合这门学科的必要。1900年，哈佛大学设置了 Landscape Architecture 专业，在此之前已积累了40到50年的实践经验，创始人为美国景观设计之父奥姆斯特德，即19世纪60年代就已开始景观设计，但真正成为一门学科是1900年哈佛大学开设景观设计学专业，23年后又分出了城市规划学科。这门学科是对土地的分析、规划、改造、管理、保护、恢复的科学和艺术，它是对土地的全面设计，它是人与自然关系的协调，核心是人如何利用土地、协调人与自然的关系，设计人类美好家园的问题。

关于景观设计学

景观设计学是关于景观的分析、规划布局、设计、改造、管理、保护和恢复的科学和艺术。

景观设计学是一门建立在广泛的自然科学、人文与艺术学科基础上的应用学科。尤其强调土地的设计，即通过对有关土地及一切人类户外空间的问题进行科学理性的分析，设计问题的解决方案和解决途径，并监理设计的实现。

根据解决问题的性质、内容和尺度的不同，景观设计学包含两个专业方向，即景观规划和景观设计，前者是指在较大尺度范围内，基于对自然和人文过程的认识，协调人与自然关系的过程，具体说是为某些使用目的安排最合适的地方和在特定地方安排最恰当的土地利用；而对这个特定地方的设计就是景观设计。

景观设计学与建筑学、城市规划、环境艺术、市政工程设计等学科有紧密的联系，而景观设计学所关注的问题是土地和人类户外空间的问题（仅这一点就有别于建筑学）。

它与现代意义上城市规划的主要区别在于，景观设计学是物质空间的规划和设计，包括城市与区域的物质空间规划设计，而城市规划更主要关注社会经济和城市总体的发展规划。中国目前的城市规划专业仍在主要承担城市物质空间的规划设计，这主要是由中国景观设计发展滞后导致的。只有既掌握关于自然系统和社会系统双方面知识，同时又懂得如何协调人与自然关系的景观设计师，才有可能设计出人地关系和谐的城市。

与市政工程设计不同，景观设计学更善于综合地、多目标地解决问题，而不是单一目标地解决工程问题，当然，综合解决问题的过程有赖于各个市政工程设计专业的参与。

与环境艺术（甚至大地艺术）的主要区别在于，景观设计学的关注点是运用综合途径解决问题，关注的是一个物质空间的整体设计，解决问题的途径是建立在科学理性的分析基础上的，而不仅仅依赖设计师的艺术灵感和艺术创造。

关于景观设计师

景观设计师是以景观的规划设计为职业的专业人员，他的终

身目标是使建筑、城市和人的一切活动与生命的地球和谐相处。(西蒙兹，2000)

景观设计师的称谓由奥姆斯特德于1858年非正式使用，1863年被正式作为职业称号。(Newton，1971)奥姆斯特德坚持用景观设计师而不用在当时盛行的风景花园师或风景园林师，这不仅仅是职业称谓上的创新，而是对该职业内涵和外延的一次意义深远的扩充和革新。

二者的根本区别在于：景观设计职业是大工业、城市化和社会化背景下的产物，是在现代科学与技术，而不仅仅是经验基础上发展出来的；景观设计师所要处理的对象是土地综合体的复杂的综合问题，决不是某个层面，如视觉审美意义上的风景问题；景观设计师所面临的问题是土地、人类、城市及土地上一切生命的安全与健康及可持续的问题。它是以土地的名义，以人类和其他生命的名义，以及以人类历史与文化遗产的名义，来监护、合理地利用、设计脚下的土地及土地上的空间和物体。

关于景观设计专业的发展

与建筑学一样，景观设计职业先于景观设计学的形成，在大量景观设计师的实践基础上，发展和完善了景观设计的理论和方法，这便是景观设计学。

农业时代中西方文化中的造园艺术、前科学时代的地理思想和占地术（在中国称为风水）、农业及园艺技术、不同尺度上的水利和交通工程经验、风景审美艺术、居住及城市营建技术和思想，等等，是宝贵的技术与文化遗产，它们都是现代意义上的景观设计学创新与发展的源泉。但景观设计学决不等同于已有了约定俗成的内涵与外延的造园艺术或园林艺术，也不等同于风景园（林）艺术。

中国是世界文明古国之一，有着非常悠久的古代造园历史，也有非常精湛的传统园林艺术。同时，我们也需要认识到传统文化遗产与现代学科体系之间的本质差别。正如算术之于数学，中国的针灸之于现代医学，不能同日而语一样，任何一门源于农业时代的经验科学或技艺，都必须经历一个用现代科学技术和理论方法进行脱胎换骨的过程，才能更好地解决大工业时代的问题，特别是城镇化带来的人地关系问题。园林艺术也是如此。早在1858年，美国景观设计之父奥姆斯特德就认识到了这一点，而坚持将自己所从事的职业称为 Landscape Architecture（景观设计），而非当时普遍采用的 Landscape Gardening（风景造园或译为风景园林），由此，景观设计师作为现代职业和景观设计学一起为现代学科的发展开辟了一个广阔的空间并绵延100多年。

同样的理由，奥姆斯特德给这个专业和学科定义的空间决不应是景观设计学科当今发展的界限。早在20世纪60年代，另一位美国景观设计学科的领袖人物麦克哈格就已经针对当时景观设计学科无能应对城市问题和土地利用及环境问题，而扛起了生态规划的大旗，使得景观设计学科再次走到了拯救城市、拯救人类和地球的前沿，从而提出了景观生态规划（Landscape Ecological Planning），简称生态规划（Ecological Planning）。又有半个世纪过去了，城镇化的深入和蔓延、信息与网络技术带来的生活方式的改变，全球化趋势，都提出了新的问题和挑战，都要求重新定义景观设计学科的内涵和外延。可持续理论、生态科学、信息技术、现代艺术理论和思潮又都将为新的问题和挑战提供新的解决途径和对策。相应的新的学科发展更是把解决城市问题、应对全球气候变化和修复全球生态系统作为重要的研究和从业内容，因而有了景观都市主义、生态都市主义（Ecological Urbanism）。

但无论学科如何发展，景观设计学科的一些根本的东西是不变的，那就是热爱土地与自然生命的伦理（天地）、以人为本的人文关怀（人）和对待地方文化与历史的尊重（神）。所以，我仍然将景观设计学称为生存的艺术（Art of Survival）和通往天地人神和谐的科学和艺术。

2021 年 11 月 2 日于燕园

人类世生态系统与生态修复

千百年的人类活动深刻地改变了地球表面。尤其是20世纪的工业化和城镇化，给人类赖以生存的生态系统带来了巨大的冲击。而在近几十年，城镇化和工业化快速而无序发展的中国，这一变化尤为剧烈，我们已将中国的生态和环境带入绝境：雾霾、水污染、土壤污染、地下水位下降、湿地大面积消失、诸多珍稀物种濒临灭绝、生物多样性骤减……城乡生态修复将成为中国未来几十年最艰巨、最紧迫的任务。

为了完成这一任务，中国景观设计界以及世界景观设计界将面临一系列最基本的理论挑战：如何进行生态修复？如何评价生态修复的成果？修复的最终目标是什么？是将栖息地和生态系统修复到完全原始的状态，还是修复到自然系统某一阶段的状态？是要建立一个理想的顶级群落（Climax），还是建立一个与此时此地环境相适应的生物群落？是要配置和维护一个生态学家定义的、完全由乡土物种组成的生物结构，还是进行适当的人工干预，并开启自然的演化过程以形成新的生态系统和生物群落？“Novel Ecosystem”，即新生态系统或人类世生态系统（是指地球的最近代历史，人类世并没有准确的开始年份，可能是由18世纪末人类活动对气候及生态系统造成全球性影响开始。）的概念和理论为我们指明了一条出路。

Novel Ecosystem是指自然生态系统在人类干扰下，或人类管理的生态系统在停止管理的情况下，形成的栖息地环境和物种结构发生变化的生态系统，这些干扰包括气候条件和土地利用类型的改变，以及人类人力物质和信息干扰的撤除。这是介乎完全自然过程作用下的生态系统（Wild Ecosystem）和人类设计管理控制下的生态系统（Managed Ecosystem）之间的一类生态系统。其一端是自然生态系统被人为干扰和破坏之后形成的生态系统，诸如热带雨林砍伐之后形成的生态系统，江河大坝和防洪堤建成之后形成的新的河流水系生态系统，湖泊水体或土壤环境遭受污染或改变后形成的新的生物群落，因外来物种引入后带来的乡土物种的消失和栖息地条件的改变、气候改变带来的地域性生物群落的改变，城镇化和基础设施建设带来的景观破碎化而形成的新的生态系统……在另一端，是人工管理的生态系统失去管理之后形成的生态系统，例如，由于经济效益下降导致云南的人工橡胶林被遗弃和退化后所形成的群落演化，广大城市郊区的农田被撂荒后所形成的新的生态系统，鱼塘不再被利用而演化出的新的湿地生态系统，甚至大量中国农村的村庄和宅基地因无人管理所形成的新的生态系统。这些新的生态系统没有历史可以追溯，其非生物性和生物性组成部分是全新的，或部分是新的。

在很多情况下，对这样的新生态系统我们往往无法评价其优劣，因为人类的评价往往是带有主观性和持有偏见的。例如，几十年前，在中国云南大面积种植来自澳洲的桉树（Eucalyptus Globulus），这不仅曾经被作为荒山绿化的先进措施加以鼓励，而且还带来了可观的经济效益；而今天，这些桉树却带来了巨大的生态灾难，包括乡土物种消失、土壤条件恶化等。类似的例子包括我国东南沿海以防治海岸侵蚀为目的而引进的大米草（Spartina Anglica），而今已经对当地生态系统造成了严重破坏；作为观赏花卉被引入的加拿大一枝黄花（Solidago Canadensis），而今已泛滥于广大江南地区，它们侵占了大片乡间的田埂和被撂荒的土地。至于大江大河上的堤坝所引发的新的生态灾难就更难以评估了。我们应该如何审视和应对这样的新生态系统？是花费巨资拔掉这些外来物种，还是任其繁衍，抑或引入新的天敌？最终该群落将会如何演化？对于诸如大坝这样的人为干扰，我们是要将大坝炸掉来恢复河流湖泊的生态系统，还是让水库淤塞，以形成新的生态系统？即使炸掉大坝，其后形成的新的生态系统也绝不会再复原到大坝建设之前的生态系统状态。

我们对于人类世生态系统的研究刚刚开始，但有一点是明确的：对待人类干扰下被破坏的自然生态系统，我们既不能指望恢复到原始的自然生态系统状态，也不应该通过高投入以使生态系统维持在历史上出现过的某一状态；生态修复的过程应该是通过生态设计，在撤除人类破坏行为的同时，开启一种新的、具有综合生态系统服务功效的新生态系统演化。

本文首次发表于《景观设计学》，2016，4（01）：6-9.

论设计的生态

（一）

设计的生态（Designed Ecologies）是相对于自然的生态而言的，也就是人工的生态、设计的自然，或者可以被称为人工设计的生命（包括人）与环境相互作用的系统。人类的技术和干扰已经强烈地改变和破坏了自然生态系统，同时，人类正在用智慧和技术创造着第二自然或智能生态系统，这种人工系统的结构和功能及其过程正是设计学（包括建筑、景观、城市设计和其他环境设计）的对象；它跨越的尺度很广，从国土生态系统的规划设计，到区域和城市生态系统的规划设计、局域和场地的人工生态系统的设计，再到单体建筑生态系统的设计。关于人工生态系统设计的科学和艺术，便是设计生态学（Design Ecology），其核心是整合天地自然之过程、格局和能量，生命有机体及其过程，以及人类智能、技术和文化遗产，集成和创造满足人类需要的丰产而高效，同时能最大限度地减少对地球自然生态和环境破坏的、可持续的、动态的人工生态系统。

国土与区域尺度上的规划设计在经历了30多年的快速城市化和无序的土地开发之后，中国大地上的种种生态与环境危机凸显，我们终于看到了“反规划”的生态规划设计理论与思想在国土空间规划中所发挥的作用。前不久（2011年6月8日）国务院公布了《全国主体功能区规划》，从中我们可以清晰地看到生态被放到了优先地位，“反规划”被堂皇正大地作为这一国家宏观空间战略的重要理论基础和指导思想。（樊杰，2007；杨茂胜，米文宝，2009）2010年9月，国土资源部时隔20年重启《全国国土规划纲要》编制，部长徐绍史明确表示：《全国国土规划纲要》编制的根本目的，就是协调规划未来20年的国家生产力、国土资源布局问题，应该根据未来20年的国土资源承载能力，进行“反规划”编制。（贾海峰，2010）“反规划”这一思想和方法论得到的广泛认可和应用，让我们看到在国土尺度上进行生态化设计的希望。

中国大地上，人们已逐渐认识到江河水系湖泊的毁灭性破坏，并开始反思水利工程之弊端。几十年的国家投入和众多世界性的工程并没有带来更安全的水系统，恰恰相反，水患已经遍及城市内部。反思声浪已从水利部门内部泛起。（汪恕诚，2006）如何用生态的方法，将水系统作为一个生态系统来科学地设计，在满足人类需求的同时，为自然过程留下可持续的空间，便是水系统设计的生态学。

在城市和新区设计上，“生态城市”已成为市长和开发商们营销城市和房产的必要口号。其间当然不乏移花接木，甚至误导媒体和大众之嫌。但不可否认的是，城市和社区的生态设计已迅速形成一股洪流，规划与设计行业也自觉地卷入其中。这洪流夹杂着泥土和碎石，须经沉淀方有清流涌现。正因如此，设计的生态学必将孕育而生，正本清源，使生态城市名副其实。

在场地尺度上，化妆的园林与展示性景观一直是近30年来城市建设的重头戏。奥运公园、世博园、园博园之类，你方唱罢我登场，好不热闹；世纪公园、人民公园、市政广场、景观大道之类，可谓琳琅满目。可土地和城市的生态与环境却在日益恶化。当代风景园林设计师、景观与城市设计师，及其他的学科和专业，正面临着社会责任、环境伦理、价值观与审美观，以及设计方法论等各方面的挑战。如果没有认识到这一点，或没有用积极的态度去迎接这种挑战，而是抱残守缺，那只会被历史淘汰，或被洪流淹没，或陷入泥潭。

绿色建筑的理念开始渗透到建筑设计的各个方面。作为拥有400多亿平方米建筑面积的大国，和年增长20亿平方米建筑面积的快速发展中国家，我国每年在夏季用电高峰时，仅室内空调就耗去三个三峡大坝水电站的年发电总量，这绝不是一个小数目。如何改变建成环境中不节能的建筑占有率为95%的事实，是一个关系民族可持续发展的关键性课题。从绿色屋顶到会呼吸的屋面，从采光到通风，从降温到保暖，一个设计的生态系统可以也必将为我们未来的居住环境翻开新的一页。

湖北宜昌运河公园

从鱼塘到城市绿色海绵：原有场地为一系列鱼塘（2007），只有一棵树。当鱼塘养殖停止后，生态修复便开始进行。设计的策略是保留鱼塘系统，引入水生植物和水杉、池杉、乌桕等适宜于场地生境的植被，构成了一个新的、能自我繁衍和进化的新的生态系统（Novel Ecosystem），发挥综合的生态系统服务，包括水质净化、雨洪调节和生态游憩等服务，今天这里已经成为钢筋水泥丛林里的绿洲。（土人设计，2019）

设计（的）生态将在各个方面和各种尺度上构成人类的生存环境，而设计生态学是我能想到的、跨尺度解决人类可持续发展的、最具生命力的未来学科。

2011 年 8 月 15 日

本文首次发表于《景观设计学》，2011，18（4）：24–25.

（二）

为推动中国景观设计行业的发展，给社会各界相关人士提供国际化的景观设计行业学术探讨及交流平台，由北京大学建筑与景观设计学院主办，景观中国网和《景观设计学》承办的第九届景观设计学教育暨2011北京大学建筑与景观设计学院国际论坛，于2011年10月15—16日在北京大学国际关系学院秋林报告厅召开，大会的主题是“设计的生态”，这次会议聚集了Kristina Hill，Christophe Girot，Bharat Dahiya，Jeppe Aagaard Andersen，Morten Holm，John Zacharias，Kelly Shannon，Doug Voigt等一批国际知名学者和500多位国内学术界和从从业人员参加研讨。作者作为主席做了总结发言，文章首次发表于《景观设计学》，2011，19（5）：18–19. 本书收录时略有修订。

今年我们论坛的主题是“设计的生态”，邀请的嘉宾来自学术界、实践领域和政府部门：有联合国人居署的官员，有多所世界著名大学的杰出教授，也有在中国和世界其他地区从业的设计师，还有广大的学生。基于两天来的精彩报告和热烈的讨论，我利用几分钟的时间，通过七个关键词，来总结一下关于“设计的生态”的一些内涵。

第一个关键词是系统：我们讨论和设计的对象从栖居的群落或社区（包括城中村）到城市和区域，甚至地球。设计的生态是人和环境之间一个巨大而复杂的系统，人是这些多层次的系统的主题，可以称之为“人类生态系统”。

第二个关键词是尺度：设计的生态系统是跨尺度的，从微观的社区中的花园、住宅到巨大的城市和国土，乃至地球。不同尺度的生态设计要求有不同的手段和方法，有不同的科学基础。

第三个关键词是类型：从美国纽约中央公园到没有绿色的城中村，从完全的绿色到完全的灰色，都是设计的生态系统。生态过程无不存在，我们设计对象的边界已经消失。设计的生态要求打破传统意义上的设计学科之间的界限。建筑设计、景观设计、城市设计、环境设计等等的边界已逐渐模糊。

第四个关键词是适应：因为我们的环境无时无刻不在改变，我们如何使设计的系统适应改变？这已成为设计生态的核心内容。

第五个关键词是网络：我们设计的系统是联系而非孤立的，就如 Facebook 的点到点、人到人，每个人都处于一个巨大的人际网络之中，人所在的场所之间也是如此，城市与城市之间也是如此，我们的交通、水系统和绿色景观更是如此。设计的生态就是要将孤立的个体和局部联系起来考虑。而联系的整体大于部分和个体的总和。

第六个关键词是自我组织：我们看到了两个非常好的案例，一个是纽约的中央公园，现在的公园并不是奥姆斯特德当时设计的那样，而是随着时间的推移而发展的。另一个是“城中村”，自我组织的城中村内部是可以自给自足的。设计只是开启或引导这个过程，我们并不是要设计一个非常完美的生态系统，而是开启或引导一个生态系统，让自然与社会做功，使其具有弹性和适应环境的机能。

最后一个关键词是功能性：每个人都在谈论功能性，我这里所说的功能性指的是生态系统服务，包括调节服务，比如水文调节、地质灾害防治；供给服务，如水、空气、食物的供给；生命支持服务，即生物多样性的保护；文化服务，包括游憩和审美。

这七个关键词都是在人类生存的环境面临各种挑战、已经失去或改变其过程和格局的背景下，关于人类应该如何设计并创造第二自然：设计的生态。

2011 年 10 月 16 日

地理设计展望

——在2013年地理设计国际会议上的总结发言

2013年10月28—29日，北京大学成功举办了地理设计国际会议。在Esri公司（特别是Esri中国）的慷慨赞助下，大会聚集了世界顶级的跨学科的地理设计研究和实践团队，包括地理设计先驱者卡尔·斯坦尼兹和斯蒂芬·欧文，在地理信息与空间分析方面卓有贡献的科学家迈克尔·F·古特柴尔德、伊恩·毕夏普和矢野桂司，著名的景观与空间规划教育家、研究者弗雷德里克·斯坦纳和克里斯托弗·吉鲁特，地理设计先行实践者石川幹子、亨克·J·舒尔滕、道格拉斯·奥尔森和艾略特·哈特利，技术革新者威廉姆·R·米勒（Esri公司地理设计服务商主管）和克里斯托弗·卡佩里（Esri全球业务总监），以及政府决策者章新胜（世界自然保护联盟理事会主席）和董祚继（时任国土资源部规划司司长）。会上，38位嘉宾发表了精彩的演讲，来自十多个国家和中国30多个省市的500余名代表参加了大会。与此同时，近10万名场外观众观看了大会在线直播，并通过新浪微博参与了会议的交流与互动环节。据我所知，

第九届景观设计学教育大会暨2011年北京大学建筑与景观设计学院国际研讨会主要嘉宾与学生作业奖获得者合影。（景观设计学报，2011.10.16）

这是在中国乃至亚洲举办的规模最大的地理设计国际会议。

关于这次大会的起源可追溯到两年多前，卡尔·斯坦尼兹教授和我在哈佛大学地理信息中心共进午餐，讨论什么是真正的“地理设计”以及为什么地理设计如此重要时。斯坦尼兹教授将地理设计简单地定义为一种“通过设计改变地理环境”的方法，但是，景观设计师、城市规划师、土地利用规划师和区域规划师，甚至包括农民，正在通过设计来改变地理空间形态，这就是为什么我们要讨论地理设计的原因所在。“我们需要组织一个会议来对地理设计进行研讨。”“为何不在中国这个地理空间形态变化如此迅速且亟须设计引导的地方举办这场会议？”“我们可以邀请来自世界各地的顶级专家共探地理设计”。由此，卡尔向 Esri 创始人兼总裁杰克·丹杰蒙德写信咨询其为本次会议提供赞助的可能性。随后，哈佛大学斯蒂芬·欧文教授也加入了会议的先期筹备团队中。我们很快就确定了会议的主题为“地理设计：人地关系优化设计的理论与实践”。

2012年9月，杰克·丹杰蒙德来到北京参观了北京大学和土人设计近年来完成的课题和项目，他发出惊叹："你们所做的正是地理设计！"杰克对在北京大学召开地理设计国际会议非常支持，他表示："在北京大学召开首届亚洲地理设计会议是一个非常好的提议，Esri 将对其进行全力资助。"这就是此次地理设计会议的由来。

什么是地理设计？为什么要讨论地理设计以及地理设计是做什么的？基于这个优秀团队为期两天的集中讨论（团队成员均为地理设计研究和实践领域的开拓者和领导者），加上我个人的理解，我谨代表大会主办方做以下总结：

地理设计是一种思考方式（是什么），旨在解决复杂的空间问题（做什么）。这类问题的复杂性超出了人脑的认知和理解能力，因此，借助系统的地理信息系统和空间分析工具进行计算和提出相应的解决方案变得尤为必要（为什么）。

今天我们所面临的挑战巨大且日益复杂：气候变化、粮食安全、城市化、地下水位下降、空气和水污染，以及生物多样性的减少等，以上列举的仅是很小的一部分。为了解决这些问题，我们需要大数据和系统的解决方案，这些均超越了任何个人头脑的能力范围。设计，作为一个解决问题的专业，需要充分利用现有的丰富数据来应对现代挑战。地理设计则为我们提供了一种提升能力的方法，即利用大量的信息技术、强大的计算工具和大数据，联合多方利益相关者和愈来愈多的参与者，采用合适的方案去解决我们目前所面临的挑战。地理设计将有望提升整个设计行业，以满足时代的需求。

2013年10月28至29日，地理设计国际会议在北京大学召开，来自世界各地的38位嘉宾发表了演讲。照片中为大会的主旨报告嘉宾（从左至右依次为弗雷德里克·斯坦纳、艾略特·哈特利、威廉姆·R·米勒、隋殿志、斯蒂芬·欧文、石川幹子、亨克·J·舒尔滕、卡尔·斯坦尼兹、伊恩·毕夏普、章新胜、矢野桂司、迈克尔·F·古特柴尔德、克里斯托弗·卡佩里、道格拉斯·奥尔森、董祚继、俞孔坚）。

景观都市主义：是新酒还是陈醋？

长期以来，建筑物决定城市的形态，而城市被当作放大的建筑来设计。从文艺复兴时期城市作为艺术品和图案，到柯布西耶的光明城市，关于城市的模式和设计理论都是以建筑和建筑学为基础的。管道、路网和各种铺装构成的没有生命的灰色基础设施连接一个个同样没有生命的建筑，规范着人们的活动，定义着所谓的城市和城市性（Urbanism）。这种城市和城市设计理论可以被称为建筑城市学或建筑都市主义（Architecture Urbanism）。这种主流意识主导了设计学院的课程和实际的工程项目。其后果是我们看到的城市对自然生态过程的忽视、对城市空间系统的吝啬、城市与自然环境的矛盾与冲突，城市形态的随意与混乱等等。城市由单个物体主导，典型的例证是各种标志性建筑堆砌而成的上海浦东和北京及迪拜近年来的城市建设。建筑都市主义正使城市走向荒诞不经。

在过去十年内，一种新的关于城市和城市设计的理论——景观都市主义（Landscape Urbanism），开始在北美和欧洲的景观设计与城市设计领域得到议论、宣扬并广受学生们的欢迎。景观都市主义的核心论点是景观，而不是建筑，更能决定城市的形态和城市的体验。这一观点把景观设计学推到了城市设计的前台，可以认为是对景观和景观设计学的再发现。而且，更有意思的是，景观的这次再发现，主要是由建筑师和建筑学背景的学者发起的。

Landscape Urbanism 一词的创造者查尔斯·瓦尔德海姆（Charles Waldheim）是建筑师和建筑学背景的景观设计学者，让景观都市主义在全球掀起波澜的是建筑学教授莫森·穆斯塔法维（Mohsen Mostafavi）及其当时领衔的英国 AA 建筑学院，在全球推波助澜的学者和实践者或多或少都与 AA 有关。因此，可以这样认为，是建筑学和建筑师从他们的角度发现了景观在城市中的重要作用。于是，建筑师伯纳德·屈米（Bernard Tschumi）和库哈斯（Rem Koolhaas）的巴黎拉维莱特公园设计（前者的方案获得了实现，后者只是方案，但两者异曲同工），就理所当然地被认为是景观都市主义实践的最早案例。在这个案例中，建筑师主导了一个公园的设计，更重要的是这个公园在组织城市和人们的行为体验中起到重要的作用。景观在这里不是一个独立的“公园”本身，而是开放的、组织城市形态和功能的空间结构和触媒。

但建筑学对景观的发现果真是新的发现吗？我所听到的、流行于北美各大学的街坊议论则持怀疑态度。尤其是景观设计师或景观设计学背景出身的学者们开始都不屑一顾，因为从美国景观设计之父奥姆斯特德开始，到查尔斯·艾略特（Charles Eliot），再到麦克哈格，景观设计的先驱们早就这么认为了。从波士顿的蓝宝石项链作为城市形态的基础结构，到大波士顿地区的自然系统规划奠定大都市圈开放空间网络，再到“设计遵从自然”，开启城市生态规划之路，景观设计的杰出先驱们无不把景观作为定义城市形态、满足城市居民游憩与生活的基础设施，这是景观设计学有别于传统造园或花园设计的根本之处。更远地说，熟悉中国和其他古代城市规划历史的人们自然会想到，中国古代的城市从选址到布局，无不是基于自然地形和山水格局，因此才会有杭州的山水城市、苏州的水网城市。古代南美的印加帝国也是如此，著名的马丘比丘古城遗址，生动地展示了古代印加人以自然景观为本，将人类工程巧妙地结合到自然中去的智慧。因此，在行家们看来，景观都市主义在提法上没有创意，在内容上也不新鲜，其实践更是缺乏生态的基础。

而后人们却发现景观设计学专业的学生们对Landscape Urbanism趋之若鹜，谈起来甚至兴奋之至。道理很简单，景观设计专业终于敢自豪地对横行于设计领域特别是城市设计领域的建筑师及其学生说“不”了。景观都市主义给了年轻的景观设计学生们一种自豪感和优越感。学生是未来，无论景观都市主义是老醋还是新酒，它让景观设计学及其学生们重新发现了自己在城市设计中的主导地位，总是一件快事。自麦克哈格之后，景观设计的从业者们几乎都陶醉于做一件作品，做一个花园，进而沉湎于成为艺术家的工作中去了，而北美大学的教授也常常只对大牌设计师们及其作品津津乐道，却把景观设计学真正的使命和景观设计先驱们所定义的领地丢掉了许多。景观都市主义，犹如窗外的惊雷，让景观设计学陡然惊醒：景观不是花园，景观不是园林，景观不是街头艺术品，景观是城市的基础设施，更确切地说是城市的生态基础设施，是生态过程而非固定的形态。这是对由来已久的建筑都市主义的一种反动，一种“反规划”和“反设计”，也是城市设计对景观的应有的回归。

而今，景观都市主义的主要倡导者都已入主哈佛大学设计学院，势必对景观都市主义有更积极的推动，影响势必更加深远。有必要引起人们关注的是，另一个更全面和更新的“主义”已经在哈佛开启，那就是“生态都市主义”，它不但继承了景观都市主义的观点，更重要的是将生态的内涵构建其中，并有志于更全面的融合。今年四月在哈佛隆重上演的生态都市主义大会以及即将出版的会议文集，可以看作这一“主义”的正式登台亮相。

因此，无论是景观和景观设计学的再发现，还是建筑师和建筑学在革自己的命，景观都市主义给了建筑学、景观设计学一次大融合的机会。它敲打去长期以来学科之间的藩篱，给城市设计的理论和实践带来了反思；更重要的是，给景观设计学的发展带来了机会。当然，它的理论还远远没有成熟，它的论点需要更多的实践来验证和说明。而史无前例的中国的城市化和城市建设，将为景观都市主义的发展创造最大的机会，必将做出最大的贡献。

2009 年 10 月 20 日凌晨于巴西里约热内卢

2009年10月31至11月1日，为推动学科进步，北京大学举办第七届景观设计学教育大会暨景观设计设计师大会，主题是景观都市主义。会议邀请了国际知名学者，包括查尔斯·瓦尔德海姆、弗雷德里克·斯坦纳（Fredrick Steiner）、丹尼斯·派帕兹（Dennis Pieprz）、格杜·阿基诺（Gerdo P.Aquino）、凯利·香农（Kelly Shannon）、巴特·约翰逊（Bart Johnson）、小林治人等人作为主旨演讲人。同时举办了高级研修班和全国学生作业竞赛活动。本文即为作者的开场报告，首次发表于《景观设计学》，2009（5）：16-19.

上图为第7届景观设计学教育大会暨景观设计设计师大会会场。（景观设计学报，2009.10.31）下图为部分演讲嘉宾给获奖学生颁奖。（景观设计学报，2009.11.01）

设计“有感觉”的城市

我们通常会用一些大家有共识的词汇来描绘一个城市或地方，诸如美丽、丑陋、安静、吵闹、整洁、杂乱、干净、肮脏、凉爽、潮湿、宽广、狭窄、明亮、幽暗……这些关于地方和城市的描述在很大程度上可以被定量，是客观的，因而也是可以被设计和规范的。而有一个人们常用却充满神秘的词，我们却很难给它客观地定量为人所共识的指标，那就是“有感觉”（Making Sense），这似乎是一个高度主观和个性化的词。“有感觉”在这里可以理解为“有意义”（Meaningful），在中文语境中则口语化为“有意思”（Interesting）。

我完全相信，在今日中国强有力的行政力量下，在众多工程师们的集体努力下，城市将会变得更加漂亮、更加干净、更加整洁、更加明亮、更加宽广。但这并不意味着我们的城市将会变得更加“有感觉”、有意思。因为其模糊性和高度的个性化，使得如何设计和管理“有感觉”的城市变得非常困难而往往被忽视，致使我们的城市往往沦为缺乏感觉的城市。

关于“有感觉”的问题，是关于场所感和意义的问题，需要在现象学（Phenomenology）语境中来讨论。从马丁·海德格尔（Martin Heidegger）的“栖居”（Dwelling），到凯文·林奇（Kalvin Lynch）的城市意象（Image of Cities），到诺伯格·舒尔兹（C.Norberg-Schulz）哲学界、建筑学界以及人文地理界关于地方感和意义的问题，已经讨论了近一个世纪了。从我个人的角度来理解，这些汗牛充栋的研究文献归结起来，主要有以下几个方面，它们对当代中国的城市设计和管理具有极其重要的意义。

一是求知于理性之外。不要被所谓的“理性”“科学”的抽象模型和统计蒙骗，要通过现象背后的真实存在来感知和理解我们的城市和环境；要抛开所谓理性的理想的城市模式，去设计忠实于自然和人类生活需求的城市。诸如田园城

意大利城市佛罗伦萨“有感觉”的街道和城市

黄昏时分，弥漫着比萨味道，中世纪和文艺复兴建筑相交融，据说是但丁走过的道路，爬满常春藤的围墙，斑驳的、黄金分割的建筑立面，高耸的砖塔和突然间响起的钟声……这一切都使人们对这座城市有了感觉——即使是来自远方的游子，也不例外。（俞孔坚摄，2016.04.19）

市（Garden City）、光明城市（Radiant City）、顷宅城（Broad Acre City）等的理想城市模式，最终被证明离我们的城市生活何其遥远。相反，基于真实城市生活体验的雅克布（Jane Jacobs）的城市生命之道却大放异彩，至今熠熠生辉。二是回归日常生活。要回到日常的、个体的体验中和感觉中来设计城市和管理我们的城市环境。要设身处地体量生活在其中的每个人的感觉和使用，来设计和管理我们的城市。只有这样，我们才不会以建设美丽城市的名义，去清理城市热闹非凡、"有感觉"的城中村和街边的杂货摊、"杂乱的"居民区的菜市场、胡同里吆喝的摊贩；只有这样，我们才不会热衷于城市的纪念碑、大剧院、体育中心、文化中心、空空的博物馆、宽广的景观大道和巨型广场。

三是理解"有感觉"之源。场所或城市"有感觉"（Meaningful or Making Sense），是因为栖居其中的个体找到并获得了属于自己的地方（Taking Place）并认同这个地方，即诺伯格·舒尔兹所强调的两个方面：定位与认同，前者是关于空间结构属性的，如焦点、边缘、区域等，决定城市和地方的可识别性、可想象性，使其中的人能在茫茫世界中定义出自己的空间位置，在浩渺的宇宙大千世界中有了自己的立锥之地（Taking Place），有了坐标，才有安全感，探索世界的旅程才有了起点；所谓认同，则是关于地方与城市的特性，即有别于其他地方和其他城市的属性，它是弥漫在时空中并通过人的全部感官所感知的氛围和"东西"，诸如温度、湿度、气味、颜色、质感、材料及各种物体及其形状，道路的铺地、墙面的斑驳、树干的裂纹……它们随时间的推移而变换，因地域而不同，从而赋予地方以历史感、地域感，构成了城市的个性和认同感，使生活在其中的人由于浸染其中，其五感和行为因此适应其万千变化，从而潜移默化为地方或城市的一分子，这共同构成城市中弥漫的氛围和真实的大千世界的物质之一。简单来说，由于城市的空间特征（尺度、比例、结构等）以及城市中的自然和文化氛围、各种真实的物体存在和人本身，使城市或地方变得“有感觉”“有意思”，它体现为城市的归属感和认同感。

所以，设计有感觉的城市就是设计可以栖居的城市，设计能生活其中的城市，设计适应于自然环境的城市，设计适应于城市历史脉络以及当下人的生活方式的城市。理解这一点，对当前轰轰烈烈的城市设计运动具有重要意义，可使城市设计避免重蹈欧美的“城市美化运动”之路，这是本人在近20年前开始呼吁的，时至今日，这种呼吁仍然契合现实。

2016 年 7 月 30 日

本文首次发表于《景观设计学》，2016，4（04）：6-9.

“大脚”度量的集聚与混合

我的老师理查德·福尔曼教授曾经从生物学的角度提出过一种理想的景观格局：集聚间有离散（Aggregate-with-Outliers，1995），这样的格局最有利于生物多样性的保护。其实，人类生活、工作和游憩的城市形态，又何尝不是如此。

要理解人类的城市，必须从理解人是社会性动物及其需求开始。在外星人的眼里，人类与蚂蚁、蜜蜂、猴子和狒狒实际上没有多大区别：白天每个个体分头忙碌，晚上纷纷回巢，分享收获，交流聚会，抱团取暖；从高空用高倍望远镜看地球上的城市，就如同我们用肉眼看蜂巢和蚁穴一样，难怪近年来“蜗居”和“蚁族”被用来形容城中村的人居状态。辉煌一时后被铲平的北京唐家岭，本地人口不足3000人，近些年却集聚了超过五万的外来人口，其中大学毕业生占三分之一；两年前，我曾带领研究生对与唐家岭毗邻的一个村落进行了调查，当地居民只有不足2000人，却有两万人在此栖居，南腔北调，摩肩接踵，虽嘈杂拥挤，却活力无比；我也曾“冒着生命危险”深入世界上最大的蚁居城市巴西里约热内卢近郊的 Favela（俗称贫民窟），那里集聚了30多万人口，里面的景象与媒体报道的负面形象并不完全一致，那里有着自由组织的街道，空间利用高效，生活秩序井然，到处生机勃勃。只要不随意拍照、不去招惹带枪的毒品贩子，实际上并无危险，那里甚至已经被开发成旅游目的地。

无论是北京唐家岭这类城中村，还是里约热内卢的 Favela 这样高密度、混合到极致的聚落，实际上都在揭示着城市形成的人性基础：人是社会性物种，需要集聚在一起，以实现人的各种需求。根据马斯洛需求层次理论，需求可分为生理需求、安全需求、爱和归属感、尊重和自我实现五类。而这些需求都要求个体在一个社会群体中或以社会群体为背景来更好地实现。正是这些需求，将个体凝聚为社区，进而集聚为城市。西方中世纪的城市和中国广大乡村的集市便是人类这种属性的本质反映。它们代表了在不使用任何交通工具的情况下，以最经济和最高效的方式，人可以集聚的密度和功能混合的程度。

集聚的密度和功能混合的程度却随着个体日常出行方式及远足能力的变化而变化。在工业革命之前，天足的脚力是衡量空间聚集程度的量度，所以，中国广大乡村的集市之间的距离大约为5—10公里，定时流动，当街为市，用来满足个体的各种日常需求。马车定义了欧洲中世纪城市的尺度和街道格局；霍华德的田园城市（Garden City，1898）模式是基于蒸汽机动力的首个经过规划的、理想的、集聚和满足居民一切需要的功能混合的城市模式，尺度约2平方公里，从城市边缘到中心约1公里，街区尺度不足百米，居住人口30000人，另外有2000人散居在乡间。30多年之后，柯布西耶提出了新的集聚的城市模式，即光明城市（The Radiant City，1935），但其尺度是田园城市的百倍，人口规模也是数以百万计，街区尺度则是上千米了，完全不再是人的步行尺度。这时候，所谓集聚和混合都只有通过汽车轮子来实现了，城市被理解为由各种功能体块组装起来的机器，只留下了不能步行的集聚——百万人和千万人规模的集聚。几乎在同时，另一位欢呼和拥抱汽车时代的建筑大师弗兰克·劳埃德·赖特则将这种汽车轮子上的城市推演到了极致，提出了顷宅城（Broad Acre City），这里人的步行空间被压缩在每家的4000平方米的后院之内，所有出行都依赖于汽车，包括买酱油、理发、看电影和约会。

美国的郊区化因此如脱缰野马，以“美国梦”的名义和“消失的城市”（The Disappearing City，1932）的欢呼蔓延开来。美国中西部的大部分城市沿快速路网延伸，形成大面积的城镇化的低密度郊区，并围绕一个高楼林立的CBD核心。这样的城市形态以巨大的能源、土地、环境成本以及社区交流和家庭生活的牺牲为代价，维持着每个个体对集聚与混合的需求。所以，早在20世纪50年代后期，这种城市形态就已经被“外行”的人文主义学者简·雅各布斯痛斥，她把汽车作为罪魁祸首。这样的质疑一直到20世纪80年代，才被城市规划设计界广泛认同，于是，以新都市主义（New

Urbanism）为代表的步行的、高密度的、混合型的城市形态的回归思潮应运而生，一直延续到今天。然而，要想刹住这基于汽车的惯性蔓延谈何容易！

而正当美国为这样的城市聚集模式感到绝望并苦苦修补的时候，中国的城镇化起步了。中国本可以充分吸取先行城镇化的国家和地区的经验，来构建宜人尺度的高密度和混合型的城镇体系，但可悲的是，中国的城镇化车厢却挂在了美国的城镇化机车龙头之上，以同样的惯性，驶入了死亡的陷阱：拓宽马路以满足汽车的需要，铲平古村古镇以腾出“建设用地”用于城市的扩张，巨大的街区（被写入技术规范和教科书）使步行和自行车出行成为妄想，单一功能的各类城市开发区盲目拉动城市向郊外扩张，大片大片的“睡城”拔地而起……中国的城市已经并仍在走向不归之路！关于这一悲剧，我在十多年前的《城市景观之路：与市长们交流》一书中就已经道破，并将其归结为封建集权意识、暴发户意识和小农意识在过去几十年城市快速发展中的并发症。关于这一点，我不想再重复，因为我并不为自己十多年前的批判在今天得以“不幸言中”而自豪。相反，我想在这里给中国的城镇化做另一个更充满希望的憧憬：它将宣告目前某些专业人士正在推动的城镇化实际上是一条错误的道路；中国未来的集聚和混合形态将由惯性发展的大城市和复兴的村落构成“集聚兼有离散”的格局。

这个憧憬必须回归到高密度和混合型的集聚方式上来理解和认识，而且必须是建立在人类天然“大脚”的基础上来设计，即可

浅山区战略，一个未来北京人集聚的理想模式

作者及其带领的北大研究团队给北京市国土资源局提出了未来北京市城镇化的理想空间格局。北京有近4000平方公里的浅山区，最适于人的居住，在科学的生态规划和设计条件下，足以布局近300个人口在三万到五万左右的高密度混合集聚地，通过环山脚轨道交通串联，并与平原上大北京老城辐射联通，满足新时代的城镇化人口的栖居和生产活动，同时，有效保护平原和山区的良田和生态环境，克服不堪的城市病。（图为海淀区浅山区，俞孔坚，2012）

步行的集聚和混合社区。它将是田园城市模式和中国农业时代村镇模式的螺旋式的回归。部分中国村镇将得到复兴，相反，一些失去了自然和文化特色的小城镇将颓败，甚或消失。一种“集聚兼有离散”（惯性生长的大城市 + 复兴的美丽村落）的城市形态将在中国大地上再现。这样的憧憬得以成为现实需要五个条件：

第一，永恒的人性，即人作为社会人对集聚与混合功能的需求。

第二，对城市病的逃离：逃离大城市、寻求环境优良的宜居的集聚地将是大部分人的需求（也在马斯洛定义的最基本的需求之列），而最有可能实现这一需求的是退休的和最有经济能力的人群。这意味着高铁沿线的美丽乡村将迎来一大批"新上山下乡"的城镇化人口，乡村复兴指日可待。

第三，高速轨道交通和网络技术：用有别于汽车时代的技术，使逃离大城市成为可能。轨道连接起那些可步行的美丽村落，无线网络和电源实现了脱离城市基础设施的办公和聚集，二者使步行的集聚和功能混合社区得以实现。

第四，生态文明的要求：生态文明已经成为国家战略，加之能源与环境的约束，会促使国人重新发现"大脚"的美丽和自行车的魅力。

第五，经济转型的机遇：新经济的增长对设计和创意产业的鼓励和发展，将推动诸如"创意小镇"类的集聚和混合型社区的发展，而大城市边上或高铁沿线的美丽村落将成为新型城镇化的最佳基地。

美好憧憬之余，我们不禁要问：面对这样一条充满希望的重整国民栖居格局的道路，我们是否会再次迷途？

2016年3月27日

本文首次发表于《景观设计学》，2016，4（02）：6-11.

世博本质是什么？

五年前我曾在日本爱知世博会中国馆馆日的“21世纪城市发展论坛”上主持过论坛并发表过演讲，而在这随后的五年里，上海世博公园中心绿地景观和后滩公园的项目更是进一步拉近了我和世博的距离。对即将举办的上海世博会，我更是抱着一种深切的期望。从日本爱知世博会至今，虽然才短短五年时间，世界各国在环保的认识上却实现了新的跨越，环保已不仅仅是一种理念，它开始广泛地渗透人们日常的行为习惯和生活方式：中国的城市化呈高速发展态势，在越来越多的农业用地变为建设用地，越来越多的村民变为市民的背后，隐藏着的是地球资源的日益短缺和城市环境的不断恶化，未来城市将向何处发展？而随着全球变暖趋势的加剧，低碳技术也开始走进人们的视野，并已俨然成为政府和商家们的口号和广告词。上海世博会将主题确定为“城市，让生活更美好”，契合了世界城市化发展的要求。这一主题下的上海世博在给人们带来一种美好的期待的同时，也向人们发出了提问：城市，怎样让生活更美好？面对日益凸显的城市难题，人们必须重新思考过去城市的发展。上海世博会的召开，向世界打开了一扇窗，透过这扇窗，世界将看到中国的发展和进步，大量的溢美之词也将源源不断地从世界各地传出，然而此时尤须保持清醒的头脑，正视我们的问题和不足。

我也看到各种奇特的世博建筑，在低碳的口号下竭尽各种造型之能事，俨然成为世博会上亮丽的风景，供世界各地特别是中国广大政府官员和普通百姓前来参观。上海世博会一些华丽的建筑外表，很容易使人们迷惑并误入歧途，所谓低碳或生态建筑，却成为高碳或反生态的建筑。因此，我便有了一种担忧：上海世博会后，世博的奇特建筑是否会出现在全国各地的许多城市中？如果是这样，人们便误读了世博，如果是这样，我便宁愿没有世博。所以，我要呼吁：面对上海世博会，人们首先要明确的是奇特的建筑、迷人的灯光都不是其本质，人们对世博的误读将是世博的悲哀。上海世博会既不是张扬建筑的华丽，更不应向世界炫耀中国国力的强盛，而更需要向世界展示当代中国人关于地球和人类生存环境的忧患，特别是城市环境的忧患；展示环保的高度责任感以及改善环境的信心和决心，并告诉人们应以何种方式对待城市及其环境，创造和引导生态文明与绿色理念下的城市生活。

世博会只是“事件景观”概念范畴内的一部分，因重大政治、经济、社会等事件产生的城市建设活动都属于这一概念，包括奥运会、城市展览会、博览会以及重大事件的纪念性公园等，我希望能在更广泛的视野下，探讨在暂时满足特殊使用需要后，新城市景观

2005年日本爱知世博会，主题是“自然的睿智”。（俞孔坚摄，2005）

的实际使用效果，以及事件景观对城市建设不同程度的推动作用。“城市，让生活更美好”的主题意味着：城市可以让生活更美好，但是城市也并不一定会让生活变得更美好。要想这一美好的期待成为现实，必须走生态节能之路，必须面对中国的现实，必须反思过去城市建设的教训，总结其经验，创造性地设计未来的城市，这才是通向美好生活之正道。而在未来之世界的一片赞誉声中，中国城市若要做到这样，可谓困难重重，我只能祷告：“愿上帝保佑。”

2010 年 4 月 18 日

上海世博后滩公园通过人工湿地系统，将黄浦江劣 V 类水净化为 III 类水，向世人展示了一个可复制的、基于自然的水生态净化模式，用生态文明的理念注释了城市让生活更美好的世博主题。(土人设计，2009)

环境标识与解说

丛林深处的孟加拉虎为了标识自己的领地，通过在树干上留下抓痕和粪便来实现；高空中飞翔的候鸟，通过辨识山川河流与田园，找回千里之外的故巢；城市中的小狗，也能依靠留在电线杆上的尿液，穿过纷繁的人流和危险的街道，归宿于主人的暖房。与动物们相比，人的环境辨识能力更胜一筹，但不是靠先天的本能，而是靠后天的文化——承载着文化含义和文明信息的符号。

早期入侵和殖民北美大陆的欧洲白人，常被土著印第安人诱入深林，迷途受困，继而遭其射杀。而印第安人自己却可以通过辨识自然中种种微弱的信息，或通过在树干或是地面上留下的标识，在茫茫林海中游走自如。而对来自欧洲的白人来说，那些微弱的林中信息物，都是难以读懂的天书。这样的迷途与景观中的经历，想必困扰过所有原始人类。而文明的起源就是从辨识景观中的“天书”开始的，这也是象形文字（Hieroglyphic）的起源，它使得大地上的纹理、山川、植物和鸟兽的形态通过统一的符号，得以被辨识和解读。所以，景观是文字的源头，也是文明的源头。人通过对景观的识别，定义了人在天地之间的位置，确立了人的存在，也使人有别于其他动物成为文明的人。

由于环境的不同和空间的隔离，或是人为的隔离，地球上发展出了无数种与环境相适应而衍生出的文化符号系统，诸如汉字中的象形文字、纳西族的东巴文、玛雅人的象形文字、古巴比伦的楔形文字等等。最终它们发展为当今世界上无数或已死亡或仍活着的语言和文字。无论是误入偏远乡村的背包客，还是大都市中猎奇的他乡游子，陌生的文化符号，带着其丰富的文化内涵和排他性，再次将陌生的文明人带入迷失的境地。因此，如何设计跨文化的标识与符号，如何解释当地的自然与文化内涵，让每一个人不再迷途于自然与文化的“天书”中，同时又不失丰富的自然和文化信息，便成为全球化背景下标识与环境解说系统设计所面临的挑战，也使标识和环境解说系统的设计成为古老而崭新的科学和艺术。

从景观中来，回到景观中去，标识与解说我们的环境该是一条熟悉而陌生的途径。

2013 年 1 月 3 日

本文首次发表于《景观设计学》，2012，26（6）：26-27.

三亚东岸湿地公园解说系统之“水上森林”。（俞孔坚摄，2018）

夏威夷岛上的自然和历史解说。（俞孔坚摄，2018）

大数据里的景观

打开手机上的微博，搜索“后滩公园”四个字，屏幕上便立刻出现了很多条关于后滩公园的信息。

6月14日，“@福娃一家亲”写道：“今天宝宝幼儿园春游，游玩后滩公园……”微博上配有九张娃娃们在水边嬉戏的照片——坐在竹木栈道上，在树下捡果子，把手伸到水里……我再点开她的主页，发现这是位热爱生活的母亲，每个周末都会带女儿去公园，她家住上海虹口区。我继续翻看她的其他相册和微博，大部分都是在记录她的宝贝女儿的生活，我甚至可以花一天的时间阅读她的网上日志。

5月31日，“@Juno爱喝牛奶”写道：“昏睡了一天，下午在后滩公园找了椅子瘫坐着，这个跑了四年的公园，现在连走一圈儿都那么吃力……再看看那些当了父母的，再看看那些跟在后面的熊孩子们，不由苦笑。人真是一滴水一粒砂，充满了重复和循环……”看到这里，我的心有些紧张起来，再继续翻看这位网友的其他微博，我得知这是一位病入膏肓的中年女子，终日被病魔折磨，每天独自来到公园，在人生最后的旅程中留下了令人心酸的感悟。

5月23日，“@张青青Vvvictoria”发布了九张她在后滩公园盛开的野花组合中拍摄的写真照片。这是一位毕业于上海华东师范大学的美丽姑娘，她以往的微博透露出，她是一位爱好艺术和社交的校花。

5月23日，“@安安宝贝的小屋”写道：“后滩公园，下次记得带捞网。”微博中配有九张照片：一群小孩在捞水边的蝌蚪……

5月17日，“@ZEAL”写道：“摸鱼行动一天成果。后滩公园比其他公园真是有趣多了，人少景多不收门票，没有各种变异的自行车乱窜……”照片是其捞鱼的成果。

5月17日，“@麦家的球”写道：“没素质的老太太在后滩公园采摘粽叶。”照片曝光了一位老太太在摘苇叶。

5月12日，“@张小哈-AHHA”写道：“度过宁静的一天，上海最爱的公园，没有之一。”微博中的九张照片都是后滩的风景。这是一位来自西安交通大学设计专业的女生。即将毕业，爱好音乐。

……

如此一页页地翻阅，我看到了后滩公园每时每刻都在不断变幻的风景：出现在人们照片里的油菜花、向日葵、雏菊、金盏菊交替绽放；人们在芦苇、蒲草、细叶芒丛中的笑容；小孩们在最乐意逗留的水边，捞上来小鱼、小虾、蝌蚪——我甚至能辨别出它们的种类；什么鸟最近出没在公园里的什么地方——有观鸟爱好者列出了它们的物种名称。进一步，我也可以知道什么人在什么时间使用公园，有时能够了解他们的兴趣爱好与他们所欣赏的景观之间的关系。我甚至可以向公园管理者打电话举报（或者并不需要，因为也许此时公园保安也在浏览这些信息）以制止正在发生的不良行为（比老太太摘苇叶更严重的事）；我也的确曾经通过网友的照片，及时向管理者反映，望尽快修复腐烂的栈道或损毁的栏杆……

地球外围轨道上的遥感卫星、全球定位系统、配有三维激光扫描设备的无人机、无处不在的摄像头、便携的数码相机、全球将近20亿的智能手机用户，加上射频识别技术、移动互联网、云计算……它们在每时每刻地摄取、储藏、传送和处理着海量的景观信息，这些信息涉及景观系统（包括其格局及过程）、景观服务及其使用。这些信息在几十年前还需要通过昂贵的系统的调查途径来获得，如通过取样调查来分析生物多样性，通过照片来进行景观的感知评价，通过专业勘察队伍来选择穿越景观的最佳路径，通过现场调查来进行城市公园的使用后评价等，在今天，这些数据正如汹涌的潮水夹杂着大量泥沙和杂物，从各种移动或固定端口涌入我们的办公室、卧室、餐厅、电梯，甚至卫生间。这便是我对大数据时代与景观及其设计和管理之间的联系的体会。

大量来自云端的历史和即时的关于景观和社会文化背景的大数据，为我们有效地设计以及管理景观带来无限的机会。但我们必须清醒地认识到，这样的大数据是一把锋利的双刃剑。首先，因为数据来源本身并不系统、均衡，而是带有歧视性或偏差性的，如智

2015年6月10日，第52届国际景观设计师联盟（IFLA）世界大会在圣彼得堡召开，主题是“未来的历史”（The History of The Future）。开幕式在世界遗产地冬宫广场上举行。主办方称有来自世界75个国家的500多位人员参加。在这个世界遗产地的核心地带，对任何一寸土地的改动、任何一块墙砖的修补，都是严格按照世界遗产的真实性和完整性原则来进行的，在这里搭建的会议舞台和绿化树木都是临时的。而唯有与参会代表和游客一样多的数码相机、智能手机加上无孔不入的移动互联网，不受任何限制地弥漫在广场上，产生着海量的数据和信息。不经意间自己的头像或声音连同这周边的巴洛克建筑和城市景观，都在毫不知情的情况下，被即时地传送到地球的某个角落。（俞孔坚摄，2015.06.10）

能手机的使用群体并不能代表我们社会的全部人群，因此，根据这些信息所做的决策很难实现公平公正；其次，数据如此唾手可得而廉价，海量的数据往往使珍珠被掩埋在泥沙里，没有含义的信息便是噪音，因此，处理这些数据需要超强的系统和巨大的成本；第三，数据和信息都只能告诉我们过去，最多也只能反映当下的状态，并不能告诉我们未来；而只有理论才能告诉我们未来。因此，我们的头脑不能被海量的数据和信息淤塞，保持头脑有足够的思考余地和清醒的状态，才不致在浩瀚的数据海洋中迷失方向。

本文首次发表于《景观设计学》，2015，3（03）：6-9.

人工智能与未来景观设计

自18世纪60年代起，工业革命的推进使机器做功代替了绝大部分简单的人力劳动；到了20世纪50年代，人类开始致力于研究用计算机代替人脑，探索通过“人工智能”替代和延展人类复杂脑力劳动的途径。半个多世纪过去了，我们似乎已初尝胜果，同时却也在人造的智慧面前节节败退：1997年5月，国际商业机器公司研发的计算机“深蓝”在国际象棋比赛中击败了世界冠军加里·卡斯帕罗夫；2016年3月，谷歌旗下“深度思维”公司开发的“阿尔法狗”在韩国首尔围棋“人机大战”中击败了世界冠军李世石；2017年10月，类人机器人“索菲亚”被授予沙特阿拉伯国籍，由此拥有了与人类同等的权利。今天，全球普及的无人机、投入路试的无人驾驶汽车，以及越来越多的无人商店和机器人服务，正在将人类自身的就业空间不断压缩……是喜是忧，众说纷纭——这和当年人们面对汽车和火车的态度别无二致！但无论个体或群体的态度如何，有一点是明确的：人工智能时代已经到来，要么拥抱它，要么被它淘汰。

梦境般体验的真实景观

婺源赋巡检司，在偏僻的乡村，无人机拍摄的油菜花和田埂上的浪漫蜂巢式的民宿。这是一种人工智能时代设计师眼中的未来乡村栖居景观。客人在这里共享田园美景，通过智能手机实现订房、开房和订购等服务；无人驾驶汽车将客人从高铁站接到目的地，无人机可随时将热咖啡送到阳台之上，智能客房早已将室温调整到舒适的状态……正如电影《头号玩家》所揭示的，虚拟现实的景观体验将成为智能时代人类的流通货币，而赢家所得到的最高奖赏是美丽的自然景观，这种虚拟的自然景观是一个世人所共同向往的“绿洲”（Oasis）。但虚拟总归是虚拟，人类最终将回归真实的景观体验。因此创造梦境般体验的真实景观，将是人工智能时代最具竞争性的领域——我是在说景观设计师将是面向未来的职业。（婺源巡检司，土人设计，2018.03.28）

作为景观设计师，我们拥抱人工智能，因为它使景观信息的采集、储存、分析变得空前高效和准确，我们也得以应用前所未有的方式去再现、感知和体验景观。借助高精度的无人数码相机和空间信息处理设备，以及功能日益强大的地理信息系统，我们可以瞬间实现对地球上任意偏远景观的数字化再现，这在十年前甚至都无法想象！如今，功能强大的计算机能够以惊人的速度、精确度和最绚丽的表达方式将景观设计作品呈现出来，并通过虚拟现实技术和增强现实技术使之达到令人难以置信的真实程度鲜活地展现在大众和决策者面前！仿佛是在随心所欲地改变着地球表面！

我们拥抱人工智能，因为它极大地解放了我们的大脑，使设计回归创造。大量的逻辑计算、理性分析以及繁重的制图和设计表达工作，可以最大限度地交由计算机来完成。人类将充分发挥大脑的创造性功能，如情感表达、艺术审美和灵感触发。对于景观设计学而言，人工智能的出现既是机遇也是挑战，其意味着当下景观设计师的教育和培养体系亟待革新，尤其需要在创新设计和人机互动方面实现质的飞跃。

我们拥抱人工智能，因为人工智能将改变我们的生活方式，并为设计师创造更加理想的人居环境提供潜在机遇。工业化的机器和与之相适应的灰色基础设施（诸如大面积的停车场、巨大的排水管道、能源供给和储存系统等），在提供城市生活所必需的服务的同时，也使城市景观变得无趣、危险、丑陋、浪费！而智能化的城市为我们改变这一现状创造了机会：智能汽车和新型交通系统的出现可以使停车场面积缩减至少三分之二，马路也不必如此宽阔，由此节省出的土地将更多被用作城市绿地和休闲空间；智能化的雨洪管理系统可以将大量冗余的排水管道转变为储水空间，使水资源利用更加高效和可持续……

我们拥抱人工智能，因为它并没有湮灭人类对于景观的追求，反而启发人们将现实景观视作寄托人类生活理想的载体。正如电影《头号玩家》所揭示的，虚拟现实的景观体验无疑将充斥智能时代的每个角落。但在影片结尾，赢得美丽虚拟世界“绿洲”所有权的玩家却限制了游戏开放时间，鼓励人们回归真实的生活场景和景观体验。因此，创造具有梦境般体验的现实景观将成为人工智能时代颇具竞争力的领域，也就是说，设计和创造美丽的景观将是面向未来的重要职业。

最后，我们拥抱人工智能，因为在这个人工智能逐渐替代、击败甚至摧毁人类的时代，如果世界上只剩下最后一个人类，那么，这个人必定是一位设计师！

本文首次发表于《景观设计学》，2018，6（02）：6-7.

警惕智能工具的陷阱

2019年3月10日，埃塞俄比亚航空公司的一架波音737MAX系列客机在起飞六分钟后坠毁，机上157人全部遇难。而就在此前不久的2018年10月29日，印度尼西亚狮子航空公司的一架同机型飞机以相似方式坠毁，导致机上189人全部丧生。事故调查组怀疑这两起坠机事故均源于该机型飞机中机动特性增强系统（MCAS）的失控。（Pasztor A., Tangel A., 2019）时任美国总统唐纳德·J·特朗普在责令波音737MAX飞机停飞时，在2019年3月12日连续发布两条推特抱怨道："飞机现在变得越来越复杂，飞行员已经无法控制它们，也许只有麻省理工学院的计算机科学家才知道该怎么操作……飞机的复杂性会导致危险发生。频繁的更新换代使得飞机越来越昂贵，但在性能上却鲜有提升……我只想要一架能够被专业飞行员迅速掌控的飞机！"

我无法评价飞机的智能化水平与安全性是否负相关，但谈及将智能工具应用于我们的日常生活和工作（包括景观设计），我有以下几点认识可以作为常识提出。第一，人工智能是人类大脑和智力的延伸，它的作用是为人类服务并帮助人类解决问题，而非带来智力上的负担。人类没有必要让智能机器替代完成所有的体力和脑力劳动，诸如吃饭、品茶和写诗，因为那是人类存在的乐趣和价值。同样，对于建筑和景观设计工作而言，除了数据收集处理、烦琐的计算以及重复的劳动之外，还有思考的乐趣和美的创造，后两者绝对不应该交给智能工具去完成，否则，人类的存在就失去了意义。第二，失去人类控制的或过于复杂而难以被人操作的智能工具会给人类的生活和工作带来负担，甚至危及生命安全，正如飞行员无法控制的高智能飞机可能会使乘客命悬一线。所以，在创造出绝对可靠的智能工具之前，人类绝不能放弃对于工具的主动控制权。

除此以外，我对将智能工具应用于人类活动，特别是景观设计领域，仍然充满热情。事实上，就在我坐下来写这篇短文之前，我手机上的智能徒步应用软件已经详细记录了今天我与学生一起考察安徽省黄山市西溪南村每条街巷的轨迹，配合链接在一起的数字照片，我可以准确记录每一座建筑物和每一处景观的信息。同时，学生们已经利用无人机和激光测量工具实测了他们即将进行设计的几处场地，并连夜完成了数据的数字化以及可视化表达。现在他们已经可以上网查询第二天将要考察的丰乐河流域的水利历史和人文故事。而在我的学生时代，要完成场地实测和制图，需要冒着生命危险翻墙上房进行测量，再用方格纸连续画上几天几夜；而要查阅丰乐河这样的地方资料，恐怕需要跑几天图书馆，翻阅古籍档案才能

早春的清华园内，一尊苦思冥想的学者雕塑，其背后是两位园林工人正在驾驶着硕大的挖掘机给几棵山楂树松土，这位清华园的智者也许在问：这是机器的胜利还是人类的失败？

有所收获。如此种种，智能工具无疑让我们在获取更准确的数据的同时，有更多时间去做那些更具创造力和更加有趣的工作，从而实现作为设计师的价值。

智能工具在本质上与石斧一样，是人类创造和使用的工具。而试图让智能工具来替代所有人类创造行为的设想，本质上是对人类价值的否定，其将使人类生活变得无趣、失去自由并充满风险——这便是智能工具最危险的陷阱。

本文首次发表于《景观设计学》，2019，7（2）：4-7.

从“鬼屎”到Meta

最近的两则新闻让我脑洞大开，一则来自《哈佛大学校刊》（*Harvard Magazine*）关于黏菌（Slime Mold）的空间认知和决策智慧的最新研究报道，另一则是脸书创始人马克·扎克伯格（Mark Zuckerberg）亲自发布的将Facebook改名为Meta的短视频。这两件风马牛不相及的事情却挑战了我们关于人类的空间认知、评价和设计的许多固有认识。

黏菌在中国古代文献中被描述成“鬼屎”，其最早记载出自唐代陈藏器所撰的《本草拾遗》，是一种无脑无神经系统的单细胞生物，连动物都算不上。21世纪初，被日本科学家发现具有超乎人类的空间认知能力，能够迅速设计最短取食路线，走出迷宫。其设计过程是先伸展自己的细胞质并覆盖住整个迷宫平面，直至发现食物，然后缩回多余的部分只留下最短路径。通过这种方法，它能绘制出类似东京地铁般复杂的最优联系网络。如果这可以理解为最原始的刺激－反应（stimulus－response）的化学过程，那么《哈佛大

如果说人类起源于同一个来自非洲大草原的母亲，那么在人类进化过程中经历最漫长的时间并起决定作用的非洲草原景观（savannah），必深藏着人类关于景观和空间认知的秘密。根据以人类的进化为出发点研究人与环境感知的学说，照片上近景的均质草地，会让人联想到安全的处境，因而会给人以安详和宁静之感；远处奔跑的角马是肥美的猎物，因而唤起追捕的欲望，令人亢奋；远方的两颗扇形孤树，是安全和家的符号，使茫茫的草原有了避难之所；中景有几处浓密的灌丛，往往是狮子等捕食者埋伏之地，因而是危险的景观符号。从眼前的安宁处境，人类必须穿越危机四伏的危险地带，方能到达远方丰美的食物和安全的家，这样的景观因此变得激越、生动，空间既有可探索的刺激，同时又有清晰的空间结构，因而能唤起内心深处的美感。（马赛马拉，俞孔坚摄，2017）

学校刊》报道的这则实验发现则完全令人匪夷所思了：黏菌居然能隔空遥感远方物体的质量，并决定菌体延展的方向，表现出这种低等生物的空间感知、评价和决策能力，也就是尽量在避免无效消耗菌体物质与能量的前提下，提前设计实现目标的行动路线。同时，在这一过程中，黏菌能够产生异常优美的群体形态：从任何人类关于艺术的审美标准，诸如色彩、形体的对比、平衡关系来讲都是美不胜收的。这让我产生了多个联想：

第一个联想是前不久媒体曝光某快递公司用了类似的刺激－反应方法，通过奖励发现更短路线的快递员，制造“内卷”，不断压缩投递时间，优化投递线路，结果通过牺牲每位投递员的利益而换取公司整体收益最大化。这是一种试错方法，听起来有些残酷。时髦地讲，这是一种大数据的方法，在这方面，黏菌一点不比人类差。

第二个联想是黏菌的空间感知和决策过程正如中国围棋的空间游戏。2016年的围棋人机大战证明，人类在游戏空间的认知方面完全输给了机器。所以，人类在空间认知方面似乎既不如最低等的单细胞生物，也不如没有生命的只能识别0或1的机器。

第三个联想是从进化论的角度来看——这也是认知心理学和景观认知学派的基本出发点——人类的空间认知能力及其审美与动物一样，源于基本的生存需求：或者是寻求食物或者是繁殖本能。所以，正如黏菌用美丽的菌体分布来注解生存和食物的欲望及本能反应，人类通过其空间运动的轨迹和美的环境的设计，将其生存的欲望和本能暴露无遗。从这意义上，“鬼屎”和人类本质上并无区别。

第四个联想是基于食物和生存欲望的空间认知，最终由于其物理上的高效性和均衡关系，而产生美的反应，这似乎为空间和景观审美找到了客观的依据，这也就可以理解，为什么围棋的空间布局也同样有美的逻辑。

正是基于这几点联想，第二则新闻就变得意味深长了。脸书所构建的元宇宙（Metaverse）是一个虚拟时空集合，由一系列的增强现实（AR）、虚拟现实（VR）和互联网技术所组成，当然还要借助智慧眼镜来体验。元宇宙将处在不同时空的人联系在一起，实现社交、工作和娱乐等活动，而不可回避的是它源于娱乐和游戏。Meta 让空间和环境变得唾手可得，使人类的活动第一次摆脱了地理空间的约束。空间和环境不再是人类活动的预设场景，场景可以成为唯美的设计，诸如在热带雨林里或月球上约会、在海底或火山口聚餐、在云上开董事会等等。作为城市空间认知的鼻祖，凯文·林奇在20世纪60年代探讨了城市意象：即如何让城市可辨识，帮助人们认路，形成空间认知地图。这一研究对城市空间的设计产生巨大影响。而在 Meta 里面，城市意象似乎已经失去了意义，人们也无须凭借脑中的认知地图去找车站、餐厅、约会的酒吧和造访的名胜景点，一切的空间营造和景观尽在手指之间和智慧眼镜之中。所以城市和景观设计的原则将面临新的挑战，就连小学语文课关于故事开篇的写作范式都需要改变。

接下来的问题是，随着元宇宙——更确切地说是后宇宙、超宇宙——时代的到来，失去时间和地域感的人类活动是否具有意义？失去以地域、空间和时间为载体的人类文化后，人与黏菌还有什么区别？！地理和景观认知学强调空间的可辨识性、可探索性及可参与性，地理认知和现象学所强调的场所性和场所感取决于地域特色和认同感，以及空间的定位和方向感。场所精神（Genius Loci）作为建筑与景观设计的一个核心概念，取决于给定的天时地理条件，即天地之间的立锥之地（The Given）。没有了地域性和场所性，元宇宙里的人类活动是否具有意义？或者，如何让没有地域限制的元宇宙里的人类活动具有意味？这似乎是一个新的设计问题。

2021 年 11 月 21 日星期日于燕园

本文首次发表于《景观设计学》，2022，9（5）：4-7.

论景观评论

景观评论，确切而言是指对景观作品的批判和品评。评论之于景观正如家庭教育之于子女：健康的景观评论犹如常怀关爱之心的父母，总是为子女日后的成才而苦口婆心，即使偶有责备，却也无碍；不健康的评论犹如对子女不负责任的捧杀或恶意的惩罚，其并非出于对子女未来成长和成才的考虑；缺乏评论的景观则如同孤儿流落街头，发展往往容易走向畸形。

景观评论亦是一项艰巨的工作，其难度堪比培育孩子的成长，远甚于创造景观本身。早在1979年，美国人文地理学家唐纳德·W·迈尼希（D.W.Meinig）就曾提出“一景十解”的经典观点，即景观可以理解为自然、栖息地、艺术品、物质系统、尚待解决的问题、财富、意识形态的表达、历史、场所，以及优美的风景。如迈尼希所言：“景观不仅仅是我们眼前所见，更是心中所想。”人们对景观的感知和评价并非是客观的，它是观者人生观、价值观和审美观的反映，且融合了观者彼时或喜悦或悲伤的心境。

在零下九摄氏度的气温下，我再次踏入冬日里沈阳建筑大学的校园。刘老师自豪地带我参观已经过了最美季节的校园稻田，不停地向我讲述其春夏秋冬的故事！此时，田埂上紫金色的白茅草在寒风中瑟瑟作响，整齐的稻茬犹如编织入黑色面料中的织文；收割完的稻穗堆成一垛垛，点缀在田间，引来一群群的麻雀；挺拔的白杨整齐地排列在南北向的田埂上，界定出田块之上的三维空间，其中更分布着一个个的读书台。对此景观，不同的人会有不同的感受。可以听得出，刘老师是多么喜欢这片稻田，他欣赏其美景，享受其场所体验；鸟儿、雨水、稻谷、茅草及杨树的时空关联，又分明定义了稻田作为生态系统的载体功能；袁隆平先生为这片稻田题词“稻香飘校园，育米如育人”，又表达了校园稻田对于“耕读文化”的传承；而设计之初，之所以选择以稻田作为校园景观，的确是出于经费紧张的考虑；但这里的所有元素，包括水泥道路夹缝中的白茅草，却又都是设计而成的…… 这看似简单的校园稻田，恰恰成为迈尼希“一景十解”观点的最佳注解。（俞孔坚摄，2017.11.18）

由迈尼希的观点可见，景观评论是复杂的，应从上述十个甚至更多的角度展开，概括而言即自然生态、社会经济、历史文化和审美等方面。

在中国的景观学界，学术意义上的景观评论几乎不存在。其原因是多方面的，作为一门现代学科，景观设计学资历尚浅，景观设计行业尚处在幼年阶段。因此，如同年轻一代的景观设计师一样，潜在的景观评论家也尚在成长。我们呼唤富有责任感的景观评论家尽快出现和成长，呼唤景观评论作为一门学科尽快出现。正如儿童的成长离不开父母的呵护与引导，发展中的景观设计行业和景观作品也亟待健康的评论环境。新时代中国的景观既不需要阿谀奉承的捧杀，也应远离不着边际的谩骂和批判，其真正需要的是学术而全面的、以推动学科进步和促进学科发展为伦理底线的批评。我们呼唤健康的景观评论，犹如呼唤良好的教育体系！我们呼唤优秀的景观评论学者，犹如呼唤肩负推动社会发展使命的灵魂工程师！

本文首次发表于《景观设计学》，2017，5（01）：4-7.

追寻恩师陈传康的足迹

最近的两件事给了我翻阅封存了二十多年日记和资料的机会。其一是关于“旅游地学”25周年的纪念活动，蒙陈安泽先生之邀写一篇《旅游地学与景观设计》的纪念文章。其二是广东丹霞山连同国内几大丹霞地貌一起，被联合国教科文组织世界遗产大会认定为“世界自然遗产”，同时我受当地之邀前往丹霞山进行申遗后的规划设计工作。而这两件事都结缘于二十多年前。于是，我翻开封存在纸箱中的日记和工作手记——这些资料在1992年没能随我远渡重洋，而一度寄存在亲友家的地下室里。我一页页翻阅着日记兼野外速写，二十多年前鲜活的画面跃然纸上：

1987年8月10日，前往广东陆丰县（现为陆丰市），开展碣石镇玄武山宗教旅游规划和观音岭—金厢滩风景旅游规划；

1988年3月14日，前往广东丹霞山考察，开展丹霞

1987年作者随陈传康先生在潮汕地区考察。（北京大学，1987）

山风景名胜区规划；

1988年10月22日，第二届（后来有称第三届的）全国旅游地学研讨会召开，地点：西安军分区招待所；

1989年8月11日，安阳小南海、万泉河风景旅游区实地考察；

1989年8月13，到河南安阳林滤山王相岩风景区考察并开展规划工作；

1989年7月23日，到清远飞来峡考察并开始规划工作；

1990年，考察深圳大梅沙、小梅沙、西冲，进行深圳旅游发展战略研究；

1991年，汕头礐石风景考察和规划研究；

……

这些过去的记忆画面中，一个身影一直主导着我眼前的画面，他在引领着我，或跨越清澈的涧山，或穿过茂密的山林，或踏入柔软的沙地，或攀登延伸入云霄的寺宇阶梯，或穿行于村庄与市井……他矮矮的个头，脚穿黑色的兼用于野外踏勘和室内正式场合的旧皮鞋，白色的衬衣总大敞着领子，灰色的西装从不系扣子，浓重的潮汕口音带着磁性——他就是敬爱的陈传康先生，一位天才的地学家和旅游学家，杰出的思想家和教育家。他从不忌门户，昂首阔步于丘壑纵横的知识领地，他智慧机敏，潇洒穿行于壁垒森严的学科分异。陈先生的学术成就之斐然自然由学者和专家们去评论。而我既非地学家，也非旅游学家，我只想通过我个人的经历，追忆一下这位旅游地学开拓者的无限魅力和他对我本人学业及人生的影响。

跨河搭桥

最早结识先生是源于研究生时代读到的先生关于“旅游资源的开发和观赏原理”的文章，当时我在北京林业大学读研究生并准备从事风景资源评价研究，我系统地跨校、跨专业选修了当时北京大学地理系的经典课程，包括杨景春和田昭一先生讲授的地貌课，以及陈长笃和张妙弟先生讲授的植物地理课。据我所知，这是园林风景专业学生中第一次有学生跨越学科和校园的边界，系统学习地学课程，这也得益于我在北京林业大学的导师陈有民先生在培养学生方面的开放思想，这为我日后能到北大发展景观设计学科打下了基础。除了一些经典课程外，我也很想选一些新开设的课程，其中包括陈传康先生的旅游地理课程，于是便如约到位于中关园的先生家中拜见了他。

时间是1986年秋日的傍晚时分，那画面至今异常清晰：先生背靠书架，双手捧着一本翻开的书站着，夕阳从他侧后方射入房间，暖色的光线中，先生显得格外俊秀，这画面一直在我脑中从未消退。遗憾的是，他当年不开设旅游地理课程，所以，最终未能在北大听他讲课。当得知我是学风景和园林的，他便把最近发表的文章送给了我。这是我第一次看到从地理学的角度来认识园林和风景，与我过去在园林课堂上学到的有许多不同，感觉很新鲜。于是我便请陈先生到北京林业大学的园林系去讲课，先生欣然同意。来听课的有当时的系主任和多位老教授。这是多年来北林园林系第一次邀请一个非本专业的地理学家来做关于园林设计的报告，反响非常之好。随后，1987年7月我毕业留校任教。当时，全国性的风景旅游热潮已经掀起，先生受各地之邀，开展多项风景旅游规划。先生以为我的绘图和规划技术刚好可以补充他当时团队的不足，便邀我参加他的工作，我便荣幸地成为他多个“编外弟子”中的一个。现在回忆起来，这段与北大地理系的结缘，很重要的是与陈传康先生的结缘，这对我日后的学术道路影响非常悠远而深刻，尤其是使我对景观设计的理解彻底突破了园林和风景的概念，走向了科学和更宏观之路。从这个意义上讲，先生是桥，他帮我跨越了学科和校园的界河。

海阔天空

从1987年到1992年夏出国深造之前，我得以在先生麾下与先生及其领导的团队一起亲密合作达五年之久。其间完成了多个风景与旅游规划设计项目，包括前文提到的那些。每每随先生考察、开会，足迹至大江南北；先生在京的学术报告和授课都必邀我入堂；每有新作，便先与我分享。我得以常常在先生室中畅谈至夜深人静，除了严肃的地学、旅游地理和科学方法论外，所谈话题可谓海阔天空，或《易经》及风水，或灵异及天外来客，或电影评论及诗情画意，无所不及，窄小的会客厅里，智慧的火花在闪烁，灵动的思想在流溢。对所有问题他都有独到的见地，但对所有答案，他都是带着开放的心态。对那些并非严肃的问题，他甚至可以提供两种自相矛盾的答案，以供世人娱乐。最典型的是他关于《易经》起源于外星人的假说，世人皆以为他本人笃信此说，实际上他是为了推动羑里城的旅游发展所做的宣传。作为科学家，他多次对学生说他的真实看法：关于天外来客，实际上很简单，既然宇宙和时间是无限的，那么如果有天外来客存在，那他应该早来过地球了。先生甚至曾以小说《牛虻》的主人公亚瑟掩盖身份为例，后悔他的一些文章没有用笔名来发表。所谓世间本无事，庸人自扰之，他用旅游和娱乐的态度，对待世间的那些容易被古板的“科学”搞得无趣的知识。他常感慨，当今的科学家们只知道些八股的所谓学术文章，没有一点文学性，因此也就失去了可传播性。他倡导文学艺术与科学的融合。

世人多敬仰先生著作等身的学术成就，而我则更赞叹先生那绝世的才情，何等潇洒，何等倜傥，非大师而又能是谁。

交叉游走

在与先生交流和先生身体力行的影响中，我受益最大的是陈先生的科学研究方法论和当代人才观。记得那是1987年，先生邀我去听的第一堂课是他的一场关于交叉科学方法论的报告。他极力倡导交叉科学的方法论。对比农业时代的通才、工业时代的专业线性人才，先生竭力主张后工业时代人才的培养目标是“T”字型人才，即有某一方面纵向的专长和深入的研究，同时必须掌握交叉科学方法论，懂得跨学科的横向联系。而这也正是陈先生本人的真实写照，他对自然地理学的深入研究和对科学方法论特别是交叉科学方法论的灵活运用，使他能游走于多个学科之间，打破学科界限和门户壁垒，能对多个领域有独特的俯瞰和洞察力，他对旅游地学的开拓也正有赖于他的这种“T”字型人才的能力。对他的这堂课，我十分认真地做了笔记，并根据他的报告，编写了讲义，这成为我当年在北京林业大学开设《景观：生态、文化与感知》课开篇一章的核心内容。而陈先生的交叉科学方法论对我本人日后的理论研究和实践工作更是有极大的益处。本人后来在哈佛和北京大学从事的城市与区域规划、景观生态学、景观设计学以及旅游规划方面的跨学科研究和实践，都得益于先生所倡导的交叉科学方法论的运用，本人也一直努力使自己能成为先生所倡导的“T”字型人才。

逢山开路

查文献、读图、浏览当地报纸，然后现场踏勘。这是先生到地方开展工作的调研方式。他出差前，必定要查阅目的地的自然与文史资料，了解当地的风土人情。他常告诫学生，到地方工作切不可随便开口要资料，要先了解情况后，再有的放矢地寻找资料。地形图是先生踏勘现场必须要带的，先生读图时总要摘掉眼镜，一边看图一边讲解当地的历史与文化典故，滔滔不绝，学生们围站一圈，那景象至今记忆犹新。每到一地，一入住当地宾馆，先生便会让服务员把最近一个月的当地报纸找来翻阅。第二天与地方领导开座谈会时，先生总能旁征博引，从自然、社会经济和文化及当前形势各个方面，剖析地方经济以及当地政府目前关心的问题，往往让地方官员佩服有加，接下来的工作便异常顺利。然后，再派工作团队的成员到各个主管部门，分头收集资料，晚上回到宾馆一起交流研讨。我所参与的多项风景旅游规划项目，都是先生在前面开路，我们学生团队跟进。

这样，在五年时间里，我得以在先生开辟的道路上，游走于大江南北，实际参与完成了近十个项目的风景旅游规划和相关研究。

其间积累了大量的资料，得到了充分的锻炼。直到今日，我本人到地方调研的工作方法仍然有先生的印记，当年追随先生考察时收集的资料至今仍然十分珍贵。事实上，我的博士论文《景观规划中的安全格局》(*Security Patterns in Landscape Planning with A Case Study in South China*)就是以广东丹霞山为例完成的。也因为当时收集了大量的一手资料，使我得以在三年内就获得了哈佛的博士学位。关于生态安全格局的理论和方法论也是在这一论文内首先提出的，在国际上发表的第一篇关于景观感知的科学论文也是以丹霞山的资料为基础完成的。而最近进行中的丹霞山申遗后的规划设计工作也是当年工作的延续。类似的长达20多年缘分延续的还有安阳的林滤山王相岩风景区，当地的领导换了一届又一届，但直到今日，仍然有新一任的领导前来拜访，咨询保护和利用的策略。凡此种种，陈先生如在天有灵，一定会欣慰。

1988年，我第一次参加旅游地学方面的研讨会，也是陈传康先生推介的。我最早发表的几篇关于地学和旅游学的文章，也得益于先生的指导和推荐发表。陈先生是把我引渡入地学和旅游学领地的关键导师，也是带我走出园林藩篱并走向大地景观的主要引路人。如果说我今天的景观设计学研究与旅游地学有什么联系的话，那是因为有先生这座桥梁。

1997年，离开祖国五年后我回国任教，谁料想竟来到先生所在的北大城市与环境学系（原地理系），而这正是当年追随先生足迹的继续。不幸的是，也正是在这年秋月，先生被发现已患绝症至晚期。而我当时还游走于太平洋两岸。记得出差去美国的前一天，我到校医院去看望他，并有幸抱他如厕，这是我有生以来第一次抱一位长者和前辈。他已是瘦得那么的轻，我登时感到一阵心酸，手在发颤。而他却仍然抬起头，精气如前，眼睛仍然明亮如常，就在我将他轻轻放回病榻上的那一刻，他用那双智慧的眼睛注视我良久，千言万语，尽在无言之中……而这竟是他诀别的一望。

蒙恩至今，将近30年了，我也已人到中年，也已为人师良久。不时回想起追随陈先生的日子，我仍觉得自己是个年轻的学生。在宁静的田野里或是城市喧嚣的街头，我仍然觉得先生就在我的前面大步行走，我在跟着先生的脚步，而我后面的学生也越来越多，那是我自己的学生，排着队跟着，时而先生停下脚步，拿出地图，学生们便一起围过来，听着先生滔滔不绝、海阔天空的讲解……

2010年8月16日于北京大学

本文首次发表于《中国旅游地学25周年纪念文集》（陈安泽），地质出版社，2013，pp.182–185.原标题为“追寻恩师陈传康的足迹：游走于地学与景观设计之间”。本书收录时略有修订。

传承实践研究与创新教育

——悼念四位于 2018 年离世的景观设计大师

9月29日，在我离开巴塞罗那当天的凌晨六点，离日出尚有一个半小时，西班牙建筑师比森特·瓜里亚尔特教授便把我拉到科利塞罗拉山脉之上，参观他正在这里兴建的加泰罗尼亚高等建筑学院（IAAC）的第二个校园。这块风景优美、俯瞰全城的林地，是他十年前花了200多万欧元竞拍到的，一处14世纪的老教堂已经被他改造成教室和学生宿舍以及实验室和养殖场。实验室里有多台3D打印机，还有机器人实验装置、水循环装置等。放置着实验性建筑装置和3D打印构筑物的林地中，同时也养殖着鸡鸭。他对城市生态设计尤其感兴趣，因此还特地挑选出我的和他的那些体现可持续和生态设计理念的作品，在2018北京国际设计周上举办了一场“生态都市主义”展览。昨晚他刚从北京回到巴塞罗那，而我则要在今早离开，于是，在月光中驱车上山，在蒙蒙晨光中走遍他的新校园，等到第一缕阳光出来时，我们已经下山赶往机场了。

尽管时间紧迫，晨光熹微，所见所感已足以使我震撼：美丽的自然山林、俯瞰巴塞罗那全城的区位、橡木的芳香、政府的远见和支持、对于校舍与实验室的畅想……更让我感动的是瓜里亚尔特教授的激情和执着。除了在世界各地承担建筑设计项目外，他还曾经担任过四年巴塞罗那市议会的总建筑师，邀请到了世界各地的优秀设计师为巴塞罗那设计项目。20年前，出于对当时建筑和设计教育状况的不满，他创办了一个全新的设计学院，初衷是针对突飞猛进的城市建设步伐和科技发展，培养具有创新能力、适应当今社会需求的新一代设计师。学校发展至今，已拥有来自50多个国家的上千名在校生，由此获得的学费收入已足以支撑学院的日常运营。学院没有固定教师，而是聘请世界各地具有丰富实践经验的设计师前来授课。他自己也一边实践，一边教书。他说，教书对他来说是学习和研究，而设计实践则是对新知识与新技术的应用和检验。

于是，我想到了四位在2018年离世的景观设计师，他们于我亦师亦友，且都对中国景观设计教育发展做出过贡献。在此，我悼念他们，并提醒广大从业者们传承他们对于实践研究与创新教育的积极推动。

第一位是孙筱祥先生（1921年5月29日出生，2018年5月4日逝世，享年97岁），北京林业大学园林学院教授，中国现代风景园林学科的重要创始人之一。孙先生是我本人大学时代的老师，先生与我有非常深入的个人交流。其对中国风景园林和景观设计学科的创新性贡献突出体现在两个方面：一是在实践上大胆突破了传统园林的造园手法，将自然风景造园手法引入中国的公园设计中（以杭州花港观鱼公园为代表），并提出了生境、画境和意境的“三境论”，将生态科学、艺术与美学的交叉融合作为学科基础；二是在学科内涵的外延和拓展方面，其将“Landscape Planning”理解为地球表面空间规划，使学科对象从“风景”和“园林”走向了综合的“大地景观”，这种观点深深影响了我对学科的认识。而这些在教学和理论方面的创新，都与孙先生早年在浙江农村的景观经验和生存体验、长期从事的规划设计实践，以及伴其一生的美术创作实践不可分割。

第二位是理查德·海格教授（1923年10月23日出生，2018年5月9日逝世，享年95岁），美国西雅图华盛顿大学景观系的创办人，同时也创立了个人设计事务所。在1952年获得哈佛大学景观硕士学位后，他曾随景观设计大师托马斯·丘奇从事设计，两年之后，便成立了个人设计事务所。1957年，拥有六年实践经验的海格在劳伦斯·哈普林的支持和鼓励下，在华盛顿大学建筑与城市规划学院任教，为建筑师和规划师讲授景观设计学，并着手创办了景观学系。直至2016年事务所宣告关闭，海格及其团队总共设计了500多个项目，其中最具创新意义的项目当属西雅图煤气厂公园，该项目开创了后工业景观的设计，对我的中山岐江公园项目影响颇深。他对当时的生态环境问题充满忧虑和关注，开展了众多实验性的、以生态环境治理和社会关怀为主的景观设计工程。20世纪70年代时，西雅图煤气厂面临拆除，正是海格使这处工业遗产得以保留和再利用，并提出棕地土壤修复工作，强调以乡土植被的生物演替形成本土景观。虽然这些理念在当时颇具争议，但时至今日已被美国业界广泛接受。这些创新实践经验和知识，都被结合到他的理论和设计教学之中，成为华盛顿大学景观学教育的特色所在。鲜有人提及的是，18岁时海格曾经加入过赫赫有名的“飞虎队”帮助中国抗日，在成为景观设计教育者之后又培养了多位中国学生。在我们的多次深入交流中，我都深深感受到他对中国生态环境问题的忧虑。2014年最后一次见到他时，他盯着我说：“你得解决这个问题。”这句话一直在我内心深处发力。他在实践研究及设计和教育方面的成就，无疑为我们树立了光辉典范。

查德・海格教授

第三位是以色列建筑和景观设计师施罗墨・阿隆森（1936年11月27日出生，2018年9月12日逝世，享年82岁），他与海格有着相似的求学经历，在1963和1966年分别获得加州伯克利大学景观设计学学士和哈佛大学硕士学位后，也随设计大师哈普林从事设计实践，后于1969年回到以色列创办了自己的设计事务所，堪称以色列最有影响力的景观设计师之一。最早与他相识是在2005年美国景观设计师协会（ASLA）年会上，我有幸与他同时到场领奖，此后又于2009—2010年在德国柏林当代美术馆

罗墨・阿隆森先生

一起举办了“回到景观”的全球六人展。阿隆森的设计思想根植于以色列本土的自然和文化，让景观设计学发挥了定义民族、地域和文化身份的威力。1999年，他为昆明世博会设计的以色列园亦彰显了国家的文化特色。对这些创新实践经验的积累，最终都归于对新一代设计师的教育事业之中。从1979年起，他先后任教于耶路撒冷大学建筑系、哈佛大学设计研究生院和以色列希伯来大学城市与区域科学研究院，并在世界各地讲学。他对地域特征和对现实问题解决途径的创新探索，使其成为地域景观营造的代表性人物，为景观设计学教育注入了新的血液。

第四位是英年早逝的丹麦景观设计师耶普·阿加德·安德森（1952年1月30日出生，2018年4月22日逝世，享年66岁）。安德森于1980年从丹麦皇家美术学院建筑及景观设计专业毕业，由于父亲是艺术家，他从小受到艺术的熏陶，这奠定了其景观设计作品的艺术特质。1987年，安德森成立设计事务所，他认为，无论尺度大小，景观设计都是一种艺术创造，是对日常景观的艺术化。通过对锈钢、木材、石头、草坪等的精到运用，其景观作品呈现出线条清晰、空间明确的特征，没有多余的元素，可谓开创了北欧景观设计的一代新风。2011年9月，安德森全天陪同我参观了他在丹麦哥本哈根和瑞典马尔默的多个作品，我被其大师手笔感动，受益良多。其时，他已在瑞典隆德大学兼课多年，并有不少中国学生。2014年，他正式出任挪威奥斯陆建筑设计学院全职教授，并牵头创办了五年制的景观设计学硕士学位，将其毕生对景观设计艺术的探索传授给

普·阿加德·安德森先生

来自世界各地的青年学子。在他离世后，家属遵照其遗嘱，设立了耶普·阿加德·安德森旅行基金，专门资助学生到世界各地考察。

这四位杰出景观设计师均代表着其所活跃的时代和其所在国家的最高水平，并对当代景观设计实践和教育影响巨大。他们敏锐地洞察社会和环境问题，并提出创新性的解决之道，开创了一代、一地的新风。如同国际景观设计专业和学科的其他先贤（如奥姆斯特德、麦克哈格等）一样，他们在实践中获得的创新成果，最终都回到了学校，用于培养更多的学子。正因如此，景观设计学科的发展才得以生生不息！而我今早所看到的IAAC新校园，以及感受到的其主持人的激情与执着，正是设计学科未来实践研究与创新教育的希望。虽然一代大师们已悄然离去，但以解救人类及其生存环境、创造更美好生活为宗旨的景观设计学的发展，恰如这刚刚升起的太阳，充满希望。

本文首次发表于《景观设计学》，2018，6(05):4-11.

给在华的外国设计师立传

在中国和曾经在中国从事建筑、景观与城市建设的设计师，在我看来可分为四类。

第一类是御用设计师，其中的重要代表是郎世宁（Giuseppe Castiglione, 1688—1766），意大利人，本来是被教会派到中国传教的，结果却被康熙召进宫中，做了宫廷画师，放弃了原本伟大的理想，终生侍奉康、雍、乾三朝大帝。为了讨好皇帝，他甚至改变自己的油画技法和当时先进的透视学原理，而屈服于皇帝的嗜好，人像都不能画阴影，甚至连作画题材都由皇帝指定。郎世宁的主要设计工作是奉命参与圆明园西洋楼的修建。他还专门向乾隆皇帝引荐了另一位天才——蒋友仁（Benoist Michael, 1715—1774），法国人。他原来也是被派到中国来传教的。他精通数学、天文学及物理。原本可让这样的大才发展国家之科学与济民之术，乾隆却“不问苍生问鬼神”，蒋友仁受宠若惊地被召到宫中设计喷泉跌水等游戏，先做了“谐奇趣”的大水法，后又做了蓄水楼、养雀笼、黄花阵、海晏堂、远瀛观等等水法工程，一干就是12个年头。以这样两位奇才为代表的外国御用设计师，皆可谓大才，本可以为中国的发展做出更有意义的贡献、发挥更大的作用，却不幸受困于权贵牢笼，其设计作品留给世人的无非那些作为封建帝王陪葬品的汉白玉残石之类。

第二类是明星设计师，这类设计师本来是以独特的个性和自成一体的风格而闻名于西方。20世纪80年代初，他们只出现在学院的教科书和杂志中，中国的开发商和政府并没有邀请他们前来做设计，一来因为要价高——与当时中国设计师的价格相比，可谓天价；二来因为明星设计师往往有自己的个性主张，大多不愿听从领导的意愿而设计；三者因为少数中国开发商爱占小便宜，只要方案不愿付钱，而中国城市决策者又善于“吸取各家优点”，先请名家做方案，转身再交给言听计从的本地设计师“综合方案”，结果在国际上留下了不良名声，所以，名家并不愿来华做设计。进入20世纪90年代后期，随着城市开发的推进，因为出让土地而富裕的政府和因为售卖楼盘而大发横财的开发商，开始大着胆子一掷千金地邀请明星设计师。特别是在欧美经济不景气和人民币升值的近十年来，明星设计师更是不在乎自己的身份，纷至沓来，急于在中国的大小城市贴上自己的标签。2008年的北京奥运会和2010年的上海世博会，以及此后的各种规模的园博会、大规模的新城设计竞赛等，使中国成为国外明星设计师们的擂台和实验地。原本以特色和个性见长的明星设计师们，在中国被贴上了统一的“国际顶级设计师”标签，稀里糊涂地成为城市决策者用以美化和标榜自己“国际化”和“世界一流”的道具。然而轰轰烈烈过后，他们只是在中国大地上扔下了一堆试验品，其中不乏建成近十年而未能被使用的；还有一些因为施工质量跟不上，导致刚建成已近残破；再加上大多数人不愿意背负高昂的维护费用这一包袱，因此就像一场盛大的宴会在结束之后，人走（领导换届）茶凉，徒留杯盘狼藉。

第三类是商人设计师，这类设计师的目的很明确，来华设计是因为有利可图。自20世纪80年代以来至今，“外国设计优于本土设计”几乎成了社会的一种共识，这在很大程度上也确实是客观的事实。在这种崇洋媚外的背景之下，中国的开发商和城市建设决策者们便将外国设计当作幌子。伴随着“丹枫白露”“香榭丽舍”“塞纳维拉”“里拉维拉”等洋楼盘的出现，甚至“西班牙小镇”“意大利小镇”“德国小镇”“地中海小镇”等也在中国大地上如雨后春笋般涌现，欧美设计师便凭借其娴熟的经验和技术积累，在中国市场上大展所长。与其在当地小规模的修补设计相比，中国有上百万平方公里的建筑和景观在向他们招手。他们获得了明星般的礼遇，头像和夸张的简历被用作售楼书的封面而得到隆重介绍，更有甚者，其巨幅照片和设计手稿被悬挂在飞机场和城市广场的广告墙上大肆宣传。为了扩展业务，这些外国设计公司在华成立了分公司，招聘年轻的中国设计人员，业务做得比其本国的本部公司还要大。与“土”设计师相比，“洋”设计师（无论真假）的收费都要高出很多。既然洋设计师如此吃香，一些国外学成归来的中国人，或者并没有留洋经历的“土人”，也纷纷开设取了洋名的设计事务所，再请一两位欧罗巴长相的洋人做门面，有的甚至请专业洋人演员来汇报方案。殊不知，中国开发商们所追求的并非外国设计师的品质，“洋名”才是其价值所在，因此，这些外国设计师也常常只被邀请做到方案阶段，施工图往往由当地设计师完成。

第四类是苦行僧设计师，他们有着崇高的理想和极高的专业素养，他们虽不是当红的明星设计师，却集世界建筑、城市与景观设计的经验和教训之大成，拥有最先进的设计理念。他们以批判的眼光勇敢地剖析欧美城市建设中所犯的错误，并希望这样的错误不要在中国出现；他们苦口婆心，试图说服处于“发烧”状态的中国城市建设决策者和开发商，不要搞大街区、不要搞畸形的建筑、不要搞化妆的园林、不要搞美艳却无用的城市、不要修大马路要避免对汽车的依赖，要发展自行车和绿色交通、公共交通；他们充满热情地向中国的城市决策者们传播生态和可持续性，以及文化遗产保护的理念，呼吁中国的开发者们要爱护自己的家园，善待自己的老建筑和老城区；他们期望中国能在世界绿色设计中开创一个新局面，创造一种新生活。从20世纪80年代开始，这样的设计师和智者一批批来到中国，又一批批地离去。他们常常不被理解，甚至被误解：“为什么你们美国人可以有高楼大厦、大马路、开豪车，我们中国人就不能？”在滚滚而来的大发展、“现代化”的飞速车轮面前，苦行僧们的游说和设计被一次次无情地碾压，留下一片哀号和叹不完的遗憾：“要是当年能够听取那位外国设计师的意见该多好！”

我无数次听到中国的市长们如是说。由于对理想的执着和对错误观念的不妥协，这些外国设计师们并未能在中国大地上留下许多的作品，但他们在潜移默化地改变中国决策者们的理念和价值观。“什么是好的设计”这一问题在这些前赴后继的苦行僧设计师们和中国本土智者们的共同教化下，开始变得逐渐清晰起来。与其他几类有着众多“作品”的设计师相比，这些苦行僧设计师更值得我们尊敬，因为他们传播的是推动中国大地走向健康的正确理念。我对上述四类设计师都非常尊重，他们对中国的发展或多或少起到了积极的推进作用，包括提高中国设计行业的收费标准、提升设计师在中国社会中的地位，以及推动技术的交流和进步。如果说我对上述其中的一些设计师在字里行间流露出某些遗憾的话，那是因为我实在感叹他们生不逢时，或者说，中国这个大甲方实在尚未具备其应有的品位和品质追求来接纳这些优秀的国际设计师。与在中国实现精品设计相比，教育其甲方懂得欣赏设计乃是中国现阶段最急需的，也是我对外国设计师们的最大期待。也正因为如此，我尤其赞美第四类外国设计师——苦行僧设计师，要给他们立碑、立传，他们是推动中国城市建设和设计行业进步的最不能忽视的力量。

本文首次发表于《景观设计学》，2013，1（05）：5-7.

2004年于北京举办的某邀请招标发布会现场气氛隆重而热烈，重要领导亲自到场发表演讲，获得设计邀请的8家设计单位中有6家来自外国，其中不乏国际知名设计公司。这样隆重地邀请外国公司参与中国重要工程设计的项目，每年数以万计，但这些国外设计师的智慧到底被采纳了多少呢？（俞孔坚摄，2004）

修补被男人弄坏的土地

最近世界各国首脑齐聚丹麦哥本哈根，探讨如何应对全球气候变化问题，事关人类命运，几无良策，各国为自己的利益争得面红耳赤。

这使我想起了中国古代的一则神话和其中的一位女性：女娲。传说两位男性首领水神共工和火神祝融为争领地而大打起来，从天上一直打到地下，闹得天地都不得安生，还把天也搞裂了，地也搞塌了，于是火从地而出，天漏雨而不止，人们生活在水深火热之中。这时，一位女神出现了，她“炼五色石以补苍天，断鳌足以立四极，杀黑龙以济冀州，积芦灰以止淫水。苍天补，四极正；淫水涸，冀州平；狡虫死，颛民生；背方州，抱圆天。”（《淮南子·览冥训》）男人们搞坏的一个世界，却由女人来补。

而从当代景观设计学的定义来说，这位女神当属一位景观规划设计师，其目标是创造人与自然和谐的人类生境。如果在上述神话的背景中来认识女娲，其最真切而感人的便是她对苍生和大地的爱心和对美与善的追求。在当代的全球自然与社会巨变背景下来认识景观设计学和女性景观设计师，女娲的补天修地事迹绝非毫无现实意义。

把女性景观设计师单独提出来作为本次主题源于我本人近年来对多位在世的杰出景观设计师、教育家和学者的亲身了解。我常常被她们非凡的经历与杰出的成就感动，在目前还是男性主导的景观设计职业和学术领域中，这些女性鹤立鸡群，不知疲倦地活跃在世界景观设计学科与职业的舞台上。而给我感受最深的是她们对土地的爱心，对景观设计学科和职业的激情。有人会说这种爱心和激情是不分男女的，但我却看到了当独有的母爱和土地结合时，这些女性有了超出一般男性的力量与创造力。

科妮莉亚·奥伯伦德尔（Cornelia Oberlander）不但是最早获得哈佛大学景观设计学专业学位的女士之一，也是在北美乃至世界上最早倡导通过景观设计实现绿色与生态和谐城市的职业女性，她的梦想是城市与绿色共生——“我梦想着一个布满绿色建筑的绿色城市，在那里城市和田园生活能够和谐共存。在建筑形式和土地之间‘达到和谐’一直是我所信奉的格言”。（“I dream of Green Cities with Green Buildings where rural and urban activities live in harmony. ‘Achieving a fit'between the built form and the land has been my dictum.”）我曾谦逊地跟在当时已是84岁高龄的科妮莉亚·奥伯伦德尔女士的身后，轻轻踏过她设计的生态群落和雨水利用景观，听她抱怨说“为什么我设计的自然草甸（Meadow）又被

科妮莉亚·奥伯伦德尔和其丈夫，著名城市与区域规划家和本领域加拿大首位教授皮特·奥伯伦德尔在温哥华的家中。（俞孔坚摄，2008）

安妮·斯本在波士顿的家中。（俞孔坚摄，2010）

管理员给换成观赏草坪了……”我被她对土地的爱心感染。

我曾在北美、南美、欧洲、亚洲的多个场合，无数次不经意间遇到玛莎·法加多（Martha C.Faiardo），第一位IFLA女主席，她总是风风火火奔跑着、忙碌着，她是多么无私地奉献自己的时间甚至金钱奔走于世界各地，使得FLA在她的领导下有重大的发展，一次我们相遇时，她还告诉我“我们还要帮助非洲建立景观设计学科和职业……”我被她对发展世界景观设计事业的激情感动。

我曾悉心聆听安妮·斯本（Anne Spirn）教授讲述她的生平和经历，讲述如何开创地将城市生态带入景观设计学，讲述如何使自己的研究成果能方便且毫无保留地通过网络传送给世界各地需要它们的人们，改变糟糕的城市生态；讲述作为一个女士，如何面对家庭和事业的选择和获得平衡。而在我的案头，斯本教授的著作《花岗岩花园》（*The Granite Garden*）、《景观的语言》（*The Language of Landscape*）一直是我的珍爱……

在中国，我最为敬佩的前辈之一是程绪珂女士，她现今虽已87岁高龄，但我却感到她永远是年轻的。作为金陵大学的高才生，她从中国最早的“海归”景观设计师也是她的父亲程世抚那里获得了真传，并发展创新。她是最早在城市绿化中倡导生态理念的学者之一，她在上海的生态园林实践为全国的城市绿化树立了一个典范。她是一位大师，而她却常说“我是个小学生……”

故事还有很多，我不能一一讲解每一位女景观设计师的特质，其中有很多人我甚至没有见过，而是从她们的作品和研究成果中得到了解，同样感人至深。本文也没能收尽全世界景观设计领域的女中豪杰，而仅仅是部分代表。我们的读者或许从中可以获得成为杰出景观设计师和景观设计学者，特别是女景观设计师或女学者的一些真谛。从她们的故事中，我们也许能看到，她们是如何用她们的爱心与激情，将一个被那些疯狂的“男人们”搞得乱七八糟的天地，像女娲那样，认真修补，使之重新成为和谐与圆满的人居生境的。

2009 年 12 月 17 日于北京燕园

本文首次发表于《景观设计学》，2009（6）：19–20.

锈迹之美

杜伊斯堡－诺德景观公园虽然不是第一个设计工业遗产地的再生项目，但从它的规模和影响力来说，绝对是后工业景观公园的典范。杜伊斯堡－诺德景观公园重新定义了何为景观美学以及文化遗产的概念；从工业时代到后工业时代的转变中，它赋予了景观设计行业和景观本身一种新的理解，对景观的重新定义做出了不可磨灭的贡献。

19世纪和20世纪工业时代所形成的价值观给我们理解美和景观留下了深深的烙印；杜伊斯堡－诺德景观公园不仅升华了我们关于文化遗产的概念并赋予了文化遗产新的含义——长期以来，我们习惯于认同从史前时期到农业时代的遗存为历史遗产。杜伊斯堡－诺德景观公园告诉我们，那些锈蚀的、“丑陋”的工业遗存也可以是美的。

曾经的我们向往着田园牧场风光和原始自然之美，然而我们会发现，这样的美学标准是通过教科书和文章教导我们的，实际上，书本之外还存在别样的美学标准。我们的文学和教科书中出现了不同以往的园艺艺术。生锈工业构筑物往往被视为一种由来已久的罪恶的根源，被贴着诸多负面的标签：污染、破坏自然、对工人阶级的剥削和少数人不公平的富有。而杜伊斯堡－诺德景观公园的出现颠覆了这些印象，并形成了“新美学”：基于工业文化遗产和环境伦理的锈迹之美。

从建造花园、公园、绿道和新市镇，到保护自然景观，景观设计专业已经从一个农业“新生儿”演变为一个工业“青少年”，行业领域涉及工业和城市发展相关的土地开发。杜伊斯堡－诺德景观公园向我们展示了如何改变一个被污染和毁坏了的工业时代遗址，解决城市萎缩和生态修复问题。

在我设计中国第一个大型工业遗产地改造项目中山岐江公园期间，我本人也深受彼得（Peter Latz）的思想理念以及他设计的杜伊斯堡－诺德景观公园的启发，该公园于2000年建成；我非常感激他给我带来的影响。不仅如此，中山岐江公园如今已成为中国的一个地标性景观。不同于传统的景观设计，这个公园扎根于当地的历史、景观现状、环境伦理以及地域文化特征，融入了国际和当代的思维方式，使这个公园成为象征着“新美学”和“新诗意”的创新景观设计。

本文首次发表于《锈迹之美》，收录于慕尼黑工业大学景观设计与工业设计系（LAI）编著的《向杜伊夫斯堡钢铁厂公园学习》，慕尼黑工业大学，2009，p.78-79.

杜伊斯堡－诺德景观公园（俞孔坚摄，2005）

杜伊斯堡－诺德景观公园（俞孔坚摄，2005）

林璎的拓扑变幻

Topologies（拓扑结构，拓扑变换）一词在汉语里面是不易理解的，它们是指连续变幻的几何图形或空间，而这些图形或空间的某些基本性质保持不变。用拓扑变幻一词来形容林璎的艺术创作，可谓再合适不过了：从绿草在大地上塑造的波浪，到玻璃废屑堆成的山丘；从银针组成的绵延江河，到 LED 灯点缀的灿烂星空；从漫过大理石的水幕下的岁月刻度，到划过土地上的黑墙上逝者的名字；从象征一叶孤舟漂浮于海上的教堂建筑，到网络上跳动的一串串消失的物种的名字和图像……林璎用自己的方式，在艺术、建筑和纪念物之间，创造了不断变幻的作品。这些变幻的作品尽管看起来似乎天马行空，无拘无束，但在我看来，它们却都有三个不变的支点：一是理性和逻辑，二是求真向善的伦理和价值观，三是美的体验。

就艺术家的作品来谈科学和理性似乎很荒唐，艺术和科学历来被当作两个范畴来看待。但我读林璎的作品确实看到了她左脑想象力之上的右脑逻辑。几乎每一个作品可以看到其背后的科学和理性的基础，包括其对水波的细致观察，其对水岸变化的分析，对地形的分析以及对历史和场地的理性思考，最终能使她将等高线、地形的模型和水岸线变成艺术的表达，也使人工的干预能融入自然的场地。正是这种理性的逻辑，使她的艺术避免了荒诞的夸张，而显得平静、流畅。其科学的思考和艺术表达的完美结合，使她能将关于大地、天空和海洋以及人类历史与故事的科学和理性的表达，转化为体验的景观：或是在其中（如 Wave Field），或是在其下（如 Wire Landscape，Systematic Landscape），或是在其身旁（如她的 Topographic Landscape）。

林璎作品背后的伦理和价值观，是其能打动人类灵魂的核心力量。她的作品几乎涵盖了当代美国和国际社会的所有具有重大社会意义的题材：战争与和平、种族与女性的人权与平等、土著问题、环境保护、全球气候变化、物种消失等等。爱！对大自然的爱，对生命的爱是所有这些主题作品的核心。在她的作品里，我们看不到愤怒、看不到憎恨、看不到复仇，甚至看不到谴责，也没有英雄主义的讴歌，哪怕是在其关于战争和种族主义的纪念碑中，我们所能读到和感受到的是西方世界的基督精神和东方世界的菩萨心肠。正是这种大爱，使她的作品能直指人心，超过了任何恨与暴力的武器。在越南战争纪念碑中，当抛光大理石上死去的人名和生者的脸两相照映的瞬间，其所唤起的正是对人类同伴的生命的爱；她在 *What Is Missing* 作品中所传递的是对逝去和即将逝去的非同类生命的爱！

美的体验让林璎的作品具有不可抵御的诱惑。美学家将美分为壮美和优美两种，前者是与和生存相关的恐怖、危险联系在一起的，而后者是与人类的爱联系在一起。所以，纪念碑，尤其是关于战争和斗争的纪念碑，往往与前者联系在一起。而在林璎的作品里，似乎只有优雅的美、宁静的美，其所散发的芳馨如空谷之幽兰，其给予人的体验之清新如沐春风。她可以把史诗般的悲壮，通过其水一般的语言，变为亲切宜人的体验；哪怕最严峻的主题，在她的手下也变得如禅院树下的偈语。欣赏其作品，犹如隔墙听到一位优雅的东方女性，独自于静谧庭院中的吟诵。尽管，林璎并不觉得这是其近乎占据半部晚清和早期民国史书的家族基因所致，但不可否认的是，正是其骨子里所具有的东方禅意与诗性让她的作品如此高雅而优美！正是大爱，让她能溶咆哮为潺湲，化铿锵成委婉。

本文作为中文版序言首次发表于由Rizzoli于2015年出版的《林璎：雕刻大地》（*Maya Lin*: *Topologies*）一书。该书是目前为止最全的关于林璎的创作思想及其作品的集子。

高线公园的启示

我曾经不止一次去过高线公园，之后，在宾夕法尼亚大学举办的纪念1966年伊恩·麦克哈格和其他人签署《关切宣言》50周年的庆典上，我也清楚地记得詹姆斯·科纳所发表的演讲："在这里，我宣布我们的新使命——作为景观设计师，我们面对的挑战不仅是质量和数量，还要从生态和社会角度，通过务实而又诗意的手法去重塑我们城市的未来。"（2017）作为他这一理念的宣言，高线公园象征着景观设计重归城市的塑造，或者更确切地说是城市的再发现。

自20世纪60年代以来，正如《关切宣言》所倡导的那样，随着发达国家对环境的关注与日俱增，景观设计不再局限于城市及住宅的观赏性园林、城市建设和发展，而是转变为生态规划和土地管理的前沿行业。这个转变赋予了景观设计行业一个前所未有的新角色，让我们在修复被工业化和城镇化无情摧残的大地之进程中成为领导者。然而，它带来的机遇中也暗藏着风险：这可能让我们的行

科纳的代表作：纽约高线公园。（俞孔坚摄，2010.05.11）

业丧失可视度，容易失去景观设计的艺术性以及通过空间艺术确立人文个性方面的作用。当下，某种程度上讲，北美和欧洲的局部环境危机与20世纪60年代相比已经有所改善。当然，这种改善并没有把全球气候变化问题考虑在内。事实上，事与愿违的是，这场全球性的危机并没有得到解决，而是被转嫁到了其他地区，并给发展中国家带来了更严重的影响。

景观设计学，至少是詹姆斯·科纳的景观设计学，已经将后工业化城市作为主要前沿阵地，它不仅让城市焕然一新，而且是一种城市设计和城市学的介入。通过富有诗意的设计语言及体验感将城市打造成了一个花园。与此同时，科纳的高线公园以及其他作品，深深扎根于社会、经济、文化和生态领域。

高线公园的成功不仅给发达国家的后工业城市带来了灵感，也为那些忙于建设新城、饱受饮用水短缺、遭遇空气和水污染、种族隔阂的城市点亮了一盏明灯。高线公园的成功还展示了如何从一开始就将景观作为基础设施进行规划和设计，并通过这些基础设施整合城市的各类服务，让行人的通行安全、生物多样性、多元化社会和文化的交融等等功能整合到一个兼具休憩与感官审美的体验之中。

这个项目带来的成功不仅让城市边缘地带重获新生，也如同奥姆斯特德的中央公园项目一样精彩地展示了景观设计行业如何在城市尺度发挥作用。它还向全世界再一次证明了景观也许是唯一能够将社会、文化、生态和经济等多种要素成功融合在一起的媒介。这也彰显了景观设计作为能够创造深邃城市形态的真正艺术。

2018年春季，德国慕尼黑工业大学授予詹姆斯·科纳荣誉博士，本文为应景观设计学系主任Udo Weilacher之约对詹姆斯·科纳的高线公园所作的评语，本文首次发表于《康纳的新景观宣言》，收录于乌多·维拉赫编著的《高线公园的启示》，慕尼黑工业大学，2018。

第五篇 在途中

利用这个机会，向即将毕业的同学奉上我的毕业赠言：

常怀感恩之心，因为哪怕是你获得的一点点福利，都是来之不易的，都可能是别人用全部的青春奉献为你换来的公益；

长葆坚忍不拔之青春锐气，因为，即使是你自以为是对社会的无私奉献和努力，你也不一定会一路绿灯，掌声伴随。

以此勉励即将离开校园，走向社会，并有志于修复地球、拯救生命万物及增进人类福祉这项伟大的公益事业的同学们。

曾与你一起仰望星空

——写给成年礼前的儿子

十八年前当你还在妈妈肚子里的时候，我们就开始憧憬你的未来，给你取了名字叫“宏晋”。“宏”字代表你的辈分，浙江东俞村俞氏家族的第二十代，所以，你一出世便带着整个家族的期待和它所赋予的使命；而“晋”字则是我给取的，你母亲和你奶奶敲定的，源于中国最古老的文字，《易经》中的晋卦，是日出于地上的意思，红彤彤的，充满希望，蓬蓬勃勃，气象万千，因此，你的小名叫彤彤。这便是我和你母亲的憧憬和期望。这十八年来，我们都舍不得用你的大名，通常只叫你彤彤，偶尔叫宏晋，那是你让我们生气的时候。因为那大名对你有太多的含义，太重的负担，是关于家族的、民族的责任和期待，他是你的正式身份。

到目前为止，我和你母亲为你承担一切的责任，托管着你的身份。今天，我们要告诉你的是，过去的十八年，你没有让我们蒙羞，我们都一直因为你而骄傲。记得，你三岁的时候，与你母亲远渡重洋，到美国波士顿与我会合。在一个大雪纷飞的早上，我们把你托付给一个幼儿园，周围都是白人和黑人的同龄儿童，讲着你全然不懂的英语，只有你一个人来自中国。知道我们都忙于学习和工作，不能与你一起，你便独自一人用小铲子铲着雪，默默忍受着孤独，一言不发，却静听别人的交流话语。两周以后，老师发现你突然开始讲话了，而且你已经能和同龄人及老师用流利的英语交流了；全体老师都争相到我们面前来夸赞，他们接触无数的孩子，而你是如此的特别、充满创造力，那么小就对图形、对称、秩序有独到的理解和应用，有位老师说你是Genius，好聪明的中国孩子，好一个顽强的儿子！我流下了热泪。

我还记得，当你六岁的时候，我们进行了一次远程旅行，从美国的东海岸一直开车到西海岸。在黄石公园，你脖子上挎着一架玩具望远镜，登上一个高地，下临万丈山谷，高地上已站满了比你高大的美国人，而你却勇敢地走到他们的前面，“目中无人”，举起望远镜环视美丽的山川森林，指点着江山，惹得全场的大人们都竖起大母指，盛赞我们有如此勇敢和帅气的儿子。我自豪极了。

我还记得，当你十岁的时候，有一天晚上，我们一起去散步，望着天上的点点繁星，你问我：“天上的星星那么多，每一颗都比地球大，地球上有这么多人，相对于地球和星星，每一个人就像地上的沙子那么大，就像蚂蚁一样生活，那人的生命到底有什么意义呀？”我当时大吃一惊。后来我们俩就对着星空，像两个孩子一样讨论起来，结论是：当一个微不足道的人与他的家庭、他的家族、他的民族，再扩大到人类、地球及宇宙的整体建立起联系时，那人就有了生命的意义，因为，他已经成为家族、民族和人类生命长河中不可分割的部分。所以，你明白为什么人有名有姓，并以此名义生活着，你不是你自己一个人的，你是社会的、是人类的。我自豪你能如此深刻地理解生命的意义，也能如此理解你的身份。

从今天开始，你被正式宣布长大成人了，我们愿将你的身份珍重地交由你自己保管，由你自己为他负责。成人意味着独立，独立面对社会，独立面对人生，有你自己的意志和决定；成人意味着智慧和成熟，懂得该做什么，不该做什么，以及如何去做；成人意味着勇敢，对未来漫长和不确定的人生，面对重重困难，无所畏惧；成人更意味着责任，必须为自己的所作所为负责到底，为自己的未来负责到底，也为家庭和社会承担责任和义务。总之，成人意味着要自己捍卫自己独一无二的身份的美丽与光荣。

这便是我和你的母亲在你成为大人的这天要说的话。尽管此时我远在太平洋的彼岸，我心却在随你跳动，因为我对你有无限的爱；尽管我们对你的成人独立，依依不舍，但我们仍然为之激动，因为，我们终于看到期待已久的太阳，已经蓬勃地升出亚洲大地了。

你的父亲

2008 年 3 月 8 日凌晨于华盛顿 Hotel Monaco

我的大学一年级

从金华到北京，最直接的也最快的途径是乘坐福州到北京的46次列车，哥哥提前排队给我买好票。上车后没座位，一直站了七个小时，到上海终于坐上了。对面是一对年轻夫妇，女的看我很小，非常关切，问我从哪来到哪里去。我告诉她从浙江来到北京去上大学。说了好几遍，她硬是没听懂。原来我的家乡“借刚”省他们居然都不知道。等到我把“浙江”写出来，她才恍然大悟，“哈哈，原来是浙江”。我只感到无比羞愧，头一直低到桌板下。

30个小时后，火车终于来到北京站，已近傍晚。接站处有好多院校的人，看到北京林学院的旗帜，好激动。坐上学校大客车，到北京林学院的大门口再往北开，车在现在的半导体研究所前的大路交汇处停下。来接我的学长长得好白皙、清秀，城里人的感觉，他告诉我他来自江西，好亲切，原来是隔壁省来的！他拿着我的包裹领着我往东走。只觉得那水泥路好直、好宽，两侧的树好高大，我从来没见过这么挺拔的树木，一年以后才知道那叫毛白杨。接我的学长却说“林学院没有多少树木”，让我很吃惊。后来才知道，他们刚从云南搬回北京。

宿舍在校园东北角，是红砖平房，隔壁是印刷厂。那方位至今我都没搞清，当时只觉得和一个村子挨得很近。有铁丝网隔离，门口有个水塘，有几棵柳树和榆树。一间房住了我们班的大部分男生。同屋中，满珠在我上铺，和我一样土气，不过他的字写得最漂亮，让我好羡慕；彦文的口音最重，山西人，说话从不拐弯，常不给人面子；文力比较神，提着暖壶独自一人到谁都不会去的角落研究分子生物学。我们这几个来自农村的，都是日出而作，日落而休的农民习气，唯有如生是大城市来的夜猫子，总是在我们熄灯后才回来，也不知他为什么这么忙，加上又睡在上铺，半夜三更回来时响动很大，每每把我闹醒。门外池塘里又有很大蛙声，所以常常醒后就再难入睡。开始时我拿青蛙出气，爬起来向池塘扔石头打压蛙叫。不过刚躺下，蛙声又再起。如此反复多次，天也就亮了。搞得我好苦，如生倒是好脾气，一任我抱怨，我行我素。最后我们几个设了“水雷计”，在门沿上放一盆水，用引线拴住门把，晚十点后回来的，必遭水泼之灾，如生自然常受落汤鸡的待遇，一时间成为笑资。

我们班的男生是最有个性的一群，除了上面几个外，还有班长张辉是北京少年宫出身，很神气；炜民最爱斗蛐蛐，一下课便往墙角蹲，这种爱好也许最终使他成为生态学博士；加上金路的调皮和如生的幽默。这几个人一起，可谓开一班之活泼风气，调皮而灵气的80班便在校园里声名鹊起。朱虹很文气，慢条斯理；李勇恰恰相反，虎里虎气的，有军分区司令的孩子的感觉；马栓则是粗憨忠厚，一次到圆明园实习，我带头离群越野走路，频频迷路，他竟然坚持紧随到底。

最让其他专业和班级艳羡的是我们班上的美女很多，如任蓉、艳红、刘军、刘颖、小琴、荣欢……看到高年级的学长们向她们献殷勤，心里有说不出的滋味，让我觉得自己好土、好自卑。至今最让我怀念的是任蓉，有一次，我在宿舍里，她探头往里看，我在暗处，她在明处，夕阳透过她的刘海，灿灿然，轮廓分明的脸庞，短袖、紧身的白底碎花衣服，高筒皮靴，真的好青春、好美丽，那画面至今映在我脑海，那么鲜亮。对这样的校花，我这土人只能在暗处欣赏。不过，什么事都有缘分，从第一天开始，我便被美丽而质朴的山西姑娘庆萍磁石般地吸引着，尤其是刚入学第一天时那背画夹、穿对开襟布衣时的形象，一直挥之不去，在金路、秀珍和小蕾有意无意的配合下，以向她学英语和绘画为由，我像农民种庄稼那样，耐心培育感情，直到七年后终获成果。

入学后不久，一生中最让我羞愧的一件事发生了。在做化学实验时，我把浓硫酸倒在了张晓燕的脚上。这个又白又嫩的城市女孩大叫起来，幸好她穿着皮鞋，只把她的袜子给烧掉了，好恐怖。过意不去，便一定要金路陪我去向她道歉，并准备好五元钱，想赔她的鞋和袜子。人家哪里会收这钱，我也平生第一次学会了说“对不起”，她说：“咳！没关系的。”不过至今我深感后怕和愧疚。

秋天是令人难忘的。一天晚上，全班的男生突然被召集到专业楼教室开会。高年级的学长们传达了十分秘密的行动计划："抢占林业楼"。那时，因为林学院在"文革"中被迫迁出，该楼被北京大学占领，学生只能在木板房上课。次日大早7点左右，全体在森工楼集合，沿两楼之间的轴线浩浩荡荡，直奔林业楼，没有一点说话的声音，只是满地的法桐落叶被踩得沙沙作响，好威风！高年级的同学在前，我们一年级在后。领头的敲开了东大门，我们冲进了大楼，把所有办公家具往外扔，好过瘾。这就是"北京林学院学生抢占大楼事件"。

冬天很快到来，放开暖气管里的水来洗脸是不错的主意，但锈味很重，也没有办法。打热水要跑得很远，而用热水瓶打来也轮不到自己用，有三个和尚没水喝的感觉。这方面最勤快的数彦文了。洗脸水泼到池塘边很快就结成冰，没几天门口边形成一个冰丘。我一般早起跑步，并到冰丘上穿着棉鞋溜几下。终于有一天摔倒，在眼眶上留下了个疤痕。如生最恋床，每次让我叫醒他一起跑步，但真叫醒他时，却给我没趣，抱怨我把他的美梦给搅了。彦文常闹感冒，所以常提醒我叫他跑步锻炼，结果是："我又感冒了，咱今天就不跑了吧！"我心想："真是不可救药！"

我最高的伙食要求是猪头肉，晚上想起常常流口水。无奈，两毛钱一份，舍不得买。大白菜8分可以有一大盆，有时降到6分钱，里面有油渣，好香，能送下4个馒头，共8两。一个月只有8斤米（红色粮票），18斤面（白色粮票）和6斤玉米窝头（黄色粮票）。总不够吃，想吃米饭就太难了，南方来的娃娃脸小琴为此哭得好伤心。城里来的女同学知道我不够吃，便争着给我捐米票和面票，她们当中有秀珍、小蕾、思兰、庆萍，还有马燕、刘燕、何燕，以及被我的硫酸烫了脚的晓燕，一群燕子。和她们凑一起吃饭总有好处，她们会把菜里的肉挑出来放到我的碗里。感受到了城里女孩子的温馨，很有儿童时代受姐姐照顾的感觉。不过，乡下人的自卑一直让我不敢和她们近距离对视和说话，接受她们的馈赠时，眼睛总是盯着碗里。

第一个暑期没有回家，因为路途太远、花费太多。得知我一个人在学校，金路的父母就让他接我到他家去做客，在酒仙桥那里，是一个小平房。她母亲很利落，知道我是南方来的，就给我煮米饭吃，好香！他父亲很和蔼，就是我知道的工人干部形象。他家附近有条河，河流的水好黑，像墨汁，滚滚流淌，至今每每想到污水，都是那条河的画面，也是我第一次看到河流可以如此的黑。家在北海后面的张辉，植物学知识很丰富，漏斗菜、蝙蝠葛之类的野生植物就是从他那里学到的。他也来陪我过暑假，加上金路，我们三个人一起到圆明园探幽。想不到北京还有这样的地方，连片的荷塘，盛开着莲花，泉水流淌，有好多的鱼在水里游。金路带着一个海鸥牌相机，给我拍了几张黑白照片，今天已成为珍品。这次游历和这几张黑白照片后来成为我反对圆明园整修工程的有力佐证，并在听证会上展示。

最惨的是一学期以后的分专业，我们被分成“植物班”和“设计”班。我从没有学过绘画，而决定能否进入设计班的依据是美术考试。结果，我学了张铁生，没有按老师的要求画，却画了一只流着泪的眼睛交给美术老师李农，下面的注解是：“我好渴望学设计啊。”结果园林系的领导很重视，生怕闹出人命来，便派系里最有分量的孙筱祥先生找我到他家谈话，这也是我第一次见到他老人家：戴着大大的眼镜，米黄色的镜框（学问相），鼻如吊胆（聪慧相）。他在一个很小的书房接待了我，墙上是水墨荷花，书架上是英文书，好儒雅的设计大师，一下把我给镇住了，我如街鼠般畏缩在一角。他很智慧地劝说开导我，大意是：学植物也很好呀，可以搞遗传、培育新品种，将来也很受人尊重的，而园林设计是需要艺术天分的。言外之意我已明白：我没天分！太受打击了！从此，我们班被分成了两个班。“城乡”分化更加明显，乡下来的几乎清一色被分到了植物班，城里来的大多进入设计班。张秀英老师成为我们植物班的班主任，她经常接待我到她家做客，吃饭、看电视，她家有三个女儿，其中一对是双胞胎，更是格外可爱。班主任的关爱和班上同学的互助互爱，很快抚平了由于分专业给我带来的内心伤痛。但说实话，这种“歧视”至今让我耿耿于怀。谁也不会想到，15年后，我却是以“设计学博士”的名义给我的学生时代画上句号的，以至于现在我选我的景观设计专业研究生时，对来自农村的，特别是贫困乡村的考生会格外偏爱。

就这样，大学一年级的生活糊里糊涂就过去了。回想起来，真的很美好。如果有机会，我还想重过一遍，不过，一些细节需要重新设计。比如，当任蓉在我宿舍门口张望时，我应该把她留住，我应该对她说我好喜欢她，因为，她再也没有机会看到我的这篇文字了。

2010年12月1日

初稿于密西西比河岸 Aloft Minneapolis 旅馆

该文为纪念北京林业大学园林专业1980级30周年而作。1980年的这级招生是全国恢复高考后，北京林业大学（北京林学院）从云南迁回北京的第一次招生，也是当时全国唯一的园林专业。当时该专业在全国统招30名，后来在北京扩招走读生30名。作者是这60名学生中仅有的4名农村孩子。城市园林和亭台楼阁假山之类的江南古典园林是这个专业的核心内容。1981年，两个班的学生又被打乱，重新分成园林植物班（专业）和园林设计班（专业）。4名农村孩子全部被分配到园林植物专业，主要因为园林设计专业需要绘画，这在当时还是城里人的"洋玩意。"这是作者进入大学后感受到的第一次对"乡巴佬"的某种"歧视"。这种在小圈子里的"歧视"一直延续到作者留校任教并跨越专业藩篱的努力途中。

1980年作者与同学在圆明园。（李金路摄，1980）

使　命

——在建筑与景观设计学院成立大会上的演讲

尊敬的周校长、尊敬的各位来宾、来自世界各地的朋友们：

今天，百年燕园秋色正浓，这里，北大学术殿堂里，高朋满座，来自中国和世界的专业领袖们千里迢迢，汇聚于此，在堂堂百年学府里庆祝一个幼小学院的诞生，我的心情非常激动。

北京大学建筑与景观设计学院在今天得以成立，得益于任彦升和闵维方两位书记，和陈佳洱、许智宏及周其凤三位校长，长达13年的热心呵护和培育；得益于北京大学各个部门众多领导和老师的热情支持和积极推动。我要代表建筑与景观设计学院的全体师生感谢他们，正是因为有他们不懈的支持和悉心的培育，才使得我们今天能够把建筑与景观设计两个学科发展到今天，并最终整合在一起，成立了一个新的学院，建立了一个新的发展平台。

从第一天开始，北京大学的建筑与景观设计学科的发展就离不开社会各界的支持。从十年前，在香港我有幸代表北京大学，亲手从陈国钜校董手上为北京大学建筑中心的创立接下第一张支票开始，到前天晚上，王和平先生让我开出其对北大支持的最大数目，这十多年来，北大的建筑与景观设计学科受到许许多多在座和没有在座的人士的关怀和慷慨支持。我们为此成立了北京大学建筑与景观设计行业理事会，并聘请胡德平部长担任理事长。这份名单里的所有人都曾经对学院发展给予了极大的支持和帮助。在此我代表北京大学建筑与景观设计学院，对他们表示衷心的感谢，北大学子们不会忘记他们。

为使学院的发展与世界接轨，为使学科的发展与世界同步，我们聘请国际建筑与景观设计学界的学术领袖们组成了北京大学建筑与景观设计学院国际顾问委员会，其中包括8位国际专家，19位国内院士，来担任我们的学术顾问。同时我们也成立了北京大学建筑与景观设计学院学术委员会，由9位专家和学者构成，其中不但有本校教授，也聘请校外有丰富的专业经验和学术成果的行业领袖。

是什么使来自全国学界、业界和社会各界的优秀人士能汇集于北京大学，关心和支持北京建筑与景观设计学院的成立？是什么使来自世界的学界领袖能不遗余力，为北京大学的建筑与景观设计学科建设贡献时间与精力？是什么使北京大学的领导和广大师生能不遗余力，历经慢慢探索之后，使建筑与景观设计学院在百年北大校园内得以登堂入室？答案只有一个，那就是我们有一个共同的使命！而这个使命源于我们对世界和中国人居环境的忧患。

我今天的汇报就源于“使命”这个主题，围绕历程、忧患、探索、展望四个部分展开。

1997年作者主持成立北京大学景观设计学研究中心，2003年成立北京大学景观设计学研究院，2005年成立景观设计学硕士学位专业，并于2005年在深圳研究生院首次招生。由于缺乏师资，聘请了多位国际著名大学的教授和知名从业者来校授课和举办讲座，他们为中国景观设计教育做出巨大贡献。斯洛文尼亚卢比亚娜大学著名教授 Dušan Ogrin（1929—2019）连续五年来校授课。（北京大学深圳研究生院，2005）

历　程

北京大学建筑和景观设计学院虽然年幼，却有悠远的历史渊源。北京大学建筑学科的发展经历了一个漫长的过程。早在1902年国立京师大学堂初创之际，建筑学科既已被列为《钦定学堂章程》的重要内容。1928年夏，北平大学艺术学院建筑系创设，是为北大建筑学专业的前身。此后，北京大学的建筑学科教育或兴或废，与百年国运共历沧桑。

20世纪末，史无前例的城市大发展，空前紧张的人地关系，亟待相关学科的创新与发展。为此，北京大学于1997年创办景观设计学中心及继后的景观设计学研究院（2003年），开启了景观设计学科的教育和研究，紧接着于2000年成立建筑学研究中心，恢复建筑学的研究和教育。

又13个年头过去了，建筑学和景观设计学在北大都有了长足的发展。为顺应时代要求，遵循学科发展之客观规律，北京大学于2010年5月决定将建筑学与景观设计学进行机构和学科的整合，成立建筑与景观设计学院，使学科发展有一个更为健全的平台，以应对世界和中国所共同面临的严峻问题，试图从教育和科研两个方面寻求解决之道。

忧患与挑战

北大的诞生一开始就与一个民族负重前行的命运紧密相连。强烈的忧患意识和社会责任感是北大发展的原动力，过去如此，未来依然如此。北京大学建筑与景观设计学科的发展则尤其如此。当今中国面临众多挑战，要求我们去探索应对策略，这也正是建筑与景观设计学院的使命。

第一大挑战：史无前例的城市化。这是全球性的人问题，更是中国5000多年来最大的问题。中国每年有1500万人涌入城市，近乎澳大利亚一个国家的人口总和。未来的10到15年之内，将有60%~70%的中国人口居住在城市。中国大地景观已经并还将经历史无前例的巨变。以北京为例，北京在过去的30年间，城市面积扩展了7倍，人口翻了1倍。中国既有的建筑面积已有400亿平方米，每年还将新建20亿平方米，新建筑面积量占全世界的50%，水泥和建材的消耗量是全世界的50%，这是何等巨大的数目，对建筑、城市和景观设计行业是何等巨大的挑战。在5000多年没有过的城乡环境巨变中，难道还有比重整山河、营造家园更重要的事吗？建筑与景观设计学就是关于山河重整、家园营造的学问与艺术。建筑史学家们和我们广大从业人员常常以鲁班为祖师爷，但我想告诉大家的是，错了！是大禹而非鲁班才是我们这个行业的祖先，他是最早的也是中国历史上最伟大的景观规划设计师，也是最伟大的城市和建筑规划设计师，正是他，"左准绳，右规矩，载四时，以开九州，通九道，陂九泽，度九山。令益予众庶稻，可种卑湿。"我们要继续的是大禹的使命。

第二大挑战：空前紧张的人地关系与资源环境危机。我们现在有世界22%的人口，却只拥有世界7%的淡水资源，且其中的75%已经受到严重的污染；我们有600多个城市，但有400个城市是缺水的；我们只有世界9%的耕地资源，而5000多年的过度开垦已经使整个中国成为一片棕色土地，生态系统遭到严重破坏，缺乏生机，我们过去50年内已经有50%的湿地消失了。如何在这样的国土和环境下继续生存下去？这是关于民族生存的大问题。如何通过科学合理的国土和生活空间规划与设计，使我们的环境和建设得以持续，这是我们面临的第二大挑战。也正是北京大学建筑与景观设计学院的又一重要使命。

第三大挑战：全球化与民族身份问题。如果资源与环境危机威胁民族生存的话，那么，文化身份决定民族存在的意义所在。所谓中国的民族身份或文化认同是中国民族与文化有别于他国而自立于大地的个性和特性，是一个和谐社会的认同基础，是国家的核心情感和象征。而城市、建筑和景观是民族身份最直接、全面的和最宏大的表征，是民族的身份证。在全球化背景下，在过去100多年的社会巨变中，尤其是在过去30多年的快速城市化过程中，我们旧的文化身份正在消失，而新的文化身份正有待建立。设计和创造新的文化身份，正是建筑与景观设计学重要的责任和义务。这个身份是什么？是古典西方的帝国，还是封建的中国古典？或是帝国的现代西方？或是乔装打扮的异国他乡？我们难道不需要有一个当代的、人文的、更绿色的、民主而科学的、现代文明的中国文化身份吗？

我们将以什么样的立场，通过怎样的物质空间的规划设计，在全球化的今天，为13亿人民定义一种当代的文明的身份？这是中国建筑和景观设计界，更是北京大学建筑与景观设计学院面临的另一巨大挑战和重要使命。

第四大挑战：传统价值观的重估与新伦理、新美学和新生活的倡导。城市、景观和建筑是人们的审美观、价值观最宏大的展现；反过来，我们的物质空间孕育着相应的审美观和价值观，培育着相应的生活方式。北京大学从来就是，将来也仍然是新美学和新生活方式的倡导者，这也必然成为北大建筑与景观设计学发展的坐标原点。

我把过去30年的城市化称为“小脚主义城市化”，是旧的美学和旧的价值观指导下的造城过程。中国有非常悠久的、臭名昭著的裹脚历史，中国的城市化对妇女来说就是从裹脚开始的。尽管我们放弃裹脚已近一个世纪，但是它的价值观仍然顽固地影响着我们的建筑、景观和城市建设。看看我们的文化是如何界定“城里”和“乡下”的：我们把丰产稻田、果园和鱼塘当作粗野的乡下——没有品位的、大脚的农村女孩；而相应地，我们毁弃丰产的农田、果园和鱼塘，建造光鲜而娇嫩的草坪、只开花不结果的园艺花卉和养满金鱼的汉白玉水池——高品位的、城里的小脚姑娘。当然，这种小脚文化也不光在中国如此，全世界都有同样的文化，如玛雅的贵族好把自己头颅压扁、整成畸形，以有别于普通大众的健康和天然。

千百年来，少数城市贵族们为了有别于“乡巴佬”，定义了所谓的“美”和“品位”，手段是将自然赋予的健康和寻常，变为病态的异常。城市、景观和建筑则是这种病态的、畸形的所谓贵族文化中的价值观和审美观最宏大的展现。

请看这生机勃勃的桃花源景观，有稻田、鱼塘、果林，一旦进入城市，被营造成城市园林后，稻田便消失了，变成了观赏的花卉与草坪；果树不再结果了，只允许开花；虽然鱼塘依然养鱼，只是全都变成了金鱼；丰产的大脚丫子景观，成为不事生产，却需要灌溉、施肥和无止境的维护才能维持的、畸形的小脚景观。

再看看我们如何用同样的裹脚艺术来包裹城市。江河大地所有的河道都用水泥进行裁弯取直和拦上大坝，致使河流完全失去了原有的功能；看看我们的新农村建设是如何迫不及待地用汉白玉，像北京紫禁城的金水河一样，把天然的溪流硬化成所谓的高雅的城市景观，一条条乡村溪流因此失去了勃勃生机，变成小脚景观；再看看我们城市中的建筑——那些奇形怪状的所谓标志性建筑——我们就知道我们的建筑师们是如何压扁我们的头颅，来定义我们的城市性和城市化的；更有甚者，我们乐此不疲地扭曲我们的身体——将功能的建筑变成诡异的雕塑——来展示所谓的高雅的城市文化和文明，并为此不惜耗费本不需要耗费的钢材和巨大的维护成本。当今的中国，小脚城市主义已然泛滥成灾。

90年前胡适所批判的旧文学“无病呻吟、模仿古人、言之无物”，对当今中国的小脚城市主义、建筑和景观，需要有同样的价值评估。当年胡适对旧文学的批判，同样适用于对当代城市、建筑、景观的批判和重新认识。而更加糟糕的是，除了小脚主义的审美观外，当代又引入了消费主义的价值观，或者叫美国巨物主义价值观，看看我们是如何以巨大的车、巨大的建筑和巨大的城市以及巨大的立交、水坝为自豪的。

如果说20世纪以前的中国是90%的人口在维持10%的城市贵族和他们的小脚夫人的优雅生活的话，那么，今天，当100%的中国人为有一个同样的城里贵族梦想而奋斗时，生存危机便再一次降临，因为我们没有足够的资源维持这种小脚生活。因此，小脚城市主义和小脚美学是一条通向死亡之路！我们必须倡导一种新的美学、新的生活方式，这也正是北京大学建筑与景观设计学院要为之付出努力的，也是我们的责任和使命。

第五大挑战：急迫的人才需求，奇缺的设计学教育——呼唤改革与创新。在中国，平均每4万人中才有一位建筑师，这与欧美国家相距甚远：美国是1∶3120；法国是1∶2200；西班牙是1∶2070；英国是1∶1840。按照发达国家的比例，我国至少需要40—60万位建筑师，而目前我国建筑院校毕业生每年只有一万左右，要达到发达国家的水平至少需要经过30—50年的大量建筑师的培养。而以国土规划、重建秀美山川的大地为己任的称职的景观设计师，在中国更是凤毛麟角，培养的工作将更加艰巨。

同时，中国平均每位建筑师的工作量相当于美国同行的五倍以上。这就是导致我们的土地和景观丧失生机，我们的城市千篇一律，我们建筑没有特色的重要原因；也因为设计教育落后，我们的建筑只有30年的寿命，其中99%的建筑不符合绿色标准，快速的城市化以巨大的浪费为代价；也因为高素质设计人才的匮乏，中华大地上，雨后春笋般出现的标志性建筑中，由中国本土设计师创作的作品却为数不多。几年前，在落实中央相关会议精神的基础上，建设部就城市建设相关专业的教育提出了七个问题。包括专业设置不尽合理；课程设置不尽合理；教材陈旧（希望大胆引进国外教材）；

教师素质有待提高；教育技术落后；教育软件开发与应用有待加强；学生的刻苦学习精神有待增强等。所有这些都在挑战我们的设计教育体系，需要我们新成立的建筑与景观学院回答：应该用怎样的方式来培养我们的学生，在质和量上适应于时代要求。

探　索

针对以上五大挑战，在过去我们有了一些探索，这些探索有成功也有失败，有批评也有鼓励，但是我们相信，正如鲁迅所说的："北大是常为新的，改进的运动的先锋，要使中国向着好的，往上的道路走。虽然很中了许多暗箭，背了许多谣言，教授和学生也都逐年地有些改换了，而那向上的精神还是始终一贯，不见得弛懈。"我们进行两大方面的探索：跨尺度的规划设计研究与实践和创新的教学模式。

1. 跨尺度的规划设计研究与实践

刚才胡存智总规划师已经介绍了北大和国土资源部的合作，从国土规划到北京市区域的规划和其他区域性规划，到城市的设计，地段内的国土改造设计，再到一个街区的设计，直到单体的建筑设计和室内家具设计，现任职于北京大学建筑与景观设计学院的老师们，都进行了卓有成效的探索。尽管我们的人数不多，但都是横跨了各个尺度的规划与设计问题的专家。

（1）规划研究：物质空间的规划解决“什么地方干什么事”的问题。过去十多年来，我们一直在探索如何通过物质空间规划，跨尺度建立生态基础设施，保护和治愈我们的国土生态系统，更科学地规划和设计我们的城市。在宏观、中观、微观三个尺度上（XL、L，M，S），建立跨尺度的生态基础设施，并进行基于生态基础设施的国土和城市规划设计，我们把这套理论和方法叫作“反规划。”

XL：国土生态基础设施的研究和规划。整个研究的目的就是在各个尺度上，研究如何解放自然的“大脚，”让自然系统为社会提供免费的生态系统服务，包括调节服务、生产服务、生命承载、文化等。我们提出了将国家水安全系统、生物栖息地保护系统、文化遗产保护系统和游憩系统进行国土尺度上的整合，形成国土尺度上的国家生态基础设施网络，来系统地解决国土生态安全问题。在这样的宏观认识基础上，我们又对大运河国家遗产廊道进行案例研究。从2004年开始，北京大学景观设计学研究院就已经组织大运河研究，带领40多名学生，骑自行车沿大运河进行实地考察，由此唤起了全社会对大运河申报遗产的研究和规划工作的关注。

L：区域生态基础设施。我们对以北京市为代表的全国多个区域进行了基于生态基础设施的发展规划研究：北京市到底能够容纳多少人？其生态底线是什么？北京市的水到底为什么会缺乏？等等。我的研究发现，北京市缺水的主要原因就是人为地把自然的脚裹起来了，市政和水利工程把大量珍贵的雨水在第一时间内排泄到海里，而没能使雨水回归地下；同时，多年来又建了很多水库和山塘、湖泊，导致大量水资源被蒸发，这些水库对北京用水的贡献率非常之低，因此，所有这些水库都是浪费水资源的罪魁。我们给北京市开出的节水药方是：北京市未来应该把水库都炸掉，通过生态基础设施，让水进入地下，建立绿色地下水库。

基于北京市生态基础设施的系统研究，我们建议城市发展不应该是蔓延式的，而应该在生态格局的基础上进行发展，这样，城市才能可持续地发展。

M：中观尺度上的基于生态基础设施的生态城市设计。过去十多年，我们进行了大量的城市设计研究，指导思想都是以建立生态基础设施为城市建设的前提。以北京大兴新城的一个城市设计方案为例。方案的核心思想是把城市所在地的一个一平方公里见方的防洪水库拆掉，把一个大水库变成1000个小水库，让这些小水库形成一串项链，将一条蓝宝石项链引入城区，与洪水为友，使人和自然融为一体。洪水来时，水就可以通过蓝宝石项链进入城市，没有水时，它们将成为绿宝石项链，用来收集城市雨水，把本来要进入城市管道的雨水，还给绿地。它们既是雨洪调蓄的水库，也是生物的栖息地，同时也是绿色公园。这样，绿地的生态效益、社会效益和经济效益可以得到最大发挥。我们正在进行的多个生态城市设计，包括武汉五里界生态城市的设计，都在不断完善和应用我们多年的研究成果。

S：基于生态基础设施的地段设计。同样的方法论也应用在更小尺度的土地和城市地段的设计研究和实践之中。

（2）新美学下的设计。设计倡导新的美学：白话的美学、大脚的美学和低碳的美学，是基于土地与环境，基于可持续理论和生态学的美学，旨在倡导一种新的生活。因为只有新的建筑、新的城市和新的景观，才会有健康的新的生活。而新的物质空间的设计，必须依赖于新的和活的设计语言。

正如胡适在90年前讲过的："我曾仔细研究：中国这二千年何以没有真有价值真有生命的'文言的文学'？我自己回答道：'这都因为这二千年的文人所做的文学都是死的，都是用已经死了的语言文字做的。死文字决不能产生活文学。"当代中国若要有活的景观、活的城市和活的建筑，我们必须要有新的、活的语言，这便是白话的语言、低碳的语言、大脚的语言。也就是我们倡导的足下文化和野草之美。在过去十多年中，北京大学建筑与景观设计学专业老师们，在探索新美学建筑和新美学景观方面，做了许多努力。许多作品在国际和国内都具有广泛的影响。

在建筑方面，我院的王昀老师所设计的当代居住、生产空间和学校及办公空间，运用了简约的设计语言，展现了新美学下的建筑风格。如他的庐师山庄、西溪湿地建筑项目，体现了如何运用当代简约的设计语言，将人与自然相融合；他的柳州玻璃厂是个生产车间，体现了设计师在设计高效的现代工业厂房环境时是如何满足人的最大需求的；百子湾中学和石景山财政局办公楼则是学习和办公环境的当代表达。董豫赣老师的北京郊区居住环境的设计，运用传统当地材料，探索新的设计。在最小尺度上，方海老师设计的室内家具，是基于人体工学的当代设计，同样体现了对新美学的追求。建筑耗去我们将近30%至50%的能源，未来50%的节能要通过城市和建筑的低碳设计来解决。作为我们对中国400亿平方米不节能建筑的解决途径的探索，我们通过对旧建筑的改造，设计了一个低碳之家。在一套普通公寓中，屋顶设计了收集雨水、太阳能的装置，将阳台改造成蔬菜园。30平方米的阳台每年可以生产将近25公斤的蔬菜，收集62吨雨水。早上可以直接从阳台把蔬菜采拿到餐桌上。同时将连接两套公寓的墙体设计为一个垂直生态墙，整个墙面用多孔渗水的上水石砌成，可以吸收和滞留从墙顶溢水槽流下的水体，形成了可供苔藓和草本植物生长的微气候调节墙，冬天可以增加湿度，夏天可以降温。夏天整套房子不需要开空调，从而每年可以节电4000度。这就是绿色的理念，生态设计的理念。

在城市和景观设计方面，我们的许多探索已成为国际典范。

浙江台州永宁江案例讲述了我们提倡与洪水为友，再造秀美山川的理念。通过这个案例我们希望能够寻找到生态防洪和雨洪利用的途径。这个案例展示了我们如何砸掉水泥，恢复生态河道，同时解决栖息地保护和雨洪滞蓄的问题，最后将其恢复成一条生机勃勃的生态廊道。在这个案例中我们使用的植被的都是野草，不需要维护和管理，呈现出来的效果却非常美，这便是大脚之美。

如何营造低碳城市？实际上我们有很大的空间，沈阳建筑大学校园的案例是我们对校园设计的探索——回归生产，让书声融入稻香。在一个一平方公里的校园里，建筑师做完建筑后，其他设计没有实现。校方希望投入最少的资金把校园建得有特色一些。所以我们用了最简单的方法——种水稻。用三个月时间就把校园变成生机勃勃并且丰产的景观，学生在其中读书，老师在其中散步，收集的雨水用于灌溉，校园里还可以放羊。这是后工业时代的一种低碳城市景观。

我们现在的水系几乎都是被污染的，巢湖如此、滇池如此、太湖亦如此。国家每年投入上千亿来治理这样被污染的水系，我们为什么不可以探讨一种更简单、生态而节约的方法来恢复和重建被污染的土地和水系呢？上海世博后滩公园案例探讨了解决中国75%地表水污染的环境危机的途径——通过人工湿地洁净被污染的水系统，为解决地表水污染提供了一条生态的解决途径。通过10公顷人工湿地，将来自黄浦江的劣V类水净化成优III类水，每天生产2400方，用于世博会的日常使用。这样一个小尺度的案例，我们可以扩展到整个城市。在华北地区一个污染严重的城市迁安，通过一条绿色景观廊道进行生态治理实现对整个城市环境的改造，昔日污染严重的河道，今天变成生态良好、风景优美的绿色廊道，进入城市，并与日常人的生活紧密相连，同时改善整体城市投资环境。

我们通常要把进入城市的河道裁弯取直，硬化成一些所谓城市化的景观。在秦皇岛红飘带公园中，我们探讨用最少的干预，把人的需要放进自然系统中去，使人和自然可以和谐共生。其中的红色飘带是一个座凳，500米长，用最小的投入把河流廊道城市化，变成生态且非常美丽的城市公园，吸引城里人和乡下人都到这里来休闲娱乐。

在过去的不断探索中，北大的建筑与景观设计研究与实践力图在国际天平上衡量我们的探索。截至目前，中国设计师共有12个项目获得美国景观设计师协会授予的荣誉奖项，其中有8个是我们探索的成果。

2. 教学模式的探索

第一方面，实践性：教学与社会实践相结合。我们的教学与社会实践紧密结合，目的是唤起学生关于我们生存环境和民族文化的忧患意识和强烈社会责任感。以2008年汶川地震为例，建筑中心和景观设计研究院的队伍曾三次深入地震核心区，承担国家交给的任务。我们和北京大学出版社在33天内完成了一本《和谐生态家园重建手册》，这本手册一直送到灾区每个村长的手里，成为他们家园重建和自救的重要指导，在这本书里，我们的师生们用最简单易懂的语言，告诉他们如何重建家园，使人与自然得以和谐相处。我们还将社会上的专家，包括李津逵老师等社会名家，引进课堂，带领学生进行城市和景观社会学的研究，学生被带到社会中去，了解社会。学生的社会实践感悟被编成《对土地与社会的观察和理解》（高等教育出版社），已连续出版了三册。同时，我们的老师走出去，向社会举办各种演讲，给市长们及其他城市的领导者、决策者们做专业培训。

北京大学将景观设计学研究院与北京大学建筑中心合并于2010年成立了北京大学建筑与景观设计学院。学院于2013年3月9日正式从北大科技园乔迁未名湖畔的红四楼。在此之前，研究院及学院均租用北大科技楼等场所办公，经历了北大逸夫二楼、北大资源楼、上地科技园、华腾大厦、北大红四楼和北大景观大厦等六次大搬家。（图为学院行政人员打包搬出北大科技园，2013.03.09）

第二方面，研究性：教学与研究相结合。我们力图使教学与研究相结合，立足培养学生的创新能力，而不是让他们去读教科书，是在研究中获得知识，包括研究古崖居以及湖北恩施土家族聚落建筑申遗，这些研究项目里，学生都参与其中，受到各界关注。

国土生态安全格局规划、国家文化遗产廊道建设、大运河的研究、北京市生态安全格局的研究、武汉市生态城市研究，这些都把我们学生带到现场，真正地、踏实地进行研究，在研究中探索新的

北大未名湖畔的红四楼，虽然只有600平方米，但其阁楼成为别具特色的设计教室和报告厅，学院也第一次有了自己的学院楼。（一堂开放论坛正在进行，北京大学建筑与景观设计学院，2015.12.29）

方法、新的模式、新的设计思想。通过研究与教学的结合，在过去13年里出版教材、专著和译著达到69部，发表论文365篇，师生一共获得国际国内重要奖项69项。

第三方面，国际化：立足国内放眼世界。国际化的目的是使学生具有世界的眼光，请进来，走出去，与世界一流大学进行广泛交流。在过去十多年时间内，我们邀请了一大批世界知名学者和设计师来学校参与教学和讲学。通过聘请国际学者和设计师，开展流动式短期就职（43人次）；邀请国际著名学者做专题学术报告共242人次（景观类195人次；建筑类47人次）。我们的学生有机会和哈佛大学设计学院、宾夕法尼亚大学设计学院院长面对面交流。我们邀请国际大师在北大做演讲，每次演讲都有800名以上学生参与。每年我们要派至少30名学生到国外，为期两周到一个月，进行实地考察、学习。为了研究美国保护区、国家公园，我们直接跟美国公园管理局联系，并派学生到他们那里实地考察实习。另外还考察德国、西班牙、法国的当代建筑和城市景观。学生考察心得被总结出版为《徒步阅读世界景观与设计》（高等教育出版社），目前已经出版了两辑。

我们与世界20多所设计学院开展了实质性的互访和交流，如德国汉诺威大学、柏林理工大学、斯洛文尼亚卢比亚娜大学、瑞典隆德大学和英国建筑联盟学院等等。我们跟哈佛大学建立了非常紧密的联系，开展平行的设计教育课程，两两配对，一半中国学生，一半哈佛学生，他们可以通过电子邮件，一对一进行联系，一对一在中国进行交流，开展设计课程教学。

展望：续唱新文化运动之歌

北京大学因忧患而诞生，因社会责任而发展、创新。我们有蔡元培、李大钊、陈独秀、鲁迅、胡适这样的先贤们，他们曾经在这里倡导新思想、新文化、新生活，他们在这里培养过一大批新青年，解救中华民族于危难；今天，面对更为巨大的生存环境危机，我们没有理由不续唱新文化运动之歌。这歌是关于规划设计新的大地，充满生机的大地，充满绿色的城市与乡村；这歌是关于倡导和传播基于环境与生态忧患的新的伦理、新美学、新生活；这歌是关于培养具有忧患意识与社会责任感的新青年成为引导社会走向生态文明的中坚。

因此，我们梦想新桃源：我们梦想央视大楼这样的建筑如何成为立体农场，楼上种蔬菜，楼下养猪，地下室可以发蘑菇，楼顶和楼间可以发电；我们梦想国家体育场能成为丰产的、美丽的、生机勃勃的国家菜市场；当然我们更梦想天安门广场有朵朵葵花向太阳。我们梦想绿色的城市、丰产的城市、生机勃勃的城市、美丽的城市。谢谢大家！

逆流而上

——2017年北京大学建筑与景观设计学院毕业典礼上的致辞

亲爱的同学们，祝贺你们今天终于毕业了，你们此时的心情可能如小鸟正飞入自由的天空，更像是鱼儿奔向无边的深潭。此时，我想起庄子和惠子游于濠梁之上的一段对话："鯈鱼出游从容，是鱼之乐也。"惠子曰："子非鱼，安知鱼之乐？"庄子曰："子非我，安知我不知鱼之乐？"可今天我的疑问是，你是那水中的哪一种鱼儿？

由于小时候的经历，我最熟悉两种鱼，一种是鲶鱼，处静水而厌波澜，日伏而夜出，安乐于泥塘浑水之深底，好阴暗与浑浊；常与腐朽和污泥为伍，为寻庇护，甚至脱去鱼类之鳞甲，光溜溜而随污泥浑水之色；虽有硕唇如鳄，却以虾米腐质为美食；纵有肥圆之躯，却无硬骨坚刺；虽生有两眼，却盲然无光；戚戚然，匍匐于朽木之下，颤巍巍，撩拨四须而苟且偷生。

另一种是鲫鱼，它常逆流而上，好与波浪相搏击；或遨游于深潭之中，却不惧幽暗中的恶煞；或侧身飞跃浅滩，不忌礁石之撞击，故能矫健而铁骨铮铮；平生最恶浊流，为寻清源而义无反顾，故能明眸如镜；日出而夜伏，坦荡荡光明磊落，故有鳞甲熠熠然而生辉。

亲爱的同学们，祝贺你们终于毕业了，但真正的事业和生活才刚刚开始。当走上社会后，你们会发现，有太多的诱惑让你们足以在浑浊的泥潭中浑浑噩噩，虚度一生而浑然不知；但也总有来自雪山高原的清流，足以让你们逆流而上，在搏击中留下绚丽的轨迹。

2017 年 6 月 8 日

奇货可居

——2018 年北京大学建筑与景观设计学院毕业典礼上的致辞

亲爱的同学们，我们处在一个巨变的时代，这个时代不缺想象：谁能想到就在几天前，美国总统特朗普会与朝鲜领袖金正恩握手言欢？谁又能想到这么快国家就整合出一个自然资源部来系统规划、保护和修复我们的山河？这个时代不缺欲望，人类的欲望已经足以吞噬整个地球并扩展到外部空间；这个时代不缺知识和技术，一部手机可供你查阅到所有百科全书能记载的知识并能得到包括如何制造炸弹在内的几乎所有技术；这个时代更不缺权力，各种名目的头衔都与权力联系在一起，并以各种方式驾驭着他人……同学们，我想告诉你们，从你们踏进这个校园的那一刻开始，所有这些都和你们离得非常的近，以至于触手可及！但它们都会瞬间消逝，或被淘汰，或被唾弃！

我想了很久，在这个瞬息万变的时代，有三种东西奇货可居，将它们存入银行，并不断累积，那将使你的人生有取之不尽用之不竭的红利。这三种东西组合一起，正是攀登泰山时的情景：

第一种是抱负，它是泰山的玉皇顶。它不同于校门外弥漫的简单的欲望，而是追求的理想。我背后的这块背景板上所写的“再造秀美山河”就是我们学院的抱负！我也希望它能成为每个从这里走出去的毕业生的抱负！作为一种陆栖动物，人类还有什么比营造一个优美的栖居地更重要的吗？

第二种是信心，它便是透视玉皇顶的那条峡谷，这是人有别于动物的根本特质。校园外的世界充满蛊惑，你却坚信你的抱负更有意义、更有价值，值得你为之奋斗而成为你终生的事业！

第三种是勇气，它是你在峡谷密林中攀登时对脚下崎岖道路的态度。校园外的前途充满不测与迷惑、道路险峻而山重水复。恐惧、疲惫与饥渴将陪伴你的旅途。你翻越每一处险壑与当道的巨石时，都有可能退缩并另谋坦路顺坡而返。因此，有了抱负和信心之后，勇气便决定你能否到达顶点！

在你们刚入这个校园时，可能缺乏这三种东西，或者拥有得并不充分，比如今天的两位低年级的主持人，可以看出他们还很胆怯、缺点自信，因为你们的同窗、同屋的每一个人都可能比你优秀，而你们到这个校园的理想或者抱负也许就是一纸文凭！

而今天，你们即将离开这校园，告别这湖、这塔、这斋，我希望你们已经更充分地拥有这三种东西。因为这湖、这塔、这斋，你们已经被赋予了再造秀美河山的重任；因为你们已经站到了世界许多巨人的肩膀上看过这个世界；因为你们已经与世界上最优秀的一群人比肩较劲。

所以，在祝贺你们终于毕业时，请你们带走这三种东西，它们在这个时代奇货可居，将它们存入你的人生银行，并不断增持，你将获得无限的红利。

2018 年 6 月 15 日

忠实于自己的与众不同

——2019年北京大学建筑与景观设计学院毕业典礼上的致辞

亲爱的同学们，又是一个毕业季，很快你们将离开这未名湖，还有湖畔的红楼，像湖面上那蒸腾的水汽，消失在浩瀚的社会之中。你很快就会发现，在很长的时间里，除了在非常有限的范围内——你的老师、同学、家人及朋友之间——无论你认为自己做了何等惊天动地的事，你只是一个存在，但只要你还是你自己，一个与众不同的自己，这种存在便具有无限的意义。

与众不同的自己便是天赋。这个地球上有将近870多万种生物，有近75亿个人类，没有两个种类是相同的，也没有两个人类是相同的，哪怕是孪生姐妹。如果相同，那其中之一必然便是多余的，便没有存在的必要，便是废物。所以，做一个与众不同的自己，是上天的意志，是无上尊贵的天赋。这种不同体现在你的容貌，你的行为举止，你的好恶，你的理想，你看待事物的角度和表达事物的方式。正因为如此，才有纷繁的社会和多彩的世界。

做一个与众不同的自己需要勇气，要敢于面对可能无边的痛苦。与上天的意志相对立，我们的自然和社会环境中必存在另一种力量，叫作同化。它会把你分门别类，然后让你穿同样的衣服，穿同样的鞋，吃同样的食物；这种同化的力量会通过非常严密的数理统计，做出正态分布的曲线，堂而皇之地把与众不同的你弃之边缘，让你穿不到合身的衣服，得不到适足的鞋；把你当作异类来清除，把你的好恶与理想当作毒液来清洗，把你看待事物的角度和表达事物的方式当作怪异的行为来剿灭，诸如把你划入神经病类，让你屈从被认为是正常人的规则。这种力量往往迫使你背叛自己，于是你就得同流合污、趋炎附势；于是世界上才有枯燥无味的千篇一律，因此，社会上才有无数痛苦和挣扎的灵魂。

你可知，忠实于自己而与众不同，便是你给世界的最大贡献。梵高因为与众不同，忠实于自己对世界的认知和表达方式，而被其所在的世界抛弃，人类却因此有了一种新的艺术。因为与众不同而被认为是自闭症患者的天宝·葛兰汀，却让人类懂得如何宽慰暴躁的奶牛，让进入屠宰场的牛感到快乐。你也许是视觉思考者，所以你可以成为与众不同的杰出的设计师；你也许是模式思考者，将成为超群的数学家；你或许是语言思考者，那你一定是未来杰出的表演者……忠实于你自己的天赋，你才有可能成为这个世界不可或缺的异类。

2017年，我在这里做了一个讲话，叫逆流而上，2018年我也在这里做了另一篇讲话，叫奇货可居，实际上都在为今天这篇讲话做注：做一个忠实于自己的与众不同的人，哪怕同化你的力量再强大和险恶。这个世界有一百种理由来改变你自己而成为他人，却只有一种理由让你忠实于自己，那就是世界需要被寄予独特天赋的你。

2019 年 6 月 16 日

分享感恩

——在 2020 年毕业典礼上的致辞

亲爱的同学们：

今天，我们用一种史无前例的方式，聚集在一起，参加人类文明史上不曾有过的毕业典礼，相信你们和我一样，有着异常复杂的心情。

近五个月来，我们中的许多师生，都在相互隔离的状态下度过了大学生涯。我们虽然失去了面对面的亲切交流和研讨的机会，我们的众多老师却仍然以最精心的态度和最饱满的热情，通过网络传授着专业知识，相信你们也同样尽心地研习。而且，我以为，这个不平凡的学期，让我们有了更多专业以外的收获，比如更懂得感恩。

我在这次疫情期间有过两篇思考的文字，第一篇是《窗外的风景》，谴责人类在大自然面前自以为是的傲慢和对自然的暴力，因此有了今天自然对人类的报复，揭露了人类丑陋的一面；第二篇文字，反思了人类迄今为止的生活方式以及由此带来的自身困境，意识到只有改变人类自己的生活方式和与此相联系的生产方式，才可以让我们走出困境，此外别无出路。但我今天想与大家分享的是我在疫情中的另外一种思考，那就是人类社会并非一无是处，人类的基因并非全然自私，奉献的基因弥漫在我们中间，尤其当群体的生存受到威胁时，尤其当为了培育更优秀的后代时，这种无私的基因便会凸显出来。我的这种意识就是感恩。我不能确定感恩是否是像自私和无私的基因那样遗传下来的，但确信这是一种可以被唤起和传播的情感，因而需要我们去传达。

我们感恩那些被称为白衣天使的医护人员，是他们的奋不顾身和无私奉献，让我们得以渡过这段艰难的时期，换来了我们群体的安然。在过去的五个月内，我想你们都和我一样，一次次被感动的热泪模糊了双眼：比如，当知道是李文亮等医生的勇敢哨声，唤起了沉睡在危险中的同伴；比如，当看到护士在街头独自露餐，而远处送餐的亲人只能伫立凝视的时候……

我们感恩那些为维护这个社会的秩序，并能让其正常运转的人们，正是他们的日夜坚守和忘我的工作，方有你我安全、健康和行动自由的明天。

实际上，过去几个月发生在我们身边的事，屡屡见证了人类的这种奉献。我院来自贵州的张政东同学，三位亲人都不幸患病无力自救，他通过爱心救助网向社会推送了这一消息，便得到了近五千人的救助，其中有我院的广大师生，更有素不相识的人们，几乎瞬间就筹足了治疗费。感恩之情怎能不令人油然而生！

我依然是在这偏远的山村，起草完了疫情中的这第三篇文字。窗外不远处，雨天的田埂上正蹒跚着走过去一群人，他们赤脚，披着雨衣，挑着沉重的担子，正在为这稻田插秧。透过模糊的双眼，我似乎看到了人群中我的父亲和母亲。

今天是属于你们的特殊日子，但更是属于你的父亲和母亲的特殊日子。作为你们的父辈，在与同学分享我的学术研究和专业心得的同时，我也想在此时分享那时时袭上心头的这种“子欲养而亲不待”之痛：我为什么没有能够更多更早地去关照我的母亲和父亲？如果他们今天还健在，我一定要天天拥抱他们，日日告诉他们，我是多么感恩他们的养育和无私的奉献；我很后悔，当母亲尚年轻时，对她的唠叨和无微不至的体贴，是那样地习以为常，坦然受之，很少怀有深切的感恩之心去说声谢谢；我很后悔，当她年迈得走不动时，我为什么不能每天，或至少是每周推上轮椅，带她去看看圆明园里的风景，去听听那里的鸟鸣，去看看水塘里的荷花。因为这样的疫情，使你们今天更可能和父母、亲人一起来参加这场隆重的毕业典礼。所以，我建议你们好好地多看一眼身边的父母和亲人，他们值得最深情的感恩。

疫情中的2020届的毕业和毕业典礼，绝不是草草了事，而是同样，甚至值得以更隆重的方式庆祝我们的收获，因为除了专业知识和大学所能给予的以外，我们也有了更多的收获，那就是我们更懂得了感恩。

2020年6月18日于江西婺源巡检司

常怀感恩之心，长葆青春锐气

——在北大建筑与景观设计学院2021届毕业典礼

暨“北大景观大厦”启用仪式上的致辞

首先，热烈祝贺2020年和2021年硕士和博士研究生们顺利完成学业，离开校园，走向社会，我给你们的赠言有感而发。

刚才主持人说得好啊：“青春只有一次，现在，青春是用来奋斗的；将来，青春是用来回忆的。”对你们来说，奋斗正在或即将开始，而对我来说，也许已经到了该回忆青春的时候了。

1997年开始，当我打定主意要在北京大学度过学术生涯时，我便憧憬有一栋像哈佛大学设计学院那样的教学楼。整整26年过去了，我们终于有机会在这样一个像样的学院空间里庆祝又一批青年才俊的毕业。至此，我们学院已经毕业了近800位硕士和博士生。“北大景观大厦”今天得以在此矗立，首先应该感谢诸多热心公益事业的企业家。

我首先要感谢今天亲临现场的王和平先生。2010年，在建筑与景观设计学院成立大会上，作为润地利集团董事长，这位来自华罗庚家乡的创业者，平时省吃俭用，生活简朴，怀揣科教兴国和建

2021年建筑与景观设计学院毕业典礼，学院再次乔迁到新落成的景观设计大厦，从1997年至今，北京大学已经有近800名景观设计学硕士和博士研究生毕业。（2021.06.26）

设国际一流设计专业的理想，慷慨解囊为学院的建设埋下了第一块最具分量的基石。在当时，王董事长的捐款足以让我们盖起五栋这样的大楼。只可惜，土地和市政的种种限制使大楼迟迟不能动工，此后，建造成本成倍增加。接着，残酷的市场又让王和平先生的企业陷入困境，大楼建设也迟迟不能动工。

2014年，另一位同样富有热情的实业家李西平得知学院困难后，慷慨解囊，为北大景观大厦的建设埋下了又一块坚实的基础，使大楼终于在2014年底开工。其间，王召明、何巧女和吉庆萍等多位热心公益事业的人士也慷慨捐助，为大楼的建设及学院的发展添砖加瓦。又七年过去了，经历重重困难，大楼和学院艰难生长，其间的艰辛常难与局外人道之，直到今天，大楼终于得以启用。

伴随逝去的青春，回忆过去20多年创办学院的风风雨雨和见证这座大楼的艰难历程，我深深地感到，对于在座的北大学子来说，做学问也许并不困难，成为百万富翁也许并不困难，获得一官半职也许并不困难，但你会发现，当你抱定信念，无私地去做一件自以为有益于社会的事业或工程时，却会面临难以想象的困难。唯其如此，我由衷感恩为这栋大楼和这个学院的建设慷慨无私地付出了青春、贡献了自己财富的人们！是你们的慷慨和无私，给了我和我同事砥砺前行的动力。

因此利用这个机会，向即将毕业的同学奉上我的毕业赠言：常怀感恩之心，因为哪怕是你获得的一点点福利，都是来之不易的，都可能是别人用全部的青春奉献为你换来的公益；长葆坚忍不拔之青春锐气，因为，即使是你自以为是对社会的无私奉献和努力，你也不一定会一路绿灯，掌声伴随。以此勉励即将离开校园，走向社会，并有志于修复地球、拯救生命万物及增进人类福祉这项伟大的公益事业的同学们。

2021年6月26日

作者1997年回国，梦想在北京大学建立一个像哈佛大学设计学院那样的机构，同事李迪华一路相随，得到许多同道的支持和帮助，艰辛的汗水与感激的泪水洒满一路。在这棵500年的大槐树下，今日终于有了一处供师生们一起探讨解决中国与世界生态与城市困境的正规场所，有感而发，是为纪念。

修改写在大地上的文章

——在 2022 年毕业典礼上的致辞

亲爱的同学们，首先热烈祝贺在2022年毕业的所有硕士生和博士生，你们今天离开燕园，意味着开始一个新的人生篇章，也意味着社会将期待你们能对人类进步有所贡献！

关于知识分子的贡献，最近开始流行起“在大地上书写论文”的说法，这本该是建筑与景观设计学院毕业典礼上最恰当的致辞，可惜已经被滥用，不足以标榜真正改天换地的职业。今天我将“修改写在大地上的文章”在此注册，与从这个学院走出去的和将要走出去的才俊们，并声明没有任何其他学院的毕业生像你们一样更需要这样的共勉！

当又一波疫情袭击北京之际，我被迫在远离大都市的远方，得以有时间行走在大地上，仔细阅读那些写在大地上的文章：

我在田野上行走，那田野曾经是我少年时劳作过的地方，赤脚，我穿越那方养育过我的水田，本期待泥土中能踩到滑溜溜的泥鳅和黄鳝，感受它们钻过脚掌心时那直透心底的痒痒。我还期待薄薄的水面上，众多硕大的青蛙昂着头，高举着两只凸出的眼睛，像是三星堆出土的面具，就在被踩到的刹那间，突然潜入浅水面下的淤泥。但我失望了，那种熟悉的感觉始终没有出现，泛滥的农药和除草剂，早已将它们连同千百种昆虫一起杀灭。在我的面前，绵延着缺乏生命、板结而坚硬、混杂着建筑垃圾和塑料的土壤，刺痛了我的脚掌。

我沿着河流走，那河流穿过田野和山峦，一直到长江支流最上游的山谷，我本以为能有一路的清流与鸟声相伴、鱼翔浅底、绿茵如带，直到源自山崖的甘泉！可是我失望了，更多的时候我只见到曾经蜿蜒的溪流已被裁弯取直，水泥钢筋的防洪堤和一道道拦水坝已经将其变成僵尸般的水渠；娇艳的园林花木装点着瓷砖和汉白玉砌就的花坛。那硬化的包裹一直沿着从两岸汇入的支流和灌渠，甚至一直延伸到山脚下的涓涓细流。那包裹严丝合缝，不留鱼虾栖居之缝隙，也没有降解污染物的植被。因此，我看到的河水和两岸的水塘湿地布满了各种浮游藻类，并散发出臭味——来之农田的污染从源头开始便已经毒化了河湖之水。

我循着古镇的街道走去，那古镇有一千多年的历史，在这里水陆交汇，曾经富甲一方，文化灿烂。我本以为能沿着记忆中的石板古道上行，感受穿过水口林时的阴凉，听到古樟树栖息的几十种鸟的欢唱，还有那掩映在茂林修竹中的白墙黑瓦、古道两侧丰产的田园和烟雨中的炊烟。但是，我又失望了！因为水口已不复存在，那沾满青苔的古树也已经不在，水泥大道切开了关阑水口，一串串红灯笼沿路挂在“青龙偃月刀”形的灯柱上，一直通到村口的阔大广场。超大尺度的亭台楼阁此起彼伏，夸张的马头墙林立，一座拆掉了真实的老镇而重金打造的“再造古镇”巍然矗立。在这里美丽被理解为涂脂抹粉和乔转打扮，历史被理解为仿古楼台，文化特色被理解为器具符号。

我在大地尚行走，细读那一篇篇写着密密麻麻文字的书，这本书的内容还有很多，许多时间，我不忍正视。我因此羞愧难当，不知是否该隐瞒自己的出生年月，想告诉后代们，不要把我划入这个年代；或者，我羞愧于混迹在一个确实在大地上书写文章的职业，常常自豪地推动轰轰烈烈的改天换地行动。我为身处这个在大地上书写这样无数篇愚昧和丑陋的文章的时代而且羞愧难当。

我因此而赠言给你们，该轮到你们书写——更确切地说，修改这些文章的时候了，请记住，那将代表你们在这里所得到和发展的学术，尤其是关于生态的学识和智慧；更代表了你们在这里所锤炼的关于美丽的鉴赏力。

俞孔坚

2022 年 6 月 16 日于西溪南钓雪园

现代农业的敌托邦景观：板结的土壤

这里曾经有中国最丰饶的土壤，千百年来，勤劳的祖先们巧妙利用自然地形，设计陂塘和排灌系统，形成“四水归明堂财水不外流”的海绵田园，以适应旱涝；在这里，人们通过简单的填挖方，塑造微地形，以适宜作物的生长；在这里，营养物包括人畜粪便和各种生物质的循环利用，整个生产和生活过程没有产生任何废物；在这里，人们懂得保护各种生物，并形成了人与生物共生的和谐关系，诸如牛背上的鹭鸟、屋檐下的雨燕、风水林中鸟兽、家池中的青蛙和园土里的蚯蚓……这里的土壤因此而丰产、美丽并充满智慧。土壤，这笔几十代人积累起来的珍贵资产——人类世世代代赖以存续的自然和文化资产——今天正迅速被挥霍殆尽！（俞孔坚摄于徽州黄山，2022年6月18日）

跋

为还我一个美丽的故乡

来北大整整20年，只为一件事而奔忙：还我一个美丽的故乡！

1980年，我离开故乡时，村边的白沙溪水清如镜，甘甜可饮，鱼翔雁飞；村西头的大樟树，古老却枝繁叶茂，掩映白墙黑瓦；村南头的松树林，蘑菇飘香，野花遍地，栖息着祖先的灵魂；村中的七口水塘，盛满故事，映照着早晚在这里聚集的乡民……一个美丽的故乡！可这一切就在我准备回国的那一年都已经消失殆尽！而与这一切同时消失的还有北大校园东侧街上那白杨树的高亢和伟岸；北面的玉泉河及清河的蜿蜒和妩媚；北京城平安里大街和胡同里四合院的静谧和深沉……整个中国正在经历一场轰轰烈烈的城镇化运动！面对不可否认的功绩，我却看到了其中诸多的畸形与病态。于是，我毅然决定回国，回到故乡，为使故乡避免更多的病痛，拯救故土的一方美丽而尽力。

虽然我的多位精神导师和将我引入目前学术境地的许多位前辈都是北大人——蔡元培、胡适、陈独秀、鲁迅、王选……还有地理学界的多位前辈，陈昌笃、陈传康、崔海亭、黄润华、侯仁之、胡兆量、田昭一、王恩涌、谢凝高、周一星、杨吾杨等，但我的几个学历和北大都没有关系。1997年初，把我从美国引入北大的时任校领导羌笛、陈文申、任彦申、王一遒和陈佳洱等，经过轮番的热情接待之后，断定我“比北大人大更北大”！不是说我水平有多高，而是我的批判精神和坚持、执着的态度！ 这也许注定北大选择了我，也使我安之于北大，并以北大的精神和北大的方式，开启了我持续20年不懈的学术生涯：给故乡畸形的城镇化治病。

我对于中国城镇化和城市建设畸形和病态的系统的反思，始于1996年夏。当时，为了给回国行动投石问路，我乘火车从香港、深圳，经上海北上，到达北京，一路考察。眼前的景象令我震撼：深圳超尺度的宽广大道，带我参观的人们都引以为自豪，却无视一位老农吃力地蹬着三轮车，负重横穿马路时的惊慌失措；城市中心大面积的良田撂荒，野草丛生，说是预留作为未来深圳市的中心区；上海的浦东正在开发，上百座半截高的楼房，构成一片怪异的钢筋水泥丛林，正在吃力地生长着；列车窗外，沃野里平地拔起一两座高楼，地面却是一片狼藉，湿地成了建筑垃圾堆，村庄只留下断墙残垣；北京的大街小巷则正进行着轰轰烈烈的拓宽运动，包括我上文提到的北大东门外的中关村北大街，一排排高大的白杨树被悉数伐去，一片片低矮的四合院被推为瓦砾；河流治理工程也随之而起，河道两侧的树林被砍去，河道硬化和裁弯取直的工程轰轰烈烈；所到之处，用以开发小区的地块被高高的围墙圈起，“三通一平”的工程迅速将“生地”变为“熟地”；无数巨大的大广场正在兴建，奇花异卉和来自乡村的古树被肆无忌惮地用以装饰街道、政府大楼前的市政广场和新建的住宅小区。全国人民似乎都在欢呼：让中国的城镇化来得更快速而猛烈些吧！此后，大家都看到，这样的城镇化和城市建设场景一直持续着，直到最近！

而我当时所见的一切，均是与我所学到的关于正确的城镇化和城市建设理论相违背的！备受雅克布（Jane Jacobs）的《美国大城市的死与生》（*The Death and Life of Great American Cities*）、麦克哈格的《设计遵从自然》（*Design with Nature*）等的影响，我已确信，中国大地正在生病发烧，犯了西方城镇化和城市建设曾经犯过的错误！我于是不忍，便匆匆于次年一月回国，自命不凡，开始大声疾呼，并投身于阻止和治疗城市病的艰苦工作。

多方求证之后，我意识到，这种病由四个方面的人所携带的病毒同时引起：第一类，也是最主要的一类病毒被城市建设的决策者携带，这种病毒由“权力+GDP 政绩考核 + 低俗”结合而成，它可以开动国家机器沿着特定的轨道前行，所以有巨大的杀伤力；第二类病毒被富豪开发商携带，这种病毒由“资本 + 贪婪 + 缺德 + 低俗”构成，所以，可以携资本的力量，创造并适应堕落时代的广泛需求；第三类，被规划设计的专业人士携带，由“奴性 + 废旧知识 + 学界淫威”结合而成，所以，凭借知识的迷信和“知识就是力量”的符咒，往往能助纣为虐；第四类，则是被广大的民众，也就是城市的受众们携带，由“盲从 + 低俗”结合而成，所以，为其他两种病毒的泛滥提供社会和文化环境。由于上述四类病毒的合谋侵害，中国城市泛滥着我们今天已经普遍感受到的各种城市病：文化的、社会的、经济的、生态与环境的，林林总总，不胜枚举。

我于是确定，阻止和治疗这一人类有史以来最泛滥、最严重的传染病，必须对上述四个层面的人同时进行，而且必须对症下药——分别针对权力、资本、专业技术和审美品位！且必须是猛药！

我的第一剂猛药是针对权力和资本的，是开给城市决策者和开发者的，叫"续唱新文化运动之歌"。1998年开始，我便发表了系列文章，发起了对中国的城市化妆运动的猛烈批判，点名批判了以大连为代表的化妆式的大广场、大马路，和不考虑市民日常生活、违背生态原则、以挥霍纳税人的金钱为荣耀的造城运动！以及各种名目的开发区、大学城、河道硬化工程等等！并明确指出，这是封建集权意识、暴发户意识和小农意识的综合征，祛除这一系列病毒的良药是继续高唱新文化运动之歌，回归寻常，建设"白话"的城市、"白话"的景观和"白话"的建筑；使决策者重新回到我党建党之初的伟大理想，回到"德先生"和"赛先生"，继续反帝反封建；并在中央和地方的电视台和各类市长、司局级和部长级的班上大肆宣讲。该药的核心内容后来集中在和北大同道人李迪华合著的《城市景观之路》（2003）一书中。当时有众多的海内外朋友为我担心，如此激烈的批判，是否会被封杀，我是否会被打成新的"右派"。但让我欣慰的是，我的批判和建议在各个层面上，尤其在主管部委和有具体决策权力的各个市长和市委书记层面上，被广泛接受，并因此积极推动了住建部等部委的多个法规和文件的出台和修正。

我所开的第二剂猛药叫“生存的艺术”和“反规划”，是给城市规划设计专业技术人员的（包括城市规划师、景观设计师和建筑师等）。这剂药是从专业的批判和自我批判开始的，我批判了中国传统园林没能走出封建士大夫的“园”，而陶醉于围墙中的风花雪月；没能走向大地适应新时代快速的城镇化需求，而丧失了解决迫切的人地关系领导学科的应有作用。这样的猛药集中体现在1998—2000年在有关学刊上发表的系列文章和《生存的艺术》（中国建筑工业出版社，2006）一书中；我也批判了计划经济时代的城市规划方法论，它正在给脱缰的权力机器和贪婪的开发商助纣为虐，因而我大喝住手，并下了“反规划”的猛药。《反规划》（中国建筑工业出版社）一书于2002年首次发表，由我和同事及学生合著。其核心内容强调必须尽快先做不建设的规划，在盲目开发建设之前，先划定禁止建设区，特别是生态红线，来阻止病态城市的蔓延，并在具体方法和技术上提出了通过判别和规划生态安全格局来确定生态底线，通过生态基础设施，而不是灰色基础设施来发展和建设“海绵城市”、生态城市、宜居城市等可持续型城市。良药总是苦口，我的“反规划”论和对“传统国粹”的尖锐批判，引起了学界的震动，封杀淫威四起，多封控告信一直写到部长那里，有学界权威甚至当面指着我的鼻子让我“滚回美国去”！但我坦然面对，因为比起我的北大先贤，坚持20年并不算长。而今天，我也欣然看到，生态安全格局、生态底线和海绵城市的理念，已经在全国得到了广泛的推广和应用。

我所开的第三剂猛药叫“大脚革命”，是针对大众文化和国民审美观的。这里的大众当然也包括上述三类人。我坚信，“大脚革命”是解救中国于城市病的文化基础，其核心是批判近两千年来中国文化中的小脚主义审美观——牺牲健康和功能来换取畸形的美丽——而倡导寻常、健康和丰产的大脚之美，倡导“足下文化与野草之美”。这将是一场生态文明的启蒙运动，一场新美学、新城市、新文化的启蒙运动。它呼唤生态审美意识的觉醒，回到寻常、回到土地、回到公民性。这剂药是通过大众媒体传播的，最具代表性的是被收入中学教科书（江苏版）的我的《足下文化与野草之美》一文，以及在网上广为流传的《大脚革命》“一席”报告和大量相关散文集中在散文集《回到土地》（生活·读书·新知三联书店，2009）一书中。

上述三剂药之所以起作用，还需要靠相应的触媒。我认准了四个触媒可以有效地传播思想、发挥药效：

第一，向“五四”新文化时期的思想领袖们学习，走出大学的象牙塔，走向街头，直接与“病毒”的携带者交流沟通，给他们当场治病。关于这一途径，我发现，最有效的是与城市决策者的交流。他们是中国社会中最具抱负也是最聪慧的一群。除了部分人的贪欲太重以至于堕落成为腐败分子，他们中的许多人能最快接受新思想并令其发挥效用，可以说是立竿见影。我常常在给城市的书记、市长们讲完课后，一小时内即被拉到工地现场，当场去阻止正在进行的河道裁弯取直工程、文化遗产被拆迁的工程、湿地填埋工程，等等。另外，就全国范围内的大规模治病而言，最有效的途径是给最高决策者建言。我关于诸如：国土生态安全格局、“海绵城市”建设、大运河遗产廊道保护等等的建言，最终都得到了国家部委、国务院和中央最高决策层的采纳或参考，并在全国发挥效用，那是最令我欣慰的事，也使我对治理中国城市和国土，再造秀美山川充满了信心。

部分已经毕业多年并掌握废旧专业知识的技术官僚和所谓的“专家”最让我感到无助，他们不但很难再接受新的思想，且往往是旧知识体系的卫道士，某种程度上也是既得利益者。而对于中国广大民众的教育，只能慢慢来，并从小孩开始。所以，我特别热衷于给掌握权力且并非专家型的市长们授课，给带孩子的家长们以及广大的青年学生授课。最大规模的报告是同时给11个会场的11000多名省部级、市县级干部同时授课。仅仅2015年，就给近20个地级以上城市的中心学习组全体干部授课，这样的中心学习组往往是书记、市长坐镇，副处长以上干部悉数到场或必须补习，普及效率极高。授课内容包括美丽中国建设的理论和实践、“大脚革命”和“反规划”、生存的艺术、“海绵城市”和城市的“双修”（即城市修补和生态修复）。在三亚，一个月之内就做了三场“大脚革命与美丽中国建设”的报告，每场由市委书记主持，授课内容一直普及乡镇长和每个地产开发商。住建部部长陈政高曾经在多个场合风趣地说："关于生态修复，北大的俞孔坚教授是专家，他去年在海口、三亚讲了几堂课，引起了轰动，到饭店吃饭，老板都不收钱！"（陈政高，2016）。这并不夸张，对此，我很自豪，因为我的小名前面被加上了"北大的"定语。因为这个定语，使得听起来有些夸张和张扬的评语，也变得幽默而豪迈了起来。

第二，当然是办学，这也是向北大先贤们学习的。从大学一年级开始，通过培养新一代技术官僚，在可预见的未来，将会对根治城市病有重要的功效。与第一种途径相比，这是一个中长期的工程，也可能是个星火工程。但毕竟，北大的学生毕业后即使不能谋个一官半职，也能出几个万贯之才，或是未来某部委的总规划师，至少在我有生之年可以看到他们中有人能解救一方的土地和人民于病痛之中。但办学谈何容易！经过20年的折腾，从办北京大学景观设计学中心开始，到办北京大学景观设计学研究院，最后再办北京大学建筑与景观学院，我和与我相携奋斗了20年的李迪华老师，都已经从黑发变成了白发。想尽各种办法，用各种"曲线救国"的途径，从一个无编制的虚体机构开始，无中生有，坚持不懈要创办学院，其间的艰辛，只有我们自己知道。我与迪华每到困难之处，常常相拥而泣，毕竟要在北大的乔木林下生长，浓荫蔽日之下，任何一棵小苗能存活下来都是奇迹！但也毕竟在北大，经过20年的努力，谁都不相信，在没有编制的起点上，竟然堂而皇之地办起了一个建筑与景观设计学院，而且居然入驻未名湖畔的红四楼——

被认为风水最佳的地方，引起了各方羡慕和嫉妒。没有办法！因为有历届北大校领导的强力支持，加上我们自己争分夺秒的行动！要知道，在入驻红四楼之前，学院是靠自己租房子办学的，每年要花近500万元租金！所以，前不久，全院师生一致讨论决定，在红四楼东面的松林里，给校长选一棵松，在松树下立一块碑，叫“遗爱松”，以纪念其为学院发展所做的贡献。仿当年苏东坡被贬谪黄州时，因为怀念离任太守徐君猷的高洁与爱民风范，而在湖边建“遗爱亭”，并做记，以表达人去而泽存之意。相信，几十年甚至几百年后，这块碑会被燕园导游们作为故事来讲，也算给燕园增加一处风景！ 学院目前已经有了一个200人规模的在校研究生群体，十多位志同道合的教职员工群体，还有一个更大规模的高水平的校外兼职队伍，获得了丰厚的社会捐款资助；并建立了哈佛—北大生态城市联合实验室，每年有十几位哈佛大学师生与北大师生一起，同窗探讨中国和世界城市发展问题。

第三，还是从“五四”新文化时期的北大先贤那里学来的：发表文字和办杂志，包括新媒体。开始时给一些杂志投稿都被欣然接受，但由于良药苦口，我的那些带批判性的文章很快引起了业内部分专家的警觉和愤怒，直言不讳而有效用的文章便不能顺利发表，于是和同志一起，决心自己办刊物。大家当然明白，这很难。坚持五年之后，终于办起了《景观设计学》(*Landscape Architecture Frontiers*)，并在同志们的齐心协力下，走向了国际，获得美国景观设计师协会传媒奖，并在2016年获得全国最美杂志等称号。

第四，实践，就像当年北大先贤那样到乡下去从事社会实践。真理来自实践，而榜样的力量是无穷的。也是得益于北大的开放与包容，我开辟了一个社会实践平台：土人设计（Turenscape）。从无到有，近500位同仁的参与为理论的发展和检验提供了不可或缺的实验基地，就像那些国家投入数亿元建立的实验室一样，我们进行着设计学的实验和实践。大脚革命的思想分别在规划和设计两个层面上展开：规划层面是“反规划”和城市生态基础设施，包括“海绵城市”的大量规划实践，从国家尺度到区域和城市尺度，先后完成了200多个城市的生态基础设施和“海绵城市”的规划；在设计层面上，则是大量低维护的以综合生态系统服务为目标的当代城市设计和景观工程实践。生态性和艺术性是这些设计实践的特点。

到目前为止，体现上述思想的土人实践，已经遍布全国200多个城市，并走向了十多个国家。我可以自豪地说，它们在解决中国城市问题综合征方面起到了积极的作用。与此同时，这些社会实践虽然是由一支专业队伍完成的，但北大的学子在前期的研究阶段和后期的检测阶段都有机会参与其中。尽管社会上反反复复讨论产学研的问题，以及教授的社会兼职问题，至少在我的专业领域，离开社会实践就等于离开理论和技术创新的阵地，也就没有在国际前沿学术领先的机会，无从谈起国际一流或国际接轨。20年来，北大的包容与开放使“土人设计”得以发展成为引领国际设计界的一个品牌。当然，学生和学院也因此获得学术、课题和经费上的源源不断的支持。对此，国际和国内同行朋友常常羡慕不已：“这只有在北大才可能！”如果说实践是检验真理的标准，那么，坚持了20年的土人实践以及土人实践与北大景观之间的共生共荣关系，为新时代的创新创业多少提供了一些经验和参考。这在另一个侧面体现了北大的“守正笃实”的精神——不是指我自己，而是指北大所营造的氛围。

这篇文章读起来多少有些像是在自吹自擂，又像是愤青的抱怨，也或是给所有一起艰辛走过来的北大人的告慰，但在中国这个如此恢宏磅礴的时代大潮里，不写自己知道和得意的那点事儿，还能写些什么有深度的文字呢？！一方面，毕竟我有幸经历了这轰轰烈烈的城市建设高潮，并自命不凡地苦苦抗击着蔓延全国的各种城市病，且一直倍感孤傲地留下了可供考据的文字及实践案例。抛下这一堆砖，权当为后来者做敲打、批判或吸取经验教训，以做玉石大厦之粗料吧；而另一方面，而且是更重要的，我自以为是在以一位北大人的豪迈来讴歌北大精神的威力和不灭！

本文首次发表于蒋朗朗主编的《精神的魅力》，北京大学出版社，pp.555–562.

市长研修学院在江西婺源巡检司开展现场教学活动，38位地级市的市长和副市长参加现场研学。图为作者在严田村的水口林讲解乡村文化遗产与乡村的多中心治理问题。（住建部市长研修学院，2021.09.08）

作者故乡的白沙溪，曾经深潭浅滩，鱼翔浅底，白鹭翻飞，人戏水中，天然图画。（俞孔坚摄，1984）

片面的、灰色的水利工程，裁弯取直硬化渠化，使白沙溪失去往日的美丽和生态韧性，也失去了天堂般的美丽。（俞孔坚摄，2014）

2015年开始，作者在徽州西溪南和婺源严田村的巡检司建立望山生活研学基地，探索中国的乡村振兴之路。（江西婺源严田村授课，北京大学建筑与景观设计学院，2019.04.01）

参考文献

序

中文文献

[1] 王治河 . 后现代主义的建设性向度 [J]. 中国社会科学，1997，(01) : 25–35.

[2] 俞孔坚，李迪华，潮洛蒙 . 城市生态基础设施建设的十大景观战略 [J]. 规划师，2001，(06) : 9–13+7.

[3] 俞孔坚 . 定位当代景观设计学：生存的艺术 [M]. 北京 : 中国建筑工业出版社，2006.

[4] 俞孔坚，庞伟，等 . 足下文化与野草之美 [M]. 北京 : 中国建筑工业出版社，2003.

[5] 俞孔坚，李迪华 . 城市景观之路——与市长们交流 [M]. 北京 : 中国建筑工业出版社，2003.

[6] 中国新闻网. 2016年全国84个城市环境空气质量达标同比增加11个［N/OL］. 2017–1–20. http://www.chinanews.com/gn/2017/01–20/8131237.shtml.

[7] 王艳艳，李娜，王杉，王静，张念强. 洪灾损失评估系统的研究开发及应用［J］. 水利学报，2019，50 (09)：1103 – 1110.

[8] 张巍，韩军，周绍杰. 中国城镇居民用水需求研究［J］. 中国人口・资源与环境，2019，29 (03)：99 – 109.

[9] 徐敏，张涛，王东，赵越，谢阳村，马乐宽. 中国水污染防治40 年回顾与展望［J］. 中国环境管理，2019，11（03）：65－71.

[10] 牛振国，张海英，王显威，等. 1978～2008年中国湿地类型变化［J］. 科学通报，2012，57（16）：1400－1411.

英文文献

[1] WHITEHEAD A N. Process and Reality[M]. Cambridge: Cambridge University Press 1929.

[2] YU K. The Land of Peach Blossoms and the Art of Survival: My Journey to Heal the Planet[J]. Landscape Architecture Frontiers, 2020, 8(5): 12–31.

[3] YU K. Beautiful Big Feet: Toward a New Landscape Aesthetic[J]. 2009, 10(31).

[4] YU K. Creating Deep Forms in Urban Nature: The Peasant's Approach to Urban Design[M]//FREDERICK R. STEINER G F T, ARMANDO CARBONELL. Nature and Cities: The Ecological Imperative in Urban Design and Planning. Cambridge, USA; Lincoln Institute of Land Policy. 2016.

[5] GOHD C. China is Building 30 "Sponge Cities" to Soften the Blow of Climate Change[M]. futurism. 2017.

[6] YU K. INTERVIEW WITH KONGJIAN YU, DESIGNER OF THE RED RIBBON, TANG HE RIVER PARK[M]//GREEN J. The American Society of Landscape Architects.

[7] Mokoena, K.K., Ethan, C.J., Yu, Y., Shale, K. & Liu, F.(2019). Ambient

air pollution and respiratory mortality in Xi'an, China: a time-series analysis. Respiratory Research(20). Advance online publication. https://doi:10.1186/s12931-019-1117-8.

[8] Yin, P., Brauer, M., Cohen, A . J ., Wang, H ., Li, J ., Burnett, R. T., … Murray, C. J. L. (2020). The effect of air pollution on deaths, disease burden, and life expectancy across China and its provinces, 1990-2017: An analysis for the Global Burden of Disease Study 2017. The Lancet Planetary Health, 4(9), E386-E398. https://doi:10.1016/S2542-5196(20)30161-3.

[9] Miller, E.L., &Pardal, S. (1992) . The Classic McHarg: An Interview. Lisbon : CESUR, Technical Unive rsity of Lisbon.

[10] United Nation Environment Programme. (2019, November 26). Emissions Gap Report 2019. Retrieved from https://www. unenvironment.org/interactive/emissions-gap-report/2019/report_zh-hans.php.

[11] Desjardins, J. (2018, March 2). China's Staggering Demand for Commodities. Visual Capitalist. Retrieved from https://www.visualcapitalist.com/chinas-staggering-demandcommodities/.

[12] World Steel Association. (2019). World Steel in Figures 2019. Retrieved from https://www.worldsteel.org/en/dam/ jcr:96d7a585-e6b2-4d63-b943-4cd9ab621a91/World%2520Steel%2520in%2520Figures%25202019.pdf.

[13] BP. (2019). Statistical Review of World Energy 2019, 68th edition. Retrieved from https://www.bp.com/en/global/corporate/energy-economics/statistical-review-of-worldenergy. html.

[14] Spirn, A. W. (1988). The Poetics of City and Nature: Towards a New Aesthetic for Urban Design. Landscape Journal, 7(2), 108–126.

第一篇　桃源之殇

中文文献

[1] 王治河. 后现代主义的建设性向度［J］. 中国社会科学，1997（01）.

[2] 俞孔坚，李迪华，等. 城市生态基础设施建设的十大景观战略［J］. 规划师，2001，（06）.

[3] 俞孔坚. 定位当代景观设计学：生存的艺术［M］. 北京：中国建筑工业出版社，2006.

[4] 俞孔坚，庞伟，等. 足下文化与野草之美［M］. 北京：中国建筑工业出版社，2003.

[5] 俞孔坚，李迪华. 城市景观之路——与市长们交流［M］. 北京：中国建筑工业出版社，2003.

[6] 俞孔坚. 善待圆明园遗址——在圆明园遗址公园恢复规划座谈会上的发言［J］. 北京规划建设增刊，2003，53－55.

[7] 俞孔坚. 两种文明的斗争：基于自然的解决方案［J］. 景观设计学，2020，8（03）：6－9，4－5.

[8] 张凌. 不该给河道裹上水泥外衣［N/OL］. 中国青年报，2000-9-26. http://zqb.cyol.com/content/2000-09/26/content_84461.htm.

[9] 董月玲. 北京为河流松绑［N/OL］. 中国青年报·冰点，2007-6-29. http://zqb.cyol.com/content/2007-06/29/content_1809036.htm.

[10] 赵永新. 拆除防渗膜，救救圆明园！［N/OL］. 人民网，2005-3-28. http://env.people.com.cn/GB/1072/3274122.html.

[11] 饶沛，汤旸，金煜，等. 广渠门铁路桥拟建大型蓄水池［N/OL］. 新京报，2012-08-08. http:////www.bjnews.com.cn/feature/2012/08/08/215461.html.

[12] 俞孔坚建议市政府建立“绿色海绵”解决北京雨洪灾害［N］. 新京报，2012-8-8.

[13] 俞孔坚. 让雨洪不是灾害，而成福音［N/OL］. 文汇报 笔会，2019-8-14. http://www.whb.cn/zhuzhan/bihui/20190814/283106.html.

[14] 俞孔坚. 让雨洪不是灾害，而成福音——致城市规划、建设、决策者的一封公开信［J］. 新湘评论，2012，000（018）：38－39.

[15] 中央城镇化工作会议在北京举行［OL］. 2013-12-15. http://news.12371.cn/2013/12/15/ARTI1387057117696375.shtml.

英文文献

[1] Climate Al-Ula.(n.d.). Retrieved from https://en.climate-data.org/asia/saudi-arabia/al-madinah-region/al-ula-549869/.

[2] Ancient Cultures.(n.d.). Dedan-Kkuraibah, Early Ancient Kingdom & Trading Oasis on Incense Route. Retrieved from http://ancient-cultures.info/data/documents/NEW-Dedan.pdf.

[3] Department of Ancient Near Eastern Art, The Metropolitan Museum of Art.(n.d.). Nabataean Kingdom and Petra. Retrieved from https://www.metmuseum.org/toah/hd/naba/hd_naba.htm.

[4] Lemon, J.(2018, September 14). Mexico city is sinking while also running out of drinking water.Newsweek. Retrieved from https://www.newsweek.com/mexico-city-sinking-while-also-running-out-water-1122482.

[5] Hasan, M.K., Shahriar, A., & Jim, K.U.(2019). Water pollution in Bangladesh and its impact on public health.Heliyon, 5(8), e02145.https://doi.org/10.1016/j.heliyon.2019.e02145.

[6] Batra, A.(2014). Floating markets: Balancing the needs of visitors as a tourist attraction and locals way of life.A case study of Talingchan floating market, Bangkok Thailand.International Journal of Hospitality and Tourism Systems, 7(2), 1-8.

[7] Roszak, T.(2001). The Voice of the Earth: An Exploration of Ecopsychology.Newburyport, MA: Red Wheel / Weiser.

[8] Kaplan, R., & Kaplan, S.(1989). The Experience of Nature: A Psychological Perspective.Cambridge, England: Cambridge University Press.

[9] Thoreau, H.D.(1906). The Writings of Henry D.Thoreau.Boston, MA: Houghton Mifflin and Company.

[10] Dutton, D.(2003). Aesthetics and Evolutionary Psychology.In J.Levinson (Ed.), The Oxford Handbook for Aesthetics.New York, NY: Oxford University Press.

[11] Burke, E.(1757). A philosophical enquiry into the origin of our ideas of

the sublime and beautiful. Retrieved from https://www.bartleby.com/24/2/.

[12] Sachs, J.D.(2011, March 2). The Earth provides enough to meet everyone's needs.The National. Retrieved from https://www.thenationalnews.com/opinion/comment/the-earth-provides-enough-to-meet-everyone-s-needs-1.426562.

[13] Nicolas Faivre, Marco Fritz, Tiago Freitas, Birgitde Boissezon, Sofie Vandewoestijne.(2017, November). Nature-Based Solutions in the EU: Innovating with nature to address social, economic and environmental challenges, Retrieved from https://www.sciencedirect.com/science/article/abs/pii/S0013935117316080.

第二篇　桃源乡愁

中文文献

[1] 王秀梅．诗经［G］// 大雅・公刘．北京：中华书局，2015.

[2] 王秀梅．诗经［G］// 大雅・緜．北京：中华书局，2015.

[3] 何振鹏．何尊铭文中的“中国”［J］．文博，2011（6）：32－34.

[4] 郭方忠，张克复，吕靖华．甘肃大辞典［M］．兰州：甘肃文化出版社，2000.

[5] 安忠义．汉代的养马业及对马种的改良［J］．农业考古，2006（04）：273－280，296.

[6] 王世舜，王翠叶. 尚书［M］// 禹贡. 北京：中华书局，2012.
[7] 班固. 汉书卷二十八·地理志［M］. 北京：中华书局，1962.

英文文献

[1] Yu, K.(2019). Ideal Landscapes and the Deep Meaning of Feng-Shui (Patterns of Biological and Cultural Genes). San Francisco: ORO Editions.
[2] N.D.(2014). Important Literature Selection since the 18th National Congress of the Communist Party of China (Vol.1). Beijing: Central Party Literature Press.

第三篇　新桃源憧憬

中文文献

[1] 黄彦. 孙文选集［G］// 实行三民主义及开发阳朔富源. 广州：广东人民出版社，2006.
[2] 中国新闻网. 印尼在海啸中的死亡和失踪人数升至234271人［N/OL］. 2005-2-14. http://news.sina.com.cn/o/2005-02-14/21475106991s.shtml.
[3] 李代娣. 全面提高综合防御能力是减灾的重要举措——由汶川地震伤亡引发的思考［J］. 城市与减灾，2008（05）：25－26.

[4] 姜生. 论道教的洞穴信仰［J］. 文史哲，2003（05）：54－62.

[5] 俞孔坚. 景观：文化，生态与感知［M］. 北京：科学出版社，1998.

[6] 俞孔坚，李海龙，李迪华，乔青，奚雪松. 国土尺度生态安全格局［J］. 生态学报，2009，29（10）：5163－5175.

[7] 褚娇娜. 富饶的西沙群岛［G］// 小学语文（三年级上册）. 北京：人民教育出版社，2018.

[8] 俞孔坚，李海龙，李迪华，乔青，奚雪松. 国土尺度生态安全格局［J］. 生态学报，2009，29（10）：5163－5175.

[9] 俞孔坚，张蕾. 黄泛平原适应性“水城”景观及其保护和建设途径［J］. 水利学报，2008，（6）：688－696.

英文文献

[1] Vera Tiesler, “Head Shaping and Dental Decoration Among the Maya: Archeological and Cultural Aspects,” Society of American Anthropology 64 (1999), 1–6.

[2] World Urbanization Prospects: The 2007 Revision, Population Division, Department of Economic and Social Affairs, United Nations, 1–4.

[3] UN World Urbanization Prospects: The 2007 Revision Population Database.

[4] “Industry News: China to Dominate Cement Use in 2007” Concrete Monthly, January 2007; see also Freedonia Group Inc., “Cement in China” August 1, 2006 .RNCOS, “China Steel Industry Forecast till 2012” February 2008.

[5] Chen Kelin, Lü Yong, Zhang Xiaohong, "No Water without Wetland" China Environment and Development Review, 2004, 296 - 309.See also: John McAlister, "China's Water Crisis" Deutsche Bank China Expert Series, March 22, 2005.

[6] Michael R.Raupach, Gregg Marland, Philippe Ciais, Corinne Le Quéré, Josep G.Canadell, Gernot Klepper, and Christopher B.Field, "Global and Regional Drivers of Accelerating CO2 Emissions" PNAS 104:10288– 10293.

[7] C.M.Wong, C.E.Williams, J.Pittock, U.Collier, and P Schelle, "World's Top 10 Rivers at Risk." WWF International, Gland, Switzerland, March 2007.

[8] Ahmed Djoghlaf, Secretariat of the Convention on Biological Diversity, Statement to the Second Meeting of the Advisory Group on Article 8(j) and Related Provisions of the Convention on Biological Diversity, Released by United Nations Environment Programme, April 30, 2007.

[9] Costanza, R., D'Arge, R., De Groot, R., Farberk, S., Grasso, M., Hannon, B., ··· Van Den Belt, M.(1997). The Value of the World's Ecosystem Services and Natural capital.Nature, 387(15), 253–260.: https://doi:10.1016/S0921–8009(98)00020–2 .

[10] Cosgrove, Denis, 1998, Social Formation and Symbolic Landscape.The University of Wisconsin Press.Madison, Wisconsin, USA.

[11] Lamb, H.H.and Frydendahl, Knud , 1991, Historic Storms of the North Sea, British Isles and Northwest Europe.Cambridge University Press.ISBN 978–0–521–37522–1.

[12] Kongjian Yu, 2014, Complete Water, in: Anuradha Mathur and Dilip Da Cunha (eds.)Design in The Terrain of Water.Applied Research + Design Publishing with the University of Pennsylvania, School of Design.pp.57–65.

[13] Kongjian Yu，Zhang Lei and Li Dihua, 2008, Living with Water: Flood Adaptive Landscapes in the Yellow River Basin of China Journal on Landscape Architecture，2008 Autumn：6–17.

第四篇　设计的科学与艺术

中文文献

[1] 许涛. 广州两千多名副局级以上干部学习反规划和大脚美学［OL］. 2012–7–20. https://www.turenscape.com/news/detail/1336.html.

[2] 教育部科技部印发《关于规范高等学校SCI论文相关指标使用 树立正确评价导向的若干意见》的通知［EB/OL］. 2020–2–20. http://www.moe.gov.cn/srcsite/A16/moe_784/202002/t20200223_423334.html.

[3] 陆建猷. 马克思主义文献解读［M］. 北京：中国社会科学出版社，2008.

[4] 曾参. 大学［M］. 刘强编译. 南京：江苏凤凰科学技术出版社，2018.

[5] 俞孔坚. 景观的含义［J］. 时代建筑，2002，1：14 – 17.

[6] 西蒙兹. 景观设计学［M］. 俞孔坚，王志芳，孙鹏，等译. 北京：中国建筑工业出版社，2000.

[7] 俞孔坚，李迪华. 景观设计：专业，学科与教育［M］. 北京：中国建筑工业出版社，2003.
[8] 俞孔坚. 生存的艺术：定位当代景观设计学［M］. 北京：中国建筑工业出版社，2006.
[9]“鬼屎”考，李玉（2002），吉林农业大学学报24（2），1–4.

英文文献

[1] Newton,N.T.,1971.Design on the Land: The Development of Landscape Architecture. The Belknap Press of Harvard University，Cambridge.MA.
[2] Pasztor, A., & Tangel, A.(2019, March 29). Investigators Believe Boeing 737 MAX Stall–Prevention Feature Activated in Ethiopian Crash.The Wall Street Journal. Retrieved from https://www.wsj.com/articles/investigators–believe–737–max–stall–prevention–feature–activated–in–ethiopian–crash–11553836204.
[3] Meinig, D.W.(1979). The Beholding Eye: Ten Versions of the Same Scene. In D.W.Meinig (Ed.), The Interpretation of Ordinary Landscapes: Geographical Essays.New York: Oxford University Press.
[4] James Corner, The New Landscape Declaration.Landscape Architecture Foundation (LAF), 2017.p.6.
[5] Walecki, N.K.(2021). Can Slime Molds Cogitate? Harvard Magazine, 124(2). Retrieved from https://www.harvardmagazine.com/2021/11/right–now–can–

slime-molds-think.

[6] Nakagaki, T., Yamada, H., & Toth, A.(2000). Intelligence: Maze-solving by an amoeboid organism.Nature, 407(6803), 470.doi:10.1038/35035159.

[7] Nakagaki, T., Yamada, H., inding by tube morphogenesis in an amoeboid organism.Biophysical Chemistry, 92(1), 47-52.doi:10.1016/S0301-4622(01)00179-X.

[8] Nakagaki, T., Lima, M., Ueda, T., Nishiura, Y., Saigusa, T., Atsushi, T., ...Showalter, K.(2007). Minimum-risk path finding by an adaptive amoebal network.Physical Review Letter, 99(6), 068104.doi:10.1103/PhysRevLett.99.068104.

[9] Bosworth, A., & Clegg, N.(2021, September 27). Building the mataverse responsibly.Meta. Retrieved from https://about.fb.com/news/2021/09/building-the-metaverse-responsibly/.

[10] TechFacebook.(2021, October 28). Connect 2021: Our vision for the metaverse.TechFacebook. Retrieved from https://tech.fb.com/connect-2021-our-vision-for-the-metaverse/.

[11] Lynch, K.(1960). The Image of the City.Cambridge, MA: The MIT Press.

[12] Relph, E.(1976). Place and Placeless.London, England: Pion Limited.

[13] Norberg-Shulz, C.(1979). Genius Loci: Toward A Phenomenology of Architecture.New York, NY: Rizzoli.

图书在版编目（CIP）数据

大脚革命与新桃源 / 俞孔坚著．— 上海：上海三联书店，2023.1

ISBN 978-7-5426-7891-1

I．①大… II．①俞… III．①城市景观—景观设计—研究 IV．①TU984.1

中国版本图书馆CIP数据核字（2022）第191500号

大脚革命与新桃源

著　　者 / 俞孔坚

责任编辑 / 王　建
特约编辑 / 丁敏翔 王文华
装帧设计 / 微言视觉 | 乔　东　沈君凤
监　　制 / 姚　军

出版发行 / 上海三联书店
（200030）中国上海市徐汇区漕溪北路331号中金国际广场A座6楼
邮购电话 / 021-22895540
印　　刷 / 唐山楠萍印务有限公司

版　　次 / 2023年1月第1版
印　　次 / 2023年1月第1次印刷
开　　本 / 787×1092　1/32
字　　数 / 255千字
印　　张 / 21.25
书　　号 / ISBN 978-7-5426-7891-1/TU · 54
定　　价 / 168.00 元